新能源研究与应用丛书

光伏新能源项目
研发与实践

谭春鸿　钟之静　编著

暨南大学出版社
JINAN UNIVERSITY PRESS
中国·广州

图书在版编目（CIP）数据

光伏新能源项目研发与实践 / 谭春鸿，钟之静编著.
广州：暨南大学出版社，2025.3. -- （新能源研究与
应用丛书）. -- ISBN 978-7-5668-4075-2

Ⅰ. TM615；F426.2

中国国家版本馆 CIP 数据核字第 20242XS233 号

光伏新能源项目研发与实践

GUANGFU XINNENGYUAN XIANGMU YANFA YU SHIJIAN

编著者：谭春鸿　钟之静

出 版 人：阳　翼
责任编辑：曾鑫华　彭琳惠
责任校对：刘舜怡　黄晓佳　王燕丽
责任印制：周一丹　郑玉婷

出版发行：暨南大学出版社（511434）
电　　话：总编室（8620）31105261
　　　　　营销部（8620）37331682　37331689
传　　真：（8620）31105289（办公室）　37331684（营销部）
网　　址：http://www.jnupress.com
排　　版：广州市新晨文化发展有限公司
印　　刷：广东信源文化科技有限公司
开　　本：787mm×1092mm　1/16
印　　张：13.25
字　　数：340千
版　　次：2025年3月第1版
印　　次：2025年3月第1次
定　　价：59.80元

序

当今世界正经历着百年未有之大变局，能源领域也不例外。全球气候变化的加剧、能源安全的挑战、生态环境的保护需求以及新兴技术的不断突破，正在深刻改变我们对能源的认知与应用方式。绿色发展和能源革命是人类历史的大趋势，也是中国政府的一贯主张，还是推动"双碳"目标实现的战略措施。在这场声势浩大的能源变革中，光伏新能源以其清洁、可再生、低碳环保的特点，成为推动绿色经济增长和实现可持续发展的重要支柱。值此关键时期，《光伏新能源项目研发与实践》一书应运而生，其以深刻的洞察、系统的论述和翔实的案例，为我国乃至全球的光伏新能源发展提供了极具价值的知识宝库。

本书内容涵盖光伏新能源产业的多个重要方面。第一部分从全球视角剖析能源新质生产力对绿色低碳转型的驱动作用，深入探讨了中国在"双碳"目标背景下如何利用光伏新能源实现弯道超车。第二部分聚焦光伏新能源应用场景与市场现状，细致分析了光伏技术从理论到实践的发展路径。第三至第五部分则分别探讨了光伏技术核心突破、项目研发要素优化以及市场运营策略，全面展示了光伏新能源从技术创新到市场化应用的完整链条。第六部分与第七部分通过案例分享与未来展望，为读者勾勒出光伏新能源从实践到蓝图的广阔前景，结合实践案例和大量权威数据，对光伏新能源的发展前景进行深度分析和积极探索，许多观点具有启发意义。

我深感欣慰的是，本书不仅仅是理论知识的总结，而且紧密结合了行业实践和学术前沿，尤其是在光伏新能源技术的落地应用、政策解读及市场趋势分析等方面。本书既有数据支撑，又有经验总结，为广大从业者提供了切实可行的参考方案。可以说，本书的作者谭春鸿与钟之静将各自的研究方向结合起来，形成了既有理论又有实践支撑的研究，使其更有前瞻性、实践性。本书从理论研究到实地调研，从宏观视野到微观细节，都体现了作者团队对光伏新能源产业的深刻洞察和强烈使命感。

兰州大学管理学院一直积极服务于国家战略和区域发展，成为我国特别是西部地区公共管理人才培养、高水平科学研究、高质量社会服务和学科文化传承高地。近年来，兰州大学管理学院也有教授在能源与环境交叉领域展开深入研究，提出了一系列基于科学理论和技术实践的学术观点和政策建议。光伏新能源正是其中不可或缺的重要内容。通过科研和政策调研，我们了解了光伏产业在我国的飞速发展，也清楚认识到，光伏新能源的推广不仅是技术的革命，还是观念的转型。它需要政策引导、技术进步、资本投入与社会共识的协同推进，才能形成真正的生产力。

中国的光伏新能源产业发展，从最初的技术"引进—消化—吸收—再创新"，到今天的技术研发、制造能力和市场推广，可以说走出了一条中国特色的光伏之路。

"善用太阳光芒，创造绿能世界"是全球光伏巨头隆基绿能科技股份有限公司的企业使命。隆基绿能是由三位"兰大合伙人"创办的，他们聚焦科技创新，瞄准全球客户需求，构建单晶硅片、电池组件、分布式光伏解决方案、地面光伏解决方案、氢能装备五大业务板块，推动企业可持续发展，助力能源革命，逐渐成长为全球领先的太阳能科技公司。

而本书的出版，恰好承载了这样一段光辉历程的记录与总结。本书通过翔实的案例与精准的分析，不仅为光伏新能源领域的研究者和从业者提供了宝贵的参考，还为全社会呈现了光伏新能源如何推动绿色经济的具体实践。

展望未来，光伏新能源的潜力是无限的。从技术层面的迭代升级，到市场层面的多场景拓展；从政策支持的力度加大，到国际合作的深化推进，我们有理由相信，光伏新能源将在实现"双碳"目标、推动全球经济绿色复苏的过程中扮演重要的角色。而本书不仅为当下提供了指导，还会成为未来能源发展路径中有价值的借鉴手册。

最后，我想特别说说谭春鸿，他就是从兰州大学管理学院毕业的学生，一直秉承追求卓越的成功信念，成为实现自我价值、为社会贡献的人才。两位作者用严谨的学术态度和强烈的社会责任感，完成了这部既有深度又接地气的佳作。书中所展现的不仅是知识，还是对未来能源发展的美好愿景。

我相信，本书将启迪更多的读者去思考、探索和实践，为我国光伏新能源事业的腾飞贡献更多智慧与力量！

兰州大学管理学院名誉院长、教授、博士生导师
2025 年 1 月

前　言

在 21 世纪的晨曦中，人类社会缓缓步入了一个充满挑战与机遇并存的新纪元。工业文明的辉煌成就如同璀璨星辰，照亮了人类前行的道路，却也投下了资源枯竭与环境危机的阴影。全球能源消耗如同脱缰野马，狂奔不息，而传统能源的开采与利用如同一把双刃剑，既滋养了文明的繁荣，也割裂了自然与人类的和谐共生。气候变暖的阴霾笼罩大地，极端天气事件频发，生态系统脆弱的平衡岌岌可危，这一切都在无声地呼唤着人类：是时候寻找新的能源出路，踏上可持续发展的征途了。

正是在这历史的十字路口，光伏新能源犹如一颗璀璨的明珠，在浩瀚的能源宇宙中熠熠生辉，引领着一场前所未有的绿色革命。它以其清洁、可再生的独特魅力，成为人类对抗环境危机、实现能源转型的希望之光。真正的可持续发展，始于对太阳能量的智慧驾驭，成于对人类命运的深刻认知。在全球能源版图的宏大变革中，光伏新能源正以一种不可阻挡之势，从幕后走向台前，成为能源舞台上的耀眼新星。它不再是那个只存在于科研实验室或小众领域的概念，而是实实在在地融入我们生活的方方面面，从屋顶的小型发电板，到广袤沙漠中的巨型光伏电站，光伏正以惊人的速度改变着我们获取能源的方式。光伏新能源，这一源自太阳恩赐的宝贵财富，正以前所未有的速度改写着能源利用的历史篇章，为人类社会的可持续发展铺设了一条光明大道。

中国国家能源局 2025 年 1 月 21 日发布的数据显示，截至 2024 年 12 月底，全国太阳能发电累计装机约 8.9 亿千瓦，同比增长 45.2%。这一组数字背后，是一场以技术突破、政策驱动和资本博弈为核心的新能源竞赛。中国始终把光伏新能源作为推动能源结构转型和实现可持续发展的重要战略之一。随着国内外对环保和绿色低碳的需求不断加大，中国政府通过一系列政策支持和技术创新，积极推动光伏产业的快速发展。

本书正是在这一时代背景下应运而生。我们希望通过本书搭建起一座桥梁，连接学术界、产业界、政策制定者以及公众，共同推动光伏新能源的发展与应用，为构建绿色低碳的美好未来贡献力量。

在本书的篇章结构中，我们精心设计了七个章节，力求全面而深入地探讨光伏新能源的各个方面。从第一章"能源新质生产力推动绿色低碳转型"的深邃思考，到第七章"光伏新能源项目未来前景"的美好展望，每一章节都如同一块块精美的拼图，共同构建了一幅光伏新能源发展的壮丽画卷。

从第一章"能源新质生产力推动绿色低碳转型"开始，我们就站在了历史的高度，审视了能源转型的必然性和紧迫性，以及光伏新能源在这一过程中的核心地位和关键作用。通过回顾历史、分析现状、展望未来，我们旨在让读者深刻理解光伏新能源对于推动绿色低碳转型的重要意义和价值。

随后，我们逐步深入光伏新能源的技术与应用层面。第二章"光伏新能源应用场景与市场现状"通过翔实的数据和生动的案例，展示了光伏新能源在各个领域中的广泛应用和蓬勃发展态势。随着技术的不断进步和成本的持续降低，光伏新能源的应用场景日益丰富多样。从繁华喧嚣的城市建筑到广袤无垠的田野乡间，从疾驰而过的交通工具到静谧悠然的渔业养殖，光伏新能源以独特的优势和广泛的应用前景，赢得了社会各界的广泛关注和青睐。在城市中，光伏建筑一体化成为绿色建筑的新宠儿，它不仅为城市建筑披上了绿色的外衣，还实现了能源的自给自足和循环利用；在交通领域，电动汽车与光伏充电站的完美结合，引领着绿色出行的新风尚；在农业和渔业领域，光伏与农业、渔业的深度融合，不仅提高了土地和水域的利用效率，还促进了农业生产的智能化和现代化。同时，光伏新能源市场的快速发展也为相关产业带来了巨大的商机和活力，推动了产业链的延伸和拓展。

第三章"光伏新能源核心技术与综合利用"则聚焦于光伏新能源技术的核心原理、最新进展以及综合利用的创新模式。在这一章中，我们深入探讨了光伏电池的工作原理、制造工艺以及不同类型光伏电池的特点和应用场景。从最初的硅基光伏电池到如今的薄膜光伏电池、钙钛矿光伏电池等新型材料的应用，光伏电池的技术不断迭代升级，光电转换效率持续提升。同时，我们还介绍了建筑集成光伏利用、交通工具光伏利用、水面光伏利用、农业光伏利用等多种综合利用模式和技术创新点。这些综合利用模式不仅提高了光伏新能源的利用效率和经济性，还促进了不同领域之间的协同发展和创新融合。通过技术的不断创新和综合利用模式的探索实践，光伏新能源正逐步成为推动经济社会绿色发展的重要力量。

第四章至第六章则进一步深入光伏新能源项目的研发、建设与运营层面。我们详细阐述了光伏新能源项目的研发要素、建设优化策略以及市场运营机制；同时，通过丰富的实践案列和深入的分析研究，展示了光伏新能源项目在不同领域中的成功应用和经验借鉴。这些内容的呈现不仅提供了系统的项目管理和运营知识，还提供了宝贵的实践经验和启示。在第六章的结尾部分，我们精心挑选并分享了一系列光伏新能源项目的实践案例。当光伏与治沙、农业、渔业有机结合，产生的不仅是清洁电力，还是全新的商业模式。这些案例涵盖了不同类型、不同规模、不同领域的光伏新能源项目，具有广泛的代表性和借鉴意义。

最后，在第七章"光伏新能源项目未来前景"中，我们站在未来的高度，展望了光伏新能源的发展趋势和前景。我们坚信，随着技术的不断进步和市场的不断拓展，光伏新能源将在未来发挥更加重要的作用，成为推动全球能源转型和可持续发展的关键力量。同时，我们也期待更多的创新者和实践者能够加入这个伟大的事业中来，共同为构建绿色低碳的美好未来贡献智慧和力量。

愿本书能成为您探索新能源、追求绿色梦想的忠实伴侣。让我们携手并进，在光伏新能源的征途中，共同书写属于我们的辉煌篇章！

尽管本书在剖析光伏新能源的技术、应用、市场及前景等方面做出了一些贡献，但也难以避免存在一定的局限性，未来我们会努力去进一步优化和提升。

在全球化日益加深的今天，光伏新能源领域的发展呈现出跨国界、跨文化的趋势。本书虽已涉及光伏技术的国际动态与市场情况，但在深入分析国际合作模式、跨国企业战略布局、国际政策差异及其影响等方面尚有拓展空间。未来版本中，可增加更多国际比较分析的章节，为读者提供更为全面、多元的国际视角。

光伏新能源技术日新月异，新材料、新工艺、新设计层出不穷。在本书未来的修订中，我们将加强对这些前沿新技术的追踪与介绍，使内容更加贴近技术前沿，激发读者的创新思维。

光伏不仅是一场能源革命，还是一次产业文明的升级。光伏新能源将带动万亿级以上的市场。中国的光伏企业已经为全球应对气候变化做出了卓绝的贡献。中国的光伏企业唯有继续拥抱变革、加速创新，方能在这场全球能源重构中立于不败之地，让中国的光伏最终成为世界的光伏。

目　录

第一章　能源新质生产力推动绿色低碳转型

一、光能崛起正当时：全球共同打造能源新质生产力

众志成城，携手同行，共同守护美丽家园。碳中和是一场全球共同行动，是当代全球化新发展。2021 年是碳中和元年，中国与世界一同迈向"碳中和"的伟大征程。碳中和是未来全球新焦点，是一种特殊的能源革命，是一次全面的新型发展。基于此，气候问题将有望解决。

（一）危机加剧，我们该何去何从

在气候问题日益严重的今天，碳排放已成为人类发展的最大隐患之一。迈向碳中和，构建人类命运共同体的伟大实践，是推进全球经济发展动力转换的重要引擎。它不仅关乎人类的发展，还关乎人类的生存。

2021 年，世界最大的冰山"A68"结束了为期四年的漂流，分裂为若干碎块，消失在卫星观测的视野之中。

2017 年，"A68"从南极大陆分离时，拥有近 6 000 平方千米的覆盖面积，其面积差不多等于 7.5 个纽约、4 个伦敦，平均厚度超过 350 米。如果全部融化，"A68"将为人类提供 1.1 万亿立方米的淡水资源，可以灌满约 15 个青海湖（我国最大的湖泊，其总水量也仅仅为 739 亿立方米）。正因如此，"A68"在发现之初，便引起了人类的广泛关注。

分离后的第二年，"A68"开始随洋流和大风不断向北"流浪"，也是从那时起，开始有碎块从冰山中剥离。从"A68a"到"A68e"，分离出的碎块越来越多，"A68"的面积也随之缩小。直到 2021 年，美国国家冰川中心宣布其所有碎块均小到"无法进一步追踪"，"世界最大的冰山"就此消失殆尽。"A68"的变化展示了全球变暖对冰山结构的影响。

它的消亡不是一起孤立事件，而是众多事件中的一个缩影。历史上有比"A68"更大的冰山，比如从罗斯冰架断裂而成的"B15"冰山，其面积达 1.1 万平方千米，是"A68"的近两倍，但在 2018 年时也完全消融在了海水之中。又比如北极圈附近的世界第二大冰盖——格陵兰冰盖，自 2021 年 7 月 28 日以来，每天流失的冰量约为 80 亿吨，其融化速度比 2000 年以前快了约 4 倍。

冰山融化的背后是不断升高的气温。2020 年，美国加利福尼亚州出现了百年未见的最

高温度，约为 54.4℃，如果不考虑殖民时代气温监测是否精准的问题，那么这就是 1931 年以来地球的最高温度，也是有记录以来第三高的温度。同年，日本最高气温突破 41℃，追平日本历年最高纪录；还未适应高温的日本，由于炎热的天气，在一周内有 1.28 万人住院、25 人死亡。更严重的是，高温天气不仅出现在中低纬度地区，还不断向高纬度寒带地区蔓延。2021 年，热浪侵袭加拿大，基茨拉诺海滩的表面温度高达 51.6℃，原本惬意地躺在沙滩上的贝壳被烤死，尸体铺满海滩，恶臭难闻。同年 6 月 20 日，北极环境气候监测站监测到了西伯利亚各地区的地表温度普遍超过 35℃。北极圈内俄罗斯的维尔霍扬斯克小镇甚至出现了 48℃ 的地表最高温度值。原本冰天雪地的极地，仿佛变成了炎热的赤道。

气候变暖、冰山融化带来的直接影响便是海平面的上升。罗斗沙岛是位于广东省湛江市的一座小岛，以纯粹的自然风光吸引着游客前往。但随着海平面的上升，岛屿边缘的海沙不断流失，原本约 5 平方千米的面积，现在只剩不到 2 平方千米，科学家预计 50 年后这座小岛将完全消失。罗斗沙岛是众多处在消失边缘的小岛中的一个。20 世纪，全球海平面上升了约 15 厘米，平均每年上升 1.5 毫米，而目前海平面的上升速度已达每年 3.6 毫米，较 20 世纪增长了约 1.5 倍。如果继续按照这个增速恶化下去，21 世纪末，全球海平面最高将会上升 110 厘米。届时，将会有 1.5 亿人无家可归，美国佛罗里达州、日本东京、新加坡这些地势较低的地区将面临被淹没的威胁，以马尔代夫为代表的太平洋岛国可能会完全消失。

而如果格陵兰冰盖全部融化，全球海平面将上升 6～7 米。若地球上的冰川全部融化，海平面将会上升 66 米。根据美国《国家地理》杂志绘制的海平面上升 66 米后的世界地图，人口分布最多的亚洲将损失惨重。我国包括辽东半岛、苏浙沪沿岸、华东平原、华北平原在内的东部沿海地区都将被海水淹没，6 亿中国人将被迫向中西部迁移；人口总数排名世界第八的东南亚国家——孟加拉国将成为下一个"亚特兰蒂斯"；湄公河沿岸将不复存在，只剩豆蔻山脉作为一座孤零零的海岛；大西洋将沿着巴拉圭河涌入南美洲腹地，阿根廷首都布宜诺斯艾利斯、乌拉圭沿海地区、巴拉圭大部分地区将被彻底摧毁；欧洲的情况更为严峻，不管是作为"风车之国"的荷兰的鹿特丹，还是"日不落帝国"的首都伦敦，最终都会随"水城"威尼斯一同沉入大海；唯一幸免于难的非洲，看似只需要"献祭"埃及的亚历山大和开罗这两座历史名城，就能逃脱海平面上涨的危机，但地表温度的大幅上升同样会使得人类难以在非洲大陆上生活。

此外，平均气温的逐渐升高不可避免地会引发很多连锁反应，将对包含大气圈、水圈、岩石圈、冰冻圈和生物圈在内的地球系统、能源系统乃至人类社会系统产生重大影响。一方面，高温、山火、冰雹、风暴等自然灾害将日益频繁；另一方面，海洋温度将持续上升，海洋酸化、洪水频发，这两方面均会引发全球粮食危机。农作物的生长依赖适宜的温度、光照和降水，在极端天气的影响下，农业只会变得更加脆弱。据专家的预测，在全球变暖的背景下，未来粮食减产可能会达到 30%，全球农田都会受到不同程度的损害，其中南亚和东亚地区受洪涝天气影响最大，南美洲和非洲南部受干旱天气影响最大，饥荒问题也会日益严重。

罗列出如此多的风险，并非耸人听闻。这些危险的信号时刻都在催促我们赶紧行动起来。如果不采取措施遏制气候变暖的速度，冰山在今天消融，人类社会的村庄、城市或许就会在明天消失。

由此可见，解决气候问题是人类历史上遇到过的较紧迫且艰巨的任务之一，它呈现出广泛性、复杂性和综合性的特征，涉及世界各国交通、工业、农业与居民生活等多方面技术、政策与战略的改变。这需要各方携手应对，共同行动。但是，由于各国发展阶段不同，经济利益、政治利益不一致，其间常常夹杂着利益竞争关系，发达国家和发展中国家之间的矛盾尤为突出。因此，气候问题被学者称为"从地狱来的难题"。

但无论前路有何困难，解决气候危机已刻不容缓。人类的未来究竟应该向何处去？

（二）携手共进，千树万树梨花开

全球气候变化已经成为人类发展的巨大挑战之一，对全球人类社会构成重大威胁的同时，也极大促进了全球应对气候变化的政治共识和重大行动。气候变化问题自 20 世纪 70 年代开始得到广泛研究，80 年代逐渐引发全球关注，经过几十年的发展，也逐渐成为各方政治力量角逐的舞台之一。

全球应对气候变化，以 1992 年通过的《联合国气候变化框架公约》为基本框架，通过《京都议定书》（《联合国气候变化框架公约》补充条款）、《〈京都议定书〉多哈修正案》、《巴黎协定》，对 2008—2012 年、2013—2020 年、2020 年之后三个阶段的减排行动作出了安排。

2018 年 10 月，根据政府气候变化专门委员会发布的报告，为了避免极端危害，世界必须将全球变暖幅度控制在 1.5℃以内。只有全球都在 21 世纪中叶实现温室气体净零排放，才有可能实现这一目标。

联合国环境规划署于 2020 年 12 月宣称全球共有 126 个国家和地区确定或考虑实现零排放目标，其中以法律规定、政策宣示和目标讨论的国家和地区占比超过 60%。部分国家和地区的计划及承诺性质可参见表 1 - 1。

表 1 - 1　部分国家的计划和承诺性质

国家	实现时间	承诺性质	国家	实现时间	承诺性质
中国	2060 年	政策宣示	美国	2050 年	政策宣示
英国	2050 年	法律规定	欧盟	2050 年	提交联合国
马绍尔群岛	2050 年	提交联合国	德国	2050 年	法律规定
法国	2050 年	法律规定	爱尔兰	2050 年	执政党联盟协议
智利	2050 年	政策宣示	挪威	2050 年	政策宣示
斐济	2050 年	提交联合国	南非	2050 年	政策宣示
匈牙利	2050 年	法律规定	瑞士	2050 年	政策宣示
哥斯达黎加	2050 年	提交联合国	葡萄牙	2050 年	政策宣示

（续上表）

国家	实现时间	承诺性质	国家	实现时间	承诺性质
丹麦	2050 年	法律规定	西班牙	2050 年	法律草案
加拿大	2050 年	政策宣示	新西兰	2050 年	法律规定
斯洛伐克	2050 年	提交联合国	韩国	2050 年	政策宣示
瑞典	2045 年	法律规定	奥地利	2040 年	政策宣示
冰岛	2040 年	政策宣示	芬兰	2035 年	执政党联盟协议
乌拉圭	2030 年	自主承诺减排	新加坡	在 21 世纪后半叶尽早实现	提交联合国
不丹	已实现	自主承诺减排			

应对气候变化，全球共同行动。在碳中和背景的驱动下，国际上产生了连锁反应，许多国家将降碳减排付诸实际，形成了"忽如一夜春风来，千树万树梨花开"的积极态势。

1. 美国

2021 年 1 月 20 日，拜登签署文件重返《巴黎协定》，并承诺到 2035 年通过向可再生能源过渡实现无碳发电，到 2050 年实现碳中和。美国政府提出《清洁能源革命与环境正义计划》《建设现代化的、可持续的基础设施与公平清洁能源未来计划》和《关于应对国内外气候危机的行政命令》。在经济上，美国政府计划投入 2 万亿美元在交通、建筑和清洁能源等领域加大投入力度；在政治上，把气候变化纳入美国外交政策和国家安全战略，并加强国际合作；在技术上，加速清洁能源技术创新，推动美国"3550"碳中和进程。具体措施方面，美国政府要求联邦机构部门根据相关法律取消化石燃料补贴，挖掘推动创新、商业化及清洁能源技术和基础设施部署的新机会。在交通领域，美国政府推行清洁能源汽车和电动汽车计划、城市零碳交通、第二次铁路革命等；在建筑领域，推动建筑节能升级、新建筑零碳排放等；在电力领域，引入电厂碳捕获改造，发展新能源等。美国政府加大清洁能源创新，大力推动包括储能、绿氢、核能、碳捕集与封存（CCS）等前沿技术研发，努力降低低碳成本。鼓励联邦政府暂停在公共土地或近海水域签订新的石油和天然气租约，严格审查公共土地和水域现有与化石燃料开发相关的所有租赁和许可做法，明确在 2030 年海上风能的能源产量增加一倍。

2021 年 4 月 22 日，在 40 国领导人气候峰会上，拜登政府宣布，到 2030 年美国的温室气体排放量较 2005 年将减少 50%，到 2050 年将实现碳中和目标。拜登政府正计划大力投资绿色能源、新能源汽车等环保产业，以增加美国国内的就业机会。

2. 英国

英国于 2019 年 6 月修订的《气候变化法案》中确立到 2050 年实现碳中和。2020 年 11 月，英国政府宣布了"绿色工业革命"计划，包括大力发展海上风能、推进新一代核能研发和加速推广电动车等。2020 年 12 月，英国政府宣布最新减排目标，承诺到 2030 年英国温室气体排放量与 1990 年相比，至少降低 68%。

同时，英国采取了一系列的措施：在技术方面，英国发展碳捕获与封存这一新兴技术，通过将大型发电厂、钢铁厂、化工厂等排放源产生的二氧化碳收集起来，并用各种方法储存，以避免其排放到大气中，使单位发电碳排放减少 85%～90%；在能源方面，实现运输和取暖等部门的电气化；在能源创新方面，宣布在其 10 亿英镑净零创新投资组合中增加三项新技术投资项目，即海上浮式风力发电、绿色能源存储系统以及能源作物和林业；在金融方面，推出绿色金边债券与绿色零售储蓄产品，建立碳市场工作小组，将英国及伦敦金融城打造成领先的自愿碳市场。

3. 欧盟

2021 年 6 月 28 日，欧盟完成《欧洲气候法案》立法，将碳排放目标设定为 2030 年减少到 1990 年水平的 55%，在 2050 年实现碳中和。

2021 年 7 月 14 日，欧盟委员会正式提出应对气候变化一揽子计划提案"Fit for 55"，方案包括十二项立法建议，其主要内容为：提高使用电动汽车、氢能源汽车便利化程度，降低其使用成本，到 2025 年在欧盟建设 100 万个电动汽车充电桩，到 2030 年建设 300 万个；对汽车实行更为严格的二氧化碳排放限制；自 2035 年起，禁止销售新的汽油和柴油汽车。对航空业征收化石燃料（煤油、石油、柴油）使用税，在未来十年内逐步提高征税标准；提高可持续航空燃油使用比例，力争在 2025 年将其占航空燃料比重提升至 2% 以上，到 2050 年提升至 63% 以上。拟在海运领域设立"温室气体强度目标"以及相关机制；将欧盟排放交易体系指令的涵盖范围扩大至航运业以外的建筑业和运输业，同时拟在建筑和交通运输部门建立独立的碳排放交易体系。碳边界调整机制与差价合约将使重点从电力行业减碳转向工业脱碳。

4. 日本

2020 年 10 月 26 日，日本首相菅义伟在向国会发表首次施政讲话时宣布，日本将在 2050 年实现温室气体净零排放，完全实现碳中和。

2020 年 12 月 25 日，日本经济产业省发布《绿色增长战略》，针对包括海上风电、燃料电池、氢能等在内的 14 个产业提出了具体的发展目标和重点发展任务。14 个绿色高速增长潜力领域多数集中在交通领域、制造业领域、能源领域。在资金方面，日本政府将通过补贴、监管、税收优惠等激励措施，动员超过 240 万亿日元的私营领域绿色投资，力争到 2030 年实现 90 万亿日元的经济增长，到 2050 年实现 190 万亿日元的经济增长。日本政府还将成立一个 2 万亿日元的绿色基金，鼓励和支持私营领域绿色技术研发和投资。

2021 年 4 月 22 日，日本政府在 40 国领导人气候峰会上承诺，在 2030 年前温室气体排放量较 2013 年降低 46%，并在 2050 年之前实现碳中和的目标。

如今，站在历史与未来的交叉路口，迎来百年之历史机遇和时代发展，各国应该放眼全球，携手同行，满怀希望，迎来全球合作、绿色低碳的生态文明阶段，走向更美好的碳中和时代。

（三）应运而生，中国双碳放光彩

2020 年 9 月 22 日，中国在联合国大会上庄严承诺：中国将提高国家自主贡献力度，采取更加有力的政策和措施，二氧化碳排放力争于 2030 年前达到峰值，努力争取 2060 年前实现碳中和。这一目标振奋人心，不仅满足了中国自身发展的需要，而且彰显了大国责任与担当。

所谓碳达峰，是指二氧化碳排放到峰值后不再增长，实现稳定或开始下降。根据世界资源研究所 2017 年发布的报告，当时全世界已经有 49 个国家实现碳达峰，占全球碳排放总量的 36%。其中，欧盟已于 20 世纪 90 年代实现碳达峰，峰值为 45 亿吨；美国则在 2007 年实现了这一目标，峰值为 59 亿吨，而我国实现碳达峰的预测峰值将超过 110 亿吨。

所谓碳中和，是指二氧化碳达到人为碳排放和碳去除的平衡，即二氧化碳净零排放。一方面，我们要通过清洁能源取代化石能源、提升能效等方式降低碳排放；另一方面，我们要通过植树造林、碳捕集、利用与封存（CCUS）技术等提升碳去除水平。

中国的 "3060" 双碳目标，绝非一时之想法，而是深思熟虑的决定，更是历史发展的必然结果。在过去的二十多年里，中国脚踏实地，逐步积累，不断推出相应政策，发展相关产业，积极助力碳中和目标的实现。

在 1997 年《京都议定书》通过之前，中国早已开始关注全球气候变化，并积极投身于全球碳减排事业中，颁布《中华人民共和国节约能源法》，开始迈向社会节能减排的征程。

2005 年，中国提出了碳减排目标的构想。在 "十一五" 规划中，首次将 "节能减排" 的目标量化，明确规定：在 "十一五" 期间单位国内生应总值能耗降低 20% 左右、主要污染物排放总量减少 10%。同时，在 2020 年实现碳排放强度比 2005 年下降 18%，非化石能源占一次能源的比重达到 15% 左右。此后，中国在每个五年计（规）划中，都会以 2005 年的碳排放情况为参考设立一个相对的减排目标。

2013 年，基于五年目标，中国启动关于 21 世纪中叶的宏观发展战略研究，开始规划 2030 年及 2050 年低碳发展路线图。2015 年，为积极响应《巴黎协定》，中国在国际场合公开表态，将于 2030 年左右达到碳排放峰值并争取尽早达峰，碳强度较 2005 年下降 60% ~65%，非化石能源占一次能源消费的比重达 20% 左右。

2017 年，党的十九大报告指出，中国特色社会主义进入新时代。要加快生态文明体制改革，建设美丽中国。推进能源生产和消费革命，构建清洁低碳、安全有效的能源体系。要在 2050 年实现非化石能源占比超过 50%、清洁能源率达到 50%、终端电气化率达到 50% 的目标，进一步具化 2030 年实现碳达峰的路径。

2018 年 3 月，十三届全国人大一次会议通过《中华人民共和国宪法修正案》，把 "生态文明" 写入宪法。由此，一个新的时代即将到来，这也表明中国将坚持绿色发展，把生态文明建设融入经济建设、政治建设、文化建设、社会建设各方面和全过程，加大生态环境保护力度，使得生态文明建设在重点突破中实现整体推进。至此，新时代下的绿色革命拉开序幕。

与此同时，中国节能减排取得斐然成绩，在 2012—2016 年间多次出现二氧化碳排放的负增长。中国 GDP 的碳强度（按购买力平价计算的每单位 GDP 的二氧化碳排放量）已从 2005 年的近 810 克高峰下降到 2020 年的 450 克。德国安联集团的研究机构发布报告称，过去 50 年，中国每单位 GDP 的二氧化碳排放量几乎每 20 年减少一半，减排速度超过世界平均水平；自 2000 年以来，中国可再生能源装机容量增长超过 800%，远高于欧盟的230% 和美国的 160%；近年来，中国电动汽车市场增速领先，2019 年中国电动汽车保有量超过欧美的总和。同时，中国近 20 年来对全球绿化增量的贡献居全球首位，固碳能力显著提升。

21 世纪中叶，"3060"双碳目标应运而生，中国政府开展系统行动；2021 年 4 月 30日，习近平总书记在中共中央政治局第二十九次集体学习时强调，实现碳达峰、碳中和是我国向世界作出的庄严承诺，也是一场广泛而深刻的经济社会变革，绝不是轻轻松松就能实现的；各级党委和政府要拿出抓铁有痕、踏石留印的劲头，明确时间表、路线图、施工图，推动经济社会发展建立在资源高效利用和绿色低碳发展的基础之上；不符合要求的高耗能、高排放项目要坚决拿下来。

2021 年 5 月 26 日，碳达峰、碳中和工作领导小组第一次全体会议召开，强调双碳目标是党中央经过深思熟虑做出的重大战略决策，是中国实现可持续发展、高质量发展的内在要求，也是推动人类命运共同体的必然选择。要全面贯彻落实习近平生态文明思想，立足新发展阶段、贯彻新发展理念、构建新发展格局，扎实推进生态文明建设，确保如期实现双碳目标。要紧扣目标分解任务，加强顶层设计，指导和督促地方及重点领域、行业、企业科学设置目标、制订行动方案。当前要围绕推动产业结构优化、推进能源结构调整、支持绿色低碳技术研发推广、完善绿色低碳政策体系、健全法律法规和标准体系等，研究提出有针对性和可操作性的政策举措。要狠抓工作落实，确保党中央决策部署落地见效。要充分发挥碳达峰、碳中和工作领导小组统筹协调作用，各成员单位要按职责分工，全力推进相关工作，形成强大合力。

2021 年 7 月 30 日，中共中央政治局召开会议，会议要求，统筹有序做好碳达峰、碳中和工作，尽快出台 2030 年前碳达峰行动方案，坚持全国一盘棋，纠正运动式"减碳"，先立后破，坚决遏制"两高"项目盲目发展。2021 年 10 月 24 日，《中共中央国务院关于完整准确全面贯彻新发展理念做好碳达峰、碳中和工作的意见》（以下简称《意见》）、《2030 年前碳达峰行动方案》（以下简称《方案》）出台。《意见》首次提出"双碳"的"1 + N"顶层设计，《意见》是碳达峰、碳中和"1 + N"政策体系中的"1"，是党中央对碳达峰、碳中和工作进行的系统谋划和总体部署，覆盖碳达峰和碳中和两个阶段；是管总管长远的顶层设计，在碳达峰、碳中和政策体系中发挥统领作用。《方案》是碳达峰阶段的总体部署，是"N"中首要的政策文件，在目标、原则、方向等方面与意见保持有机衔接的同时，更加聚焦 2030 年前碳达峰目标，相关指标和任务更加细化、实化、具体化。除此之外，"N"还包括科技支撑、碳汇能力、统计核算、督察考核等支撑措施和财政、金融、价格等保障政策。这一系列文件将构建起目标明确、分工合理、措施有力、衔接有序的碳达峰、碳中和"1 + N"政策体系。英国剑桥计量经济学会预计，中国的减排承诺可将全球升温水平拉低 0.25℃，将对全球气候问题的解决做出重大贡献。

2023 年 9 月，习近平总书记在黑龙江考察调研期间提出了一个全新术语——"新质生产力"，指出要整合科技创新资源，引领发展战略性新兴产业和未来产业，加快形成新质生产力。2024 年 1 月 31 日，习近平总书记在中共中央政治局第十一次集体学习时强调，加快发展新质生产力，扎实推进高质量发展，并做了深入阐释。

"新质生产力本身就是绿色生产力。"中国建立起高效的风能、太阳能、电动汽车等产业体系，极大降低了世界绿色低碳转型成本，为全球绿色低碳发展提供了有力支持。中国对其他国家可再生能源的直接投资，直接助力这些国家的能源绿色低碳转型。面对世界之变、时代之变、历史之变加速演进，向"新"而行的中国将继续长风破浪，推动光伏产业高质量发展。

2024 年 2 月 29 日，中共中央政治局就新能源技术与我国的能源安全进行第十二次集体学习。习近平总书记在主持学习时强调，能源安全事关经济社会发展全局。积极发展清洁能源，推动经济社会绿色低碳转型，已经成为国际社会应对全球气候变化的普遍共识。我们要顺势而为、乘势而上，以更大力度推动我国新能源高质量发展，为中国式现代化建设提供安全可靠的能源保障，为共建清洁美丽的世界做出更大贡献。

习近平总书记强调，我国风电、光伏等资源丰富，发展新能源潜力巨大。经过持续攻关和积累，我国多项新能源技术和装备制造水平已在全球领先，建成了世界上最大的清洁电力供应体系，新能源汽车、锂电池和光伏产品还在国际市场上形成了强大的竞争力，新能源发展已经具备了良好基础，我国成为世界能源发展转型和应对气候变化的重要推动者。

此外，习近平总书记指出，要瞄准世界能源科技前沿，聚焦能源关键领域和重大需求，合理选择技术路线，发挥新型举国体制优势，加强关键核心技术联合攻关，强化科研成果转化运用，把能源技术及其关联产业培育成带动我国产业升级的新增长点，促进新质生产力发展。

在推动碳中和的进程中，中国要面临着比发达国家更大的压力与挑战。首先，时间紧，任务重。中国承诺实现碳中和的时间仅比大多数发达国家晚了十年，难度却是它们的数倍之多。其次，中国经济中制造业占比大、经济发展任务重，能源强度下降空间受到制约。另外，欧美一些国家淘汰落后产能的路径并不都具有可借鉴性，它们的减排效果部分是通过将本国的高碳产业转到发展中国家实现的，这不仅不利于减排，还会造成严重的负面影响。所以，我们必须放弃发达国家转移高碳产业的道路，转而通过技术创新和产业升级来实现减排目标。此外，相比已经实现工业化的发达国家，中国的工业化和现代化进程还在继续，中国每年消耗全球超过一半的煤炭，碳排放量不容乐观。因此，为了实现碳中和目标，我们要摒弃过去的生产方式，实现能源变革。

如何在短短 40 年里实现双碳目标？如何平衡经济发展和环境保护？如何系统完成社会经济变革？究其根本，要回到"能源"上。只有实现能源转型，我国的碳排放问题才能得到根本解决。反观当下之条件，资源转型便是最佳选择，也是必然选择。在浩浩荡荡的碳中和时代洪流中，能源转型的号角已经吹响。

二、光伏万里展宏图：绿色低碳转型光伏能源

为了实现碳中和，我们必须重新认识能源。煤炭、石油、天然气作为化石能源的主体，极大推进了经济的发展，也为人类的发展做出了不可磨灭的贡献。但发展至今，我们要紧跟时代的步伐，深刻理解当前严重的生态环境问题的成因，正确认识传统化石资源，积极推动能源转型，尽快实现从化石能源到可再生清洁能源的根本转变。

（一）却顾回头路，一探能源发展之势

1. 知进程而奋起，望远山而前行

革命的基本意义有两点：一是变化的内容与形式，二是产生的影响力。就内容与形式而言，革命具有颠覆意义、否定意义，并且将建立新的形式与内容。此外，革命还将产生连带的影响力，对于相关领域都会产生相应的影响。这种影响有革命的，也有非革命的。能源革命是人类历史上根本的、影响力大的革命之一。真正意义的能源革命，人类历史上只发生过两次。

第一次能源革命是植物能源代替动物能源，成为人类社会所依赖的主体能源。这场革命发生在距今一万年前到五千年前之间，人类社会实现了由狩猎文明向农耕文明的转变。这场革命是人类历史上极具影响力的革命之一，城市、语言、国家、法律、制度、市场、商品、社会分工等文明的基本要素得以产生。经济水平实现了革命性的提高，财富总量实现了 10 倍到 100 倍的增长，人口增长也在 10 倍到 100 倍之间，人类由原始居住方式向定居式居住方式转变，人的寿命大幅延长，生存环境、生活环境有了根本性改变，人类由此开始进入文明时代。

第二次能源革命是化石能源代替植物能源，成为人类社会所依赖的主体能源。这场革命发生在 1820 年前后，持续到现在已有 200 年，创造了整个现代文明和工业文明。这场革命的直接结果是人类创造的财富总量大幅增加，目前已经达到 19 世纪 20 年代的 70 倍以上。这场革命实现了丰富多彩的发展。人类实现了交通革命——汽车、火车、飞机代替了马车、牛车。除此以外，电话、计算机、网络代替了飞鸽传书，现代化城市代替了乡村小镇，革命在各个方面展开。工业革命、现代化革命是表面，其实质是能源革命，所有财富都直接或间接来自以能源为核心的资源。

如果将化石能源时代分为两个阶段：第一个阶段是 19 世纪 20 年代至 20 世纪 50 年代，人类以煤炭作为主要能源；第二个阶段是 20 世纪 50 年代到现在，人类以石油作为主要能源，在这个阶段出现了汽车、飞机、石油化工等，同时可利用的能源总量大幅上升，使革命的广度、深度都有根本性的发展。

回望历史，化石能源的历史意义显而易见：在 1820—1913 年，英国的经济总量增长了 7 倍，德国增长了 4 倍，法国增长了 9 倍，美国更是增长了 45 倍。与此同时，这些国

家的化石能源消耗量也在飞速增长，英国在这近百年的时间里，化石能源消费增长了约 13 倍；美国的能源使用量增长了 50~60 倍，其中 90% 以上是煤炭。

1978 年，在改革开放开始之时，中国的经济规模只占世界经济总量的 4.9%，人均 GDP 仅为 156 美元。当时，撒哈拉以南非洲国家的人均 GDP 是 490 美元，我国的人均 GDP 不到它们的三分之一，更别说我国与欧美发达国家的差距了。但是，经过 40 多年的改革开放，至 2020 年，我国人均 GDP 连续两年超过 1 万美元，GDP 总量约 14.73 万亿美元，占世界经济总量的 17%。时至今日，我国早已从世界较贫穷的国家之一跃升为世界第二大经济体。在快速增长的背后，当然也少不了化石能源的贡献。1978 年，我国的能源生产总量约为 6.3 亿吨标准煤，能源消费总量约为 5.7 亿吨标准煤；到 2020 年，我国能源生产总量和能源消费总量分别增长至 40.8 亿吨标准煤和 49.8 亿吨标准煤。

由此可见，无论是欧美国家还是我国，无论是 19 世纪还是 20 世纪，化石能源对经济发展都起到了巨大的推动作用。也正因为化石能源的使用，我们人类才能在短短 300 年的时间内创造出超过过去 5 000 年总和的财富与文明。此外，未来发展的效率还将提高，时间还将缩短，财富还会增长。但问题的关键是，我们不能再像过去一样依靠化石能源了。

全世界的化石能源还能使用多少年？一百年、两百年或三百年？没有人能给出一个准确的答案。但是我们必须清晰地认识到，化石能源不可能永久支撑人类如此快速的消费，它们终究是会被耗尽的，并且会在生产和消费过程中造成严重的污染。翻滚的浓烟、丑陋的矿坑、泄漏的石油，正在肆无忌惮地破坏我们赖以生存的环境。

2021 年 8 月 9 日，联合国发布的气候分析报告指出，自 19 世纪以来，人类通过燃烧化石燃料获取能源，导致全球温度比工业化前的水平高出了 1.1℃。未来 20 年，全球温度还将继续升高，届时将比工业化前的水平高出 1.5℃ 以上。如果继续大量使用化石燃料，在 21 世纪末，升温幅度将稳定在高出工业化前 1.5℃ 的水平，实现《巴黎协定》的目标将困难重重。联合国秘书长古特雷斯因此指出："在煤炭等化石燃料摧毁地球之前，必须敲响它们的丧钟！"

若再不进行能源转型，明日丧钟将为我们而鸣。能源变革的本质是一场新能源革命，即以太阳能、风能、水能等清洁能源替代现阶段占主导地位的化石能源。

当下，我们正处在第三次变革的过渡阶段，即通过提高清洁能源的占比，推动能源系统向绿色低碳转型，既能解决碳排放问题，又能以充足的动力支持全球经济增长，使经济发展转向低碳可持续的模式。

目前，人类需要开展的一场深刻的能源革命，以解决能源供应的可持续问题和二氧化碳排放产生的气候问题。解决这两大问题的根本路径将是太阳能革命。

2. 能源安全非小事，事关未来大发展

为了解决环境问题，实现绿色可持续发展，助力国家能源安全保证，调整能源结构是必行之路。

利用煤炭资源，英国开始崛起；控制石油资源，美国开始崛起。历史证明，能源深刻影响世界经济变革和政治体系。一国能源地位发生变化，其经济和政治格局也随之变化。在经济层面，美元能够在世界货币体系中长期处于核心地位，主要原因之一就是美元和石油挂钩。

然而，如果全球的主要能源供应不再是石油，是否意味着美国建立起的霸权体系将走向衰落？随着世界各国对能源结构的调整，以太阳能、风能、水能等为代表的新能源的发展趋势势必会对美元所领导的世界货币体系构成威胁。假设将来新能源的使用占比达到能源使用总量的 80% 以上，那么人类对进口石油、天然气的依赖度将会大幅降低。长期来看，这无疑会对美元的地位构成巨大挑战。

当石油变得不再重要时，依托石油建立起来的石油美元相关概念自然就会失去意义，由美元领导的时代或将成为过去。在这样的演进过程中，世界格局必将发生巨大改变。能源结构变革将改变世界货币体系，从而冲击美元的霸主地位。这对于全世界的国家来说，都是一次掌握能源安全主动权的机会。尤其是对我国而言，掌握能源安全主动权已迫在眉睫。

中国经济发展长期以来就对能源有巨大需求，并且随着经济增长，能源需求将持续增长。依据 2035 年人均 GDP 达到中等发达国家水平、20 世纪中叶建成富强民主文明和谐美丽的社会主义现代化强国的目标，估算得出中国 2030 年的 GDP 规模将是 2020 年的 1.62 倍，预计需要 160 亿吨标准油的能源供给。中国对能源的需求依然十分迫切。

然而，中国的能源禀赋极度不平衡，一直是"富煤、缺油、少气"。根据美国《油气杂志》于 2021 年年底发布的 2021 年全球油气质量报告，截至 2020 年年底，中国的石油储量仅占全世界已探明储量的 1.5%。从 1993 年开始，中国就已成为石油净进口国。2006 年到 2010 年，中国的石油进口量平均每年增长 5 000 万吨，外贸依存度超过 50%，石油供给的贸易依赖成为不争的事实。之后，石油、天然气等的对外依赖程度持续增大，不断创历史新高。2021 年，中国进口原油 5.13 亿吨，石油对外依存度为 72.2%，天然气对外依存度升至 46%。

能源安全直接影响国家安全。中国进口的原油中，约 80% 需经过霍尔木兹海峡、马六甲海峡等交通要道，海上运输途径易受其他国家掣肘，国家能源安全、外汇储备安全因而面临较大风险。而且，石油定价权不在中国手中，易受地缘政治、外交制衡与利益博弈影响，因而我们必须承受石油价格的巨大波动，常会出现被"卡脖子"的问题。

为解决能源安全问题，我们过去做出了很多努力。对内，中国提高化石能源产量，"三桶油"大力提升勘探开发力度，推进国内主力油田继续稳产增产。比如 2020 年，中石油在国内油气当量产量约为 14 亿桶，同比增长 4.8%；可销售的天然气产量为 1 131 亿立方米，同比增长 9.9%。中海油聚焦大中型油气田发现，勘探成功率大幅提升，共获得 16 项商业发现，包括渤海两个亿吨级油气田、南海东部海域的惠州中型油气田、圭亚那斯塔布鲁克区的三项新发现，证实我国探明石油储量再创历史新高，达 53.73 亿桶，油当量储量寿命连续 4 年稳定在 10 年以上，为未来的能源安全保障夯实了基础。

对外，中国积极开展国际油气贸易，与沙特阿拉伯、俄罗斯、伊拉克、巴西等产油国合作，构建西北、东北、西南和海上四大油气进口战略通道，形成了多方位、多渠道的石油来源。另外，中国与俄罗斯签订长期的石油供应协议，实现了"俄油东进"。中国海关总署统计数据显示，2021 年中国从俄罗斯进口石油 7 964 万吨；2022 年 5 月中国从俄罗斯进口的石油同比增加了 55%，达到创纪录的水平。俄罗斯是世界上数一数二的石油出口大国，从俄罗斯进口石油，可以降低我国对中东石油的进口依赖程度，提高我国能源安全系数。

　　为保障油气能源输送，中国投入了大量精力，加大石油码头、油气输送管道等基础设施建设。比如，为保障从俄罗斯的油气进口安全，中国直接修建了年输气量达 300 亿立方米的中俄天然气管道、年输油量达 3 000 万吨的中俄原油管道。为避免原油运输经过狭窄的马六甲海峡，中国与缅甸达成合作，合资修建了中缅油气管道，打通了保障中国能源安全的关键渠道。中缅油气管道修建前，中国约五分之四的进口原油必须途经马六甲海峡，这条能源路线对中国来说存在潜在的风险。中缅油气管道的建成不仅能让中国实现原油供应的多重安全保障，还能将缅甸丰富的天然气资源输往中国西南地区，缓解国内天然气供应紧张的问题。

　　但是，从国家战略安全角度考虑，以"输血"来解决"贫血"问题，比不上自主"造血"。对于未来的能源图景，未雨绸缪、提前布局是最优的选择，使用清洁能源就为我国摆脱外部能源控制、实现能源安全提供了一条捷径。

　　我们完全可以通过加快太阳能、风能、水能、氢能等清洁能源的发展，用 10～20 年的时间，实现可再生清洁能源替代，从而减少对化石能源的进口和使用。中国的风力发电和光伏发电能力，每年如果都集中在中国使用，可以减少相当于 1 亿吨的石油消耗量，而我国每年进口石油 5 亿多吨，也就是说，5～10 年就可以实现能源自给自足，这对国家安全是一个重要支撑。这样就能大大化解中国石油进口可能被"卡脖子"的问题，牢牢掌握能源供给主动权，逐步实现能源的安全保障和自主供应，从而为中国经济社会的高质量和安全发展保驾护航。

　　从当前所具备的能源转型条件来考虑，各个报告的数据汇总如下：2023 年，清洁能源消费比重达到 26.4%，较 2013 年提高 10.9 个百分点，煤炭消费比重累计下降 12.1 个百分点。发电总装机容量达到 29.2 亿千瓦，其中，清洁能源发电装机容量达到 17 亿千瓦，占发电装机总量的 58.2%。清洁能源发电量约 3.8 万亿千瓦时，占总发电量比重为 39.7%，比 2013 年提高了 15 个百分点左右。十年来，新增清洁能源发电量占全社会用电增量一半以上，中国能源含"绿"量不断提升。推动风电、光伏发电跃升发展；截至 2023 年年底，中国风电、光伏发电累计装机容量分别达 4.41 亿千瓦、6.09 亿千瓦，合计较 10 年前增长了 10 倍。其中，分布式光伏发电累计装机容量超过 2.5 亿千瓦，占光伏发电总装机容量 40% 以上。因地制宜开发水电；截至 2023 年年底，常规水电装机容量达 3.7 亿千瓦。积极安全有序发展核电。截至 2023 年年底，在运核电装机容量 5 691 万千瓦，是 2013 年年底的 3.9 倍；在运在建总装机容量 10 033 万千瓦。推动生物质能、地热能和海洋能发展：截至 2023 年年底，生物质发电累计装机容量 4 414 万千瓦。提升能源系统调节能力：截至 2023 年年底，具备灵活调节能力的火电装机容量近 7 亿千瓦，抽水蓄能装机容量 5 094 万千瓦，新型储能规模 3 139 万千瓦/6 687 万千瓦时、平均储能时长 2.1 小时。

　　此外，中国坚持共商共建共享原则，秉持开放、绿色、廉洁理念，以高标准、可持续、惠民生为目标，同各国在共建"一带一路"框架下持续深化能源转型合作，将"绿色"打造为"一带一路"能源合作底色，共同实现可持续发展。

　　巴基斯坦卡洛特水电站，是中巴经济走廊能源合作优先实施项目，由中国企业投资建设和运营。项目总装机容量 72 万千瓦，可满足当地 500 多万人的绿色用电需求。

埃塞俄比亚阿达玛风电项目，是埃塞俄比亚首个风电项目，也是中非在新能源领域的首个政府间合作项目，由中国企业承建并提供融资支持。项目总装机容量 20.4 万千瓦，平均每年可为当地提供 6.3 亿千瓦时的绿色电力，有力提升当地电力供应水平。

阿联酋宰夫拉光伏电站，是目前已建成的世界最大单体光伏电站，由中国企业承建。项目总装机容量 210 万千瓦，发电量可以满足阿联酋约 20 万户家庭用电需求，助力阿联酋清洁能源比重提高至 13% 以上。

阿根廷高查瑞光伏电站，是南美海拔最高、装机容量最大的光伏电站，由中国企业承建。项目总装机容量 31.5 万千瓦，年发电量约 6.5 亿千瓦时，为当地约 25 万户家庭提供清洁能源，推动当地实现电力自给自足。

因此，中国在清洁能源开发技术和建设规模上均具有国际竞争力。这些数据说明，目前中国已经拥有了快速发展、实现能源根本转型的总体条件。如果把清洁能源的发展动力释放出来，让清洁能源产业发展起来，中国将构建起安全、高效的能源利用体系。

（二）柳暗又花明，望见光伏发展契机

能源系统转型则要求能源系统从过去以化石能源为主体向以可再生能源为主体转化，能源消费的形式也将由多元化发展向以电气化为主转变。能源变革意味着人类必须革新传统能源体系，建立安全、清洁和可持续的能源体系。当清洁能源消费占未来能源消费的 80% 以上时，太阳能、风能、水能、核能、氢能以及生物质能将扮演重要的角色。但是，哪一种能源是其中的支柱？答案无疑是太阳能。太阳能无处不在，总量巨大，人们可以以极低的成本，获取这一零排放、零污染的永续清洁能源。

光伏太阳能作为清洁能源的第一主角，已经具备了帮助人类实现能源转型的总体条件。光伏太阳能为解决人类社会的发展问题——社会经济可持续发展、应对全球气候危机，提供了一种有效、便捷的方式。人类找到了一条通向未来的道路，这条道路上洒满阳光，一片光明。

最初，人们对太阳能的认识停留在植物的光合作用，即光能到生物能的转化上。随着研究的深入，人类发现太阳能所包含的范围极其广泛，风能、水能、生物质能等都发端于太阳能。如今普遍使用的煤炭、石油和天然气等化石能源，从根本上讲也是远古时代储存下来的太阳能。本质上，无论是传统的化石能源，还是风能、水能、生物质能等新能源，都没有跳脱出太阳本身，只是太阳能的不同表现形式。因此，我们今日使用的所有能源本质上都是太阳能，而且我们无时无刻不浸润在太阳的能量之下。

既然太阳能无处不在，那么将分散的能量汇集起来，正是人类未来能源的主要来源之一。但我们此处所讲的太阳能，是指太阳辐射能的光电、光热和光化学的直接转化。特别是光电转化，即太阳能光伏发电，也是较有前景的能源技术之一。

首先，光伏发电的技术原理先进。人类在日常生活和生产中最常使用的能源是电能。无论我们是使用化石能源还是使用风能等清洁能源，都是将其转化为电能进行应用的。太阳能光伏发电的原理相比于其他能源则更为方便快捷。化石能源需要通过燃烧，先转化为热能，然后转化为电能。风能、水能需要将风与水的动能转化为机械能，再转化为电能。而太阳能是从光子

运动直接转化为电子运动，是从光到电的直接转化。这意味着光伏发电的原理简单、先进。

其次，太阳能的总量巨大。太阳是一个巨大的能源宝藏库。每一次太阳升起，都会以光照亮世界，让热潜入地球。这颗来自约 1.5 亿千米外的恒星是一个由氢和氦组成、体积约为地球 130 万倍的炽热火球。其表面温度约 5 500℃，中心温度为 1 500 万 ~ 2 000 万摄氏度。太阳通过核聚变向外散放热量，向宇宙空间发出功率为 3.75×10^{26} W 的辐射，给了地球万物生长的"营养"。

虽然太阳与地球相距遥远，其辐射到地球大气层的功率仅为总辐射功率的二十二亿分之一，但辐射功率已经高达 173 000TW/s，传递到地球上的能量相当于燃烧 500 万吨煤所释放的热量。据估计，地球表面每日接收的太阳能相当于 1 亿桶石油所生产的能量，地球每年接收的太阳能相当于 100 亿亿度电所生产的能量，这相当于人类每年消耗的固液气体等燃料能量的 3.5 万倍，甚至太阳只要照射地球一小时，所积蓄的能量就足以供人类消费一年。而且，这个巨大的火球已沸腾近 50 亿年。物理学家预测，太阳的寿命约为 100 亿年，因此太阳还能照耀地球 50 亿年之久。在这样一个巨大的能量源面前，其余能源都显得那么渺小无力。

再次，太阳能分布广。"阳光普照"一词将太阳能的属性描述得尤为精准。阳光普照大地，人人都可以享有。从理论上讲，地球上任何一个点都能得到太阳的照射，这意味着每个人都能够享受到阳光。相比其他能源，太阳能是最易获得且最公平的能源。

参看太阳能的全球分布情况，在很多地区，太阳辐射强度和日照时间都是极佳的，如印度、中东、北非、南非、南欧、澳大利亚、巴基斯坦、南美洲东部、中国西部地区等。在我国，各地太阳年辐量为 3 344 ~ 8 400MJ/m²，中值为 5 852MJ/m²，根据平均接收太阳总辐射量的多少，全国划分了五类地区，而前三类地区全年日照时数超 2 000 小时，是中国太阳能资源较为丰富的地区，如表 1 - 2 所示。

表 1 - 2　我国太阳能资源分布情况

地区类型	年日照时数/h	年辐射总量/（MJ/m²）	等量热量所需标准燃煤/kg	主要地区	备注
一类	3 200 ~ 3 300	6 680 ~ 8 400	225 ~ 285	宁夏北部、甘肃北部、新疆东部、青海西部、西藏西部	太阳能资源最丰富地区
二类	3 000 ~ 3 200	5 852 ~ 6 680	200 ~ 225	河北西北部、山西北部、内蒙古南部、宁夏南部、甘肃中部、青海东部、西藏东南部、新疆南部	太阳能资源较丰富地区

（续上表）

地区类型	年日照时数/h	年辐射总量/（MJ/m²）	等量热量所需标准燃煤/kg	主要地区	备注
三类	2 200~3 000	5 016~5 852	170~200	山东、河南、河北东南部、山西南部、新疆北部、吉林、辽宁、云南、陕西北部、甘肃东南部、广东南部、福建南部、江苏北部、安徽北部、台湾西南部等	太阳能资源中等地区
四类	1 400~2 000	4 180~5 016	140~170	湖南、湖北、广西、江西、浙江、黑龙江、福建北部、广东北部、陕西南部、江苏北部、安徽南部、台湾东北部	太阳能资源较差地区
五类	1 000~1 400	3 344~4 180	115~140	四川、贵州	太阳能资源最差地区

在我国，除了太阳能资源丰富，太阳能光伏发电的重要原材料——硅也非常丰富。青藏高原东北部、江苏东海、宁夏石嘴山、湖北宜昌、四川乐山等地区都有巨型硅矿，存储量达千万吨，甚至超过亿吨。

此外，太阳能清洁干净且安全。与使用煤炭、石油、天然气等化石能源相比，使用太阳能不会产生任何有害气体和废渣，不会造成大量污染。因此，太阳能是清洁、可持续的能源之一。与核能相比，太阳能既不会发生爆炸，也不会泄漏致癌、产生辐射和废水，安全性极高。这些自然属性决定了太阳能拥有巨大的发展潜力。

最后，太阳能的应用场景非常广泛。太阳能光伏发电不仅能建设集中型电站，还能通过建设分布式的小型电站，甚至能在每家每户的屋顶安装电池组件进行发电。除此之外，在航天航空、交通、农业、建筑、军事、城市照明等多个领域，都可以应用太阳能光伏发电，甚至在远离人烟的沙漠、海岛，也会因为有了光伏的存在而变得灯火通明。

国际上普遍认为，在长期的能源战略中，太阳能光伏发电在众多可再生能源中具有更重要的地位。这是因为光伏发电具有清洁性、安全性、广泛性、长寿命和免维护性、实用性、资源的充足性及潜在的经济性等优点。太阳辐射到地面的功率高达800 000亿千瓦，假如把地球表面0.1%的太阳能转为电能，转变率5%，每年发电量可达5.6×10^{12}千瓦时，相当于目前全球能耗的40倍。同时，太阳能光伏发电具有节能减排的属性，1座兆瓦级电站年发电量可达180万千瓦时，在25年寿命期内总产出4 500万千瓦时的电，累计可节约标准煤17 794吨，减排二氧化碳46 264吨。

欧洲光伏工业协会（EPIA）预测，至2050年，光伏发电将会满足世界上21%的电力需求。另欧盟委员会联合研究中心（JRC）预测，到2050年，太阳能光伏发电将占全部发电量的25%，到2100年将达到64%，如表1-3所示，太阳能将成为未来能源结构的主导。

表1-3 可再生能源在能源结构中的占比

能源类别	2030年各能源占比/%	2050年各能源占比/%	2100年各能源占比/%
可再生能源	30	52	86
太阳能	14	28	67
太阳能光伏发电	10	25	64

注：数据来源于JRC。

十多年来，随着产业规模的不断扩大、技术迭代升级的不断加快、智能制造的迅速推广，光伏发电成本下降显著，最低中标电价纪录被不断刷新，具备了大规模应用、逐步替代化石能源的条件。光伏发电成本的进一步降低，不仅为产业发展创造了空间，还为光伏企业与社会找到了最大公约数，提供了巨大的共同成长空间和全球能源转型的巨大市场，从而推动光伏产业成为全球实现碳中和、应对气候变化的第一主角。

这场以绿色低碳为核心、以环保可再生能源为主体的能源革命号角已经吹响，在这场轰轰烈烈的革命中，光伏将是其中的第一主角。我们要坚信，太阳能将带领人类告别煤炭、石油的"黑色时代"，迈向光明可持续发展的新时代。因此，毋庸置疑，光伏将改变世界。

（三）勇立浪潮头，形成新质生产力

全国两会期间，"新质生产力"成为高频词，引发高度关注。新质生产力是由技术革命性突破、生产要素创新性配置、产业深度转型升级催生的当代先进生产力。与传统生产力形成鲜明对比，新质生产力是创新起主导作用，摆脱传统经济增长方式、生产力发展路径的先进生产力，具有高科技、高效能、高质量的特征。

加快形成新质生产力，要积极培育战略性新兴产业和未来产业。根据国家统计局的定义，前者包括新一代信息技术、高端装备制造、新材料、生物、新能源汽车、新能源这六大产业。而光伏作为新能源产业代表之一，必然要在绿色能源转型大趋势下，进一步加强科技研发创新，打好关键核心技术攻坚战，培育发展新质生产力，助力全球能源转型及碳中和目标的实现。

2024年1月31日，习近平总书记在中共中央政治局第十一次集体学习时指出，科技创新能够催生新产业、新模式、新动能，是发展新质生产力的核心要素。正是以技术创新为关键发力点，我国新能源产业链、创新链不断增强，已成为领跑全球的新兴产业，形成了绿色可持续增长的经济新动能。以风电、光伏为代表的新能源产业，依托技术、装备创新实现蓬勃发展，正在改变传统依赖化石能源资源的发展方式，为推动能源清洁低碳转型、经济社会绿色发展和应对气候变化注入强劲新动能。

2023 年，我国可再生能源新增装机 3.05 亿千瓦，占全国新增发电装机的 82.7%，占全球新增装机的一半，超过世界其他国家的总和；全国可再生能源发电量近 3 万亿千瓦时，接近全社会用电量的三分之一，已成为能源安全供应和经济社会低碳转型的重要支撑。进一步看光伏产业，2023 年，我国新增光伏装机约 216 吉瓦，同比增长 147%，占新增电力装机的 60.7%，相当于 2019—2022 年新增装机总和，光伏制造端产值超过 1.5 万亿元。光伏产业已成为我国在全球极具竞争力和话语权的战略性新兴产业之一，成为高端制造的一面旗帜。

但我们也要看到，这个发展过程并非一帆风顺。自诞生之日起，我国光伏产业就面临着来自全球的激烈竞争。十多年前，光伏产业处于市场、核心原材料和核心技术"三头在外"的境地，发展过程中接连遭遇全球金融危机和美欧"双反"冲击，曾一度陷入发展瓶颈期。而我国光伏企业不懈拼搏、不断创新，持续推动产业规模壮大、技术迭代升级，经历了从追跑到并跑，再到全面超越的发展过程。如今，我国已成为全球光伏产业第一大国，占据全球 70% 以上的市场份额。

发展背后，我们再一次看到，新质生产力已经在实践中形成并展示出对高质量发展的强劲推动力、支撑力。持续推进新能源产业发展，必须加强科技创新，特别是原创性、颠覆性科技创新，加快实现高水平科技自立自强，打好关键核心技术攻坚战，培育发展新质生产力的新动能。

以科技创新为支撑，带动产业发展壮大。从成本来看，光伏在所有可再生能源中已取得足够的领先优势，有能力成为真正主流的可再生能源。近年来，国家发改委等部门也多次出台文件，关心并帮助光伏产业发展。我们要顺势而为、乘势而上，以更大力度推动新能源高质量发展，为中国式现代化建设提供安全可靠的能源保障，为共建清洁美丽的世界做出更大贡献。

结合当前形势，产业亦有症结值得关注。比如，随着可再生能源发电成本不断下降，我国过去为"集中发、集中送"建立的电网和传统的"源随荷动"模式，已不能适应大比例可再生能源接入，构建新型电力系统迫在眉睫。加快构建清洁低碳、安全可控、灵活高效、智能友好、开放互动的新型电力系统，是实现"双碳"目标的关键载体。

成本不断降低，让储能大规模应用逐步成为平抑可再生能源波动的坚实保障。未来，储能所扮演的角色绝不能与现在进行简单类推，今天的配储只是偶尔调用，今后的储能应当成为智慧电网、新型电力系统中一个独立且重要的组成部分，维持发电端与用电端之间的平衡，成为市场机制下的一项重要产业。我们应结合抽水蓄能、新型储能各自的特点，使二者优势互补，构建以抽水蓄能、新型储能为主，电动汽车等其他多种储能形式为辅的综合性储能系统，为大规模、高比例可再生能源接入形成有力支撑，助力新型电力系统的打造。

展望未来 30 年的碳中和之路，以汽车电动化、能源消费电力化、电力生产清洁化为代表的绿色转型，将在国内形成百万亿元、在全球形成百万亿美元的产业规模。这值得中国企业乃至全球企业理性对待，共同推动能源转型更快、更有效地实现。

第二章　光伏新能源应用场景与市场现状

一、阳光赋能新天地：光伏新能源光彩夺目

（一）格物致知，系统原理深入把握

在太阳能的有效利用当中，光伏新能源系统是近些年来发展较快、较具活力的研究领域之一，也是其中受瞩目的项目之一。太阳能是一种辐射能，利用太阳能发电是将太阳光直接转换成电能，它必须借助于能量转换器才能实现。太阳能发电有两种方式，一种是"光—热—电"转换方式，另一种是"光—电"直接转换方式。为此，人们研制和开发了太阳能电池，设计和建设了独立和并网的"光—电"直接转换太阳能发电系统，有专家认为太阳能发电量最终将在电力供应中占20%。

"光—热—电"转换方式是通过利用太阳辐射产生的热能发电，一般由太阳能集热器将所吸收的热能转换成工质蒸气，再驱动汽轮发电机发电。前一个过程是"光—热"转换过程，后一个过程是"热—电"转换过程，其发电流程与普通的火力发电一样。太阳能热能发电的缺点是效率很低且成本很高，估计它的投资至少要比普通火电站高 5~10 倍，一座 1 000MW 的太阳能热电站需要投资 20 亿~25 亿美元，平均1kW 的投资为 2 000~2 500 美元。因此，目前只能小规模地应用于特殊的场合，若大规模利用在经济上很不合算，为此，太阳能热能发电还不能与普通的火电站或核电站相竞争。

"光—电"直接转换方式是利用光电效应，将太阳辐射能直接转换成电能，"光—电"转换的基本装置就是太阳能电池。太阳能电池是一种基于光生伏特效应将太阳光能直接转化为电能的器件，是一个半导体光电二极管。当太阳光照到光电二极管上时，光电二极管就会把太阳的光能变成电能，在外电路上产生电流。当许多个电池串联或并联起来就可构成输出功率比较大的太阳能电池方阵。

太阳能电池是一种大有前途的新型电源，具有永久性、清洁性和灵活性三大优点。太阳能电池寿命长，只要太阳存在，太阳能电池就可以一次投资而长期使用；太阳能光伏发电与火力发电、核能发电相比，太阳能电池不会引起环境污染；太阳能电池可以大、中、小并举，大到百万千瓦的中型电站，小到只供一户用电的独立太阳能发电系统，这些特点是其他电源无法比拟的。

光生伏特效应在液体和固体物质中都会发生，但是固体（尤其是半导体 PN 结器件）

在太阳光照射下的光电转换效率较高。利用光生伏特效应原理，制成晶体硅太阳能电池，可将太阳的光能直接转换成电能。太阳能光伏发电的能量转换器是太阳能电池，又称光伏电池，是太阳能光伏发电系统的基础和核心器件。太阳能转换成电能的过程主要包括三个步骤：

首先，太阳能电池吸收一定能量的光子后，半导体内产生电子-空穴对，称为"光生载流子"，两者的电极性相反，电子带负电，空穴带正电。

其次，电极性相反的光生载流子被半导体 PN 结所产生的静电场分离开。

最后，光生载流子的电子和空穴分别被太阳能电池的正、负极收集，并在外电路中产生电流，从而获得电能。

太阳能光伏发电原理如图 2-1 所示。当光线照射太阳能电池表面时，一部分光子被硅材料吸收，光子的能量传递给硅原子，使电子发生跃迁，成为自由电子，在 PN 结两侧集聚形成电位差。当外部电路接通时，在该电压的作用下，将会有电流流过外部电路，产生一定的输出功率。这个过程的实质是光子能量转换成电能的过程。

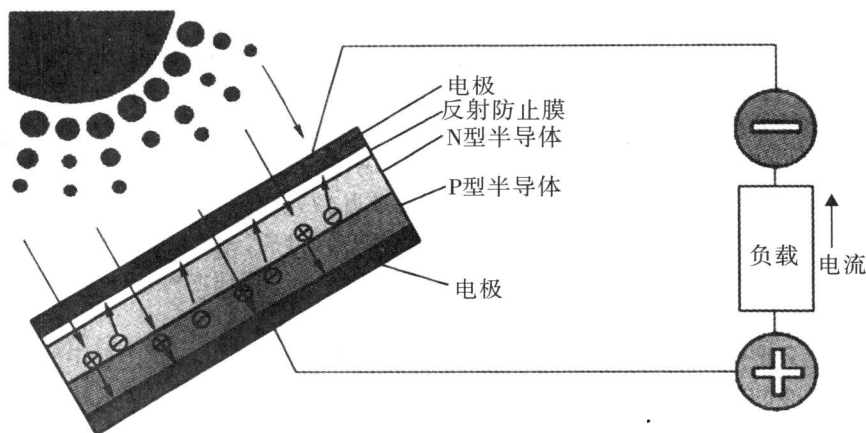

图 2-1　太阳能光伏发电原理

在太阳能发电系统中，系统的总效率 n 由太阳能电池组件的光电转换效率、控制器效率、蓄电池效率、逆变器效率及负载的效率等决定。目前，太阳能电池的光电转换效率只有 17% 左右。因此，提高太阳能电池组件的光电转换效率、降低太阳能光伏发电系统的单位功率造价，是太阳能光伏发电产业化的重点和难点。自太阳能电池问世以来，晶体硅作为主要材料保持着统治地位。目前，对硅太阳能电池转换效率的研究主要集中在加大吸能面（如采用双面电池减小反射）、运用吸杂技术和钝化工艺提高硅太阳能电池的转换效率、电池超薄型化等方面。

目前，太阳能光伏发电系统主要应用于以下三个方面：为无电场合提供电源，主要为广大无电地区居民生活、生产提供电力，为微波中继站和移动电话基站提供电源等；太阳能日用电子产品，如各类太阳能充电器、太阳能路灯和太阳能草坪灯等；并网发电，这在发达国家已经大面积推广实施，而我国正在起步阶段。

（二）从"0"到"∞"，光伏新能源点亮星空

1. 从"0"到"1"：光电碰撞的火花

众所周知，爱因斯坦举世公认的最大成就是"相对论"，但其诺贝尔奖获得提名的成果是"光电效应"。显然，就今天能源革命的历史意义而言，高度评价爱因斯坦的"光电效应"的伟大作用并不为过。可以说，"光电效应"的历史性成就完全不低于"相对论"的历史作用，"光电效应"是今天能源革命、光伏革命的指路明灯。

其实"光生电"并不是爱因斯坦首先发现的，早在他提出"光电效应"的量子解读之前的60多年，法国物理学家 A. E. 贝克勒尔就发现了用两块金属浸入溶液构成的伏打电池，光照时会产生额外的伏打电势。这就是我们"光伏新能源"中"光伏"的来源。此后的1873年，英国科学家史密斯发现了在硒片上的固态光伏效应。1880年，福里兹制造了第一个固体硒光伏电池。1900年，普朗克提出了量子假说，开创了量子力学。之后，爱因斯坦提出了光电效应的量子力学解读。此后半个世纪，量子力学获得全面发展，并且在此基础上发展了固体物理、半导体物理，全面奠定了光伏电池的理论基础。

1941年，奥尔发现了硅的光伏效应。1954年，贝尔实验室首次完成晶体硅太阳能电池，效率达到6%。从此，硅登上了太阳能光伏发电的历史舞台。当时，《纽约时报》评论硅太阳能电池"可能标志着新时代的开始，最终会实现人类最渴望的梦想之一，即将几乎无限量的太阳能应用于人类文明"。人类追逐太阳的脚步终于迈出了一大步。

2. 从"1"到"100"：热烈耀眼的雄火

虽然科学家们找到了利用光伏太阳能的合适材料，但是光伏太阳能还远没有迎来快速发展期。一是因为太阳能光伏的技术成本太高，300美元/瓦的电池造价还不具备大范围投入使用的可能性；二是因为同一时期更具经济效益也更成熟的核电让人们忽视了光伏技术的光芒。19世纪50年代中期，美国政府宣布，每年将支付10亿美元用于核电技术的研究，而光伏技术每年只有10万美元的研发费用，仅占核电研发投入的万分之一，这导致光伏在技术研发上资金短缺，还未兴起的光伏技术便迅速跌落低谷。

但是，浩瀚的太空和无垠的大海保存着光伏发展的星星之火。1955年，人类开始向宇宙进发，人造卫星脱离地球长期运行需要能够提供无限能量的动力源。太阳能电池相比于固体燃料和核能近乎无限能源，更轻巧且便于携带，成为实现"太空漫游"的最佳选择。随着"冷战"期间美苏太空竞赛的加剧，太阳能电池的订单维持在一个基础水平，为相关企业和研究所带来了基本的研发资金。另外，全球许多国家相继发布了一系列针对太阳能光伏的激励政策，使得光伏新能源完成了从原理性实验性产品到商业化推广的前期阶段。

与信息技术产业同步推进，光伏电池价格从20世纪70年代的200美元/瓦下降到10美元/瓦甚至2~4美元/瓦，整体下降幅度超过90%以上。

这个过程中基本解决了大规模发展光伏所面临的基本问题，即技术、生产体系、价格以及市场环境等问题。这些星星火花，慢慢形成燎原之势，火焰热烈而耀眼。

3. 从"100"到"∞"：璀璨明亮的星空

在 21 世纪初，光伏新能源产业进入了规模化产业化发展阶段。在这一阶段，光伏新能源在全球逐渐被点亮，如满天璀璨明亮的群星，闪烁着光芒，装点着天空。

在 20 世纪末至 21 世纪初，欧美取得重要进展，主要反映在发展机制的引导和国家推动的试验示范工作上。其中德国政府的工作具有重大意义：早在 1990 年年底德国就宣布实施了"1 000 屋顶计划"；1991 年，德国通过的《强制购电法》明确了可再生能源生产商的电力"强制入网""全部收购""规定电价"三个原则；1999 年，德国政府实施范围更大的"十万屋顶计划"；2000 年，德国通过了《可再生能源法》，并于 2004 年进行修订，施行购电补偿法，根据不同的太阳能发电形式，政府给予为期二十年、0. 45 ~ 0. 62 欧元/度的补贴，每年将递减 5% ~ 6. 5%；2006 年，德国以 1. 15 吉瓦的年装机容量成为全球第一；2007 年年底，德国光伏累计装机容量为 3. 86 吉瓦；2009 年 3 月，德国出台的《关于可再生能源用于取暖市场的措施的促进方针》指出，促进投资扩大可再生能源技术在取暖市场中的份额，并由此降低费用及加强可再生能源的经济应用性，使德国在 2015 年实现光伏平价上网，光伏发电占 15%。

"十四五"以来，在我国碳达峰、碳中和目标和全球光伏市场爆发式增长的驱动下，以光伏发电为代表的新能源已进入大规模、市场化、高质量发展阶段。光伏产业已经发展到可以推动能源革命实现的地步，主要有两个标志。一是价格已经基本实现平价上网，可以与化石能源直接展开价格竞争；二是产业发展的基本条件已成熟。

2024 年 1 月 26 日，国家能源局发布 2023 年全国电力工业统计数据。2023 年 1—12 月光伏新增装机容量约 216. 88 吉瓦，同比增长 148. 12%（见图 2 - 2）；2023 年 12 月新增装机容量约 53 吉兆，同比增长 144. 24%（见图 2 - 3）。截至 2023 年 12 月底，全国累计发电装机容量约 29. 2 亿千瓦，同比增长 13. 9%。其中，太阳能发电装机容量约 6. 1 亿千瓦，同比增长 55. 2%；风电装机容量约 4. 4 亿千瓦，同比增长 20. 7%。

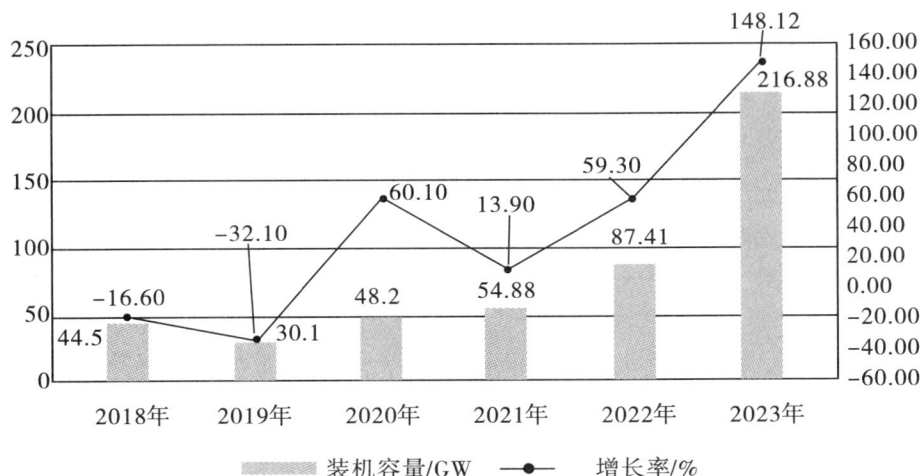

图 2 - 2　2018—2023 年我国光伏新增装机情况

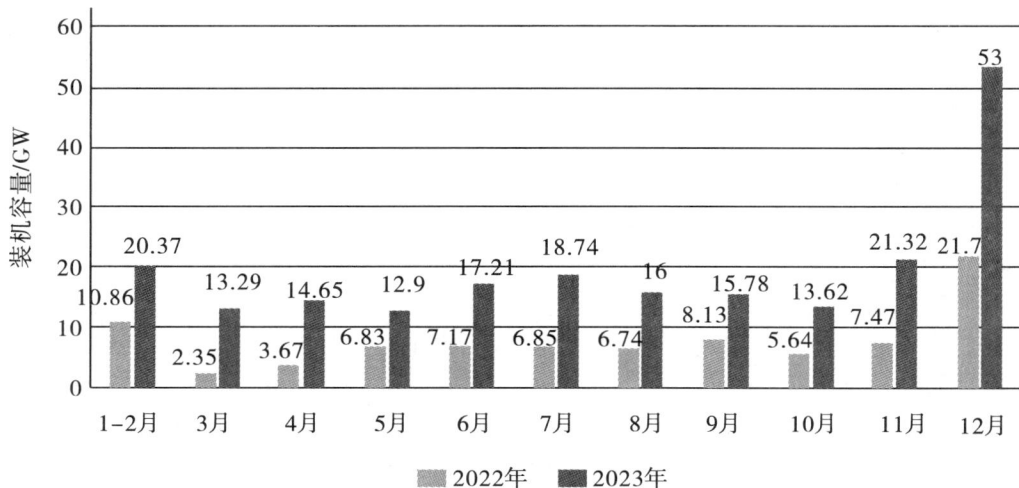

图 2 - 3　2022—2023 年 1—12 月新增装机容量

　　2023 年，全国 6 000 千瓦及以上电厂发电设备累计平均利用 3 592 小时，比上年同期减少 101 小时。主要发电企业电源工程完成投资 9 675 亿元，同比增长 30.1%；电网工程完成投资 5 275 亿元，同比增长 5.4%。

　　显然，一场革命从发端到成功需要一个漫长的历史过程，如果从 1954 年贝尔实验室首次完成晶体硅太阳能电池算起，大约经过 70 年，人类才走到了可以翘首仰望能源革命星空的阶段；如果从爱因斯坦的"光电效应"理论提出算起，已经是百年历史。这个人类文明历史性成就是人类创造与前进的历史结果。我们需要记得这些先驱与历史，特别应该深度感谢这个百年人类的努力，需要紧紧抓住光伏革命、能源革命、碳中和的时代接力棒，书写能源巨变下的中国发展时代与全球时代。

（三）大放异彩，光伏新能源特点鲜明

　　在全球"双碳"和能源转型的大背景下，光伏新能源发展充满希望和潜力。光伏新能源助推了人类社会能源改革的步伐，传统化石能源的时代正逐渐成为过去式，新能源发展的舞台大幕已经徐徐拉开。

1. 同台竞技，拔得头筹

　　相对于传统的化石能源，风能在能源供给的过程中不会产生温室气体，并且其作为自然界中的一种可再生能源，可以源源不断为人类提供能源补充。由于风能技术相对简单，不会因为制造材质等因素影响转换效率，因此从 20 世纪 70 年代开始，风能是新能源领域中发展较快、装机容量占比较大的能源之一。但是，风能有间歇性和不稳定性的缺点，有风与没风、风大与风小在发电功效上存在很大的差异，这导致风力发电无法根据需求增减，必须与其他的电力来源或储存设施一起使用，提供范围内的能源补充和替代，才能保障电力的稳定供应。同时，风力发电对电站建设的地域要求更高，且以大型电站建设为

主，不适合进行分布式布置。

水能是指依靠水体运动所产生的，包括动能、势能在内的一种能量。从广义来说，潮汐能、波浪能、河流能、海流能等任何与水体有关的能源，都可称为水能。由于地球表面水循环的存在，水能也是一种可再生能源。水能的特点包括廉价与清洁，既可以用于发电，也能转换为机械能做功，是所有可再生能源中历史悠久、技术成熟、适用广泛的能源之一。然而，水资源的开发利用从表面上看清洁无污染，却会对周围的生态环境产生影响，例如，阿斯旺大坝一度是埃及人引以为傲的工程，在推动国家工业化的路上起到了重要作用，但随着岁月的推移，其对尼罗河流域生态平衡的影响逐渐显露。在上游蓄水的同时，大量富含养料的泥沙沃土也被锁在了上游，下游和沿岸土壤出现大规模盐渍化，河口三角洲的面积严重缩小；库区则沉淀了大量富含微生物的淤泥，使得藻类及浮游生物疯狂生长，水质严重恶化，依河而居的居民的身体健康受到损害。

核能又称"原子能"，是通过核反应堆从原子核中释放的能量。它主要分为核裂变、核聚变和核衰变三种形式。目前普遍应用的是核裂变，主要是铀元素的原子核裂变释放的能量。与其他能源相比，核能有较多优势：能量高；优质清洁，原子核在裂变过程中，除了释放能量，不会产生任何烟尘或气体；相比靠天吃饭的风能和光能，核能发电更稳定，电厂可以根据消费端的需求调整电力供给；作为一种特殊的能源产业，通常由国家主导推进，因此并不适宜参与市场竞争，在其成本下资源对产业的约束也不会太大，保证了核电的成本优势。但是，核裂变技术存在巨大的安全风险，震惊世界的切尔诺贝利事件便是例证，从那以后，世界各国开始对核电进行反思，公众也开始抵触、反对核电，部分国家停止了核电厂的建设。

生物质能是一种以通过光合作用形成的有机体为载体的化学能量，常见的表现形式包括燃料酒精、生物柴油、生活垃圾、沼气等燃烧发电。生物质能具有资源量大、燃烧可控、能源质量高的特点。不像化石能源需要上千年的时间腐化，木质纤维素每年都会再生 1.64×10^{11} 吨，全部燃烧释放出的能量是一年全球石油产量的 $15 \sim 20$ 倍。但在 2010 年以后，生物质能利用的热度开始有所下降，主要原因是获取生物质能需要耕种。在耕种增长极为有限的情况下，如果依然发展生物质能，势必会和农业产生利益冲突；且从能源利用效率来看，生物质能并不经济。

氢能是氢气燃烧所产生的能量。根据制氢技术的不同，氢被划分为灰氢、蓝氢、绿氢三个等级。灰氢是指通过燃烧石油、煤炭等化石能源制成的氢气，占当前全球氢气产量的 95%，它对绿色减排来说没有任何帮助；蓝氢是燃烧天然气产生的氢气，并在生产过程中加入碳捕集、利用与封存技术，以此杜绝二氧化碳的排放，因此造价高昂，是产业中最稀少的品种；绿氢则是利用可再生能源，以电解水工艺制取的，是三个等级中最清洁的一种。作为化石能源的替代品，氢能好处众多：氢气燃烧后的产物只有水，清洁无污染，可以最大限度地减少温室气体的排放；随着电解水制绿氢的技术日益成熟，氢能可以被看作一种取之不尽、用之不竭的可再生能源；氢的发热值极高，燃烧 1 千克的氢气能释放出 1.4×10^{8} 焦耳的热量，是同质量天然气的两倍左右，即更小的体积、更高的效率；氢气的质量能量密度最大，同等质量下它能释放比天然气更多的能量。如果氢能可以在交通工具上普及，全球交通的碳排放将得到极大的遏制。但是，氢能也有不小的局限：氢能是二次能源，它需要通过其他能源制取；氢是分子最小的物质，氢气相比于其他气体十分容易泄漏，使用和储存比较困难。

通过对比五种清洁新能源的优劣势，可以大致推测出它们在未来能源体系中的占比：风能＞水能＞氢能＞核能＞生物质能，但是在实现碳中和的道路上，能够真正充当主角的能源，应该是路径最短、转换效率最高、利用相对最方便的太阳能。

2. 前路坦荡，特点鲜明

太阳能无处不在，那么将分散的能量汇集起来，正是人类未来能源的主要来源之一。因此，光伏新能源是有潜力的能源支柱之一，而太阳能光伏发电是有前景的能源技术之一。光伏新能源又有哪些鲜明特点呢？

（1）环保性。如今，全球正处于从高碳向低碳直至零碳转型的重要历史阶段。绿色，已成为时代发展的底色，也必将成为全人类可持续发展的重要颜色。根据目前太阳产生的核能速率估算，它的贮存量足够维持上百亿年，在生态污染愈加严峻的今天，太阳能资源取之不尽，用之不竭，是一种真正可再生的清洁能源。与使用煤炭、石油、天然气等化石能源相比，光伏发电本身不消耗燃料，不排放包括温室气体和其他废气在内的任何物质，不污染空气，不产生噪声。

（2）广泛性。太阳光照射地球表面，不限地域，无论是陆地、海洋、高山还是平地，都可以开发利用，虽然照射时间和强度不同，但其分布广泛，不会因为地域或天气等原因无法获取。太阳能即永恒能源，取之不尽，用之不竭。

（3）经济性。全球新能源行业发展主要包含三大领域：从电动化到智能化，从煤电到绿电＋储能，从锂电池到氢能源电池。光伏，将成为未来全球较大的绿电来源之一，堪称绿电之基。从能量转换环节来看，太阳能光伏发电直接将太阳辐射能转换为电能，在所有可再生能源利用中，太阳能光伏发电的转换环节最少、利用最直接。目前，晶体硅太阳能电池的光电转换效率实用水平为 15%～20%，实验室最高水平已达 35%。且太阳能光伏发电系统建设周期短，方便灵活，还可以根据负载的增加，任意添加或减少太阳能电池方阵容量，以避免浪费。此外，太阳能光伏发电没有运动部件，不易损坏，维护简单，特别适合在无人值守的情况下使用。

（4）安全性。与核能相比，光伏新能源既不会发生爆炸，也不会泄漏致癌、产生辐射和废水，安全性极高。且通过光伏发电，人们可以降低对化石燃料发电的依赖，有效避免能源危机或燃料市场不稳定而造成的冲击，从而提高国家能源安全性。

（四）深度交融，应用场景多元呈现

光伏在改变能源体系的同时，也在重塑农业、建筑业、交通运输和工业等领域的发展逻辑。未来的光伏，不是一块块笨重又孤立的太阳能电池板，而是通过"光伏＋新应用场景"的产业联合，实现对生产方式和生活方式的重塑。

1. 光伏＋农业：促进农业发展

光伏农业从 20 世纪 70 年代就已经开始。1975 年首台光伏水泵面世，但是在此之后，光伏农业发展非常缓慢。这是因为光伏发电成本一直居高不下，直到近年随着光伏发电成本不断降低，光伏农业才得以迅速发展。

光伏在农业中的应用逐渐呈现出多样化的态势，从刚开始的农业灌溉到现在的照明、通风、农业机械、农业自动化和农业机器人等。

"农光互补"指农业和光伏互相结合，在温室、种植大棚、养殖大棚等农用设施或用地向阳面上铺设光伏电池板，提供清洁电力的同时，还能为农作物种植、畜牧养殖等提供适宜的生长环境，带来更高的经济收益和环保效益。

"渔光互补"光伏发电项目是通过在鱼塘上方安装光伏电池板，实现"上可发电、下可养鱼""一种资源、两个产业"的集约发展模式，提高了水面资源利用效率。光伏电池板还可以为鱼、鸭、鹅等提供良好的遮挡作用，实现养殖和光伏发电互融互补，社会效益、经济效益和环境效益多赢的局面。

"牧光互补"光伏发电项目则是在养殖基地上方搭建光伏电池板，下方对牛羊等牲畜进行放养或圈养，实现一地多用，有效资源合理利用。

"光伏＋农业"在农业领域广泛应用，目前已经涵盖种植业、林业、畜牧业、渔业等诸多领域，形成了"农光互补""渔光互补""牧光互补"等多元互补模式，不仅为当地提供了清洁能源、创造了经济价值，还兼顾了生态乡村发展，一举多得。

光伏农业最大的优势在于发电和种养两不误。相较于传统农业，光伏农业将农场变为了工厂，将田间变成了车间。因此，光伏农业是现代农业的新模式，在保留原有农业生产的同时，通过建设相关园区，形成具体的产业化模式，为项目的实施提供了基本的土地条件。这不仅可以改变光伏产业与农业发展争地的现状，还能促进我国农业的现代化转型，为农业找到一条"类工业"的绿色发展道路。

2. 光伏＋建筑：改变居住方式

"光伏＋"最具发展潜力的领域之一是光伏建筑。将光伏与建筑结合的方案，称为 BIPV（Building Integrated Photo Voltaic）或 BAPV（Building Attached Photo Voltaic）。BIPV 指建筑集成光伏或光伏建筑一体化，又称为"建材型"太阳能光伏建筑。BIPV 在前期设计时已经将光伏组件内置在建材中，一体化程度更高，通常外观也更简洁美观。BAPV 指附着于建筑物上的光伏发电系统，又被称为"安装型"太阳能光伏建筑。BAPV 通常通过简单的支架实现安装，可以后期加装，不改变建筑外观，与建筑物原来的功能没有冲突。

目前，全国很多知名建筑都安装了光伏设施，如我国雄安新区高铁站就采用了 BIPV 方式，是光伏与建筑完美融合的代表。雄安新区高铁站的屋顶共铺设 4.2 万平方米光伏建材，每年可提供的电量约为 580 万千瓦时，能够为其提供所需的 20% 绿色电力。雄安新区高铁站的桥式设计也颇为美观，站房的外观采用"青滴露"主题，形如圆造型的水滴；屋顶则采用"光伏板＋阳光板"的渐变设计形式，美观大气，如粼粼波光，契合了雄安水文化。雄安新区高铁站光伏与建筑的深度融合，色彩和谐，使光伏板不再是单纯的发电工具，而是与屋顶相辅相成，展现出建筑设计之美。

2021 年 6 月，国家能源集团光伏建筑一体化中心投入使用，这是北京首座"光伏一体化绿色建筑"，有"会发电的阳光房""搭积木的装配房"的美誉。该建筑采用目前世界上最高的单元式光伏墙，平均 8.9 米的轻型一体化装配式光伏墙体被大规模安装在建筑的框架之上。在施工过程中，有关人员还特意通过调节光伏组件的倾斜角度，迎合太阳光入射角的变化，来提高光伏发电量。墙体上 1 155 块薄膜光伏组件的年发电量达 7.5 万千瓦时，可满足该建筑 30% ~ 40% 的用电需求。

光伏建筑的未来被广泛看好。2021 年 10 月，国务院印发的《2030 年前碳达峰行动方案的通知》提出，要深化可再生能源建筑应用，推广光伏发电与建筑一体化应用。要求到2025 年，城镇建筑可再生能源替代率达到 8%，新建公共机构建筑、新建厂房屋顶光伏覆盖率力争达到 50%。2022 年 3 月，住房和城乡建设部印发的《"十四五"建筑节能与绿色建筑发展规划》提出，到 2025 年，全国新增建筑太阳能光伏装机容量 50 吉瓦以上，完成既有建筑节能改造面积 3.5 亿平方米以上，建设超低能耗、近零能耗建筑 0.5 亿平方米以上。

人类建筑发展至今一直以能耗增长为代价，光伏建筑的出现意味着人类开始重新与自然建立联系。通过光伏和建筑的结合，人类生活将在索取和回报之间取得平衡。从茅草石屋到楼宇大厦，能源革命的烈火在建筑行业燃起，艺术和资源的博弈将书写现代生活的未来。

3. 光伏 + 交通运输：推动绿色出行

未来，在"双碳"目标的推动下，我国新能源汽车市场将迸发出更大的能量。要实现"3060"碳排放目标，我国新能源汽车在公路运输车辆中的渗透率须在 2030 年达到 20%，2040 年接近 70%，2050 年达到 90%，2060 年几乎实现 100% 的电动化。

汽车电动化后，光伏也拥有了无限的表演空间，车顶太阳能光伏发电式汽车将会成为现实。电动汽车顶部或许能直接安装太阳能电池片，实现供电的"自给自足"。如果电网设计得当，电动汽车还能为家庭供电，实现汽车储能削峰填谷。据测算，即使不充换电，车顶太阳能光伏发电也可以支持每年 3 000 ~ 5 000 千米的行驶里程。当汽车能够在光照下自我充电的时候，充换电或将成为历史。

另一种清洁化的汽车充电方式同样具有巨大的想象空间，那就是光伏路面：通过采用光伏技术、数字化技术等，让普通路面在车辆行驶的同时进行太阳能发电，提供行进时车辆无线充电、车路信息交互、自动引导等服务。这就意味着，电动汽车在行驶时可以随时随地进行无线移动充电，大大增强续航能力，缓解人们的续航焦虑。目前，日本、韩国主要利用道路附属设施实现单一发电功能；而中国、美国、法国等国家则选择在路面直接布设承压式光伏电池发电层。2011 年，世界上第一条全部设施由光伏供能的高速公路在意大利西西里岛正式通车，沿途包括隧道风机、路牌、路灯、紧急电话在内的 80 万个交通设施完全依靠光伏运行。路面光伏设备每年的发电量约为 1 200 万千瓦时，相当于每年节约31 万吨石油并减少 10 万吨二氧化碳的排放量。

光伏充电站也可以为汽车供电，让汽车用上太阳能发电。当下，电动汽车充换电站/充电桩正在加速建设中。而光伏发电系统可建在充电桩顶棚，既能供电，又能遮风挡雨防晒，延长充电桩的使用寿命。目前，国内外都已建设大量光伏充电站。例如，北京石景山区有一座光伏充电站，建有 50 根充电桩，每天可为超过 80 辆车充电，同时具备停车场功

无论从中国还是从世界来看，化石能源都是很有限的。据欧盟委员会联合研究中心的预测，全球化石能源的开采和消耗峰值在 2030—2040 年，由于资源的有限性开采，消耗值将会逐年下降，2000—2100 年全球一次能源消费发展趋势如图 2 - 6 所示。因此，加紧开发、培育以太阳能为代表的可再生能源非常必要，并且十分紧迫。

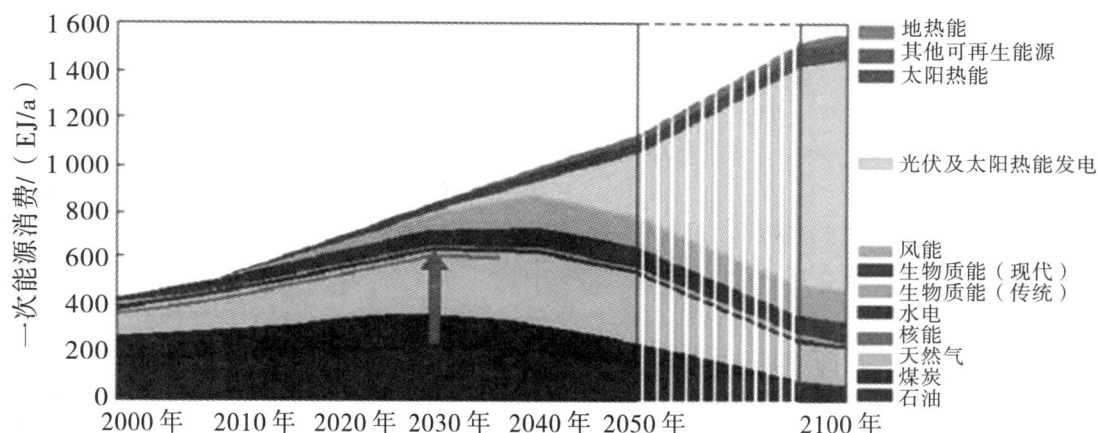

图 2 - 6 2000—2100 年全球一次能源消费发展趋势

人类的能源消费活动主要是化石燃料的燃烧，从而造成了环境污染，并导致全球气候变暖、冰山融化、海平面上升、沙漠化日益扩大等现象的出现，自然灾害更是频繁发生。人们逐渐认识到，减少温室气体的排放、治理大气环境、防止污染已经到了刻不容缓的地步。

2007 年 2 月 2 日，会聚了来自 130 多个国家和地区的 200 多名专家的联合国"政府间气候变化专门委员会"发表了第 4 份全球气候变化评估报告。这份报告综合了全世界科学家 6 年来的科学研究成果，称气候变暖已经是"毫无争议"的事实，过去 50 年全球平均气温上升"很可能"（指正确性在 90% 以上）与人类使用化石燃料产生的温室气体增加有关。报告预测，到 2100 年，全球气温将升高 1.8 ~ 4℃，21 世纪海平面将上升 19 ~ 37cm。如果近年出现的北极冰层大量融化的趋势继续发展，则海平面将升高 28 ~ 58cm，有不少海岛和沿海城市将沉入海底。

据 *World Energy Outlook* 的统计和预测，世界二氧化碳排放量到 2030 年将是 1990 年的 2 倍多，而我国二氧化碳的排放总量已经超过美国成为世界第一位。而且我国的能源利用率不高，能源消费以燃煤为主，所排放的二氧化硫等有害气体也给环境造成了很大的负担。

因此，发展光伏新能源，对于保证能源安全和保护生态环境都具有重要意义，是全球能源发展战略的必然，是实现全球人类共同梦想的必要且绝佳路径。

2. 发展光伏新能源，助力中国新未来

2012 年，《中国企业家》杂志在封面文章中写道："过去十年，如果有一个行业笼罩

的光环能与互联网相媲美，一定是光伏；如果有一个行业的造富能力能与互联网相媲美，一定是光伏；如果有一个行业吸引资本的能力能与互联网相媲美，一定是光伏；如果有一个产业激发地方政府的追逐热情超过房地产，一定还是光伏。"

十多年后，"双碳"目标下，光伏产业迎来了真正属于自己的大时代。光伏将成为这个时代的主角，而中国将引领这个时代。

在实现双碳目标的过程中，以光伏太阳能、风能为代表的可再生能源无疑是其中的主力军。过去十多年来，光伏发电成本下降了90%多，成为全球经济的发电方式之一。我国光伏发电成本已降到0.3元/千瓦时以内，低于绝大部分煤电。进一步考虑生态环境成本，光伏发电的优势更加明显。仅需用西部1%~2%的国土面积发展可再生能源，即可支撑双碳目标下我国未来一次能源消费的大部分生产和供应。

从消费端看，交通运输用油每年约占我国原油消费的70%，燃油汽车百千米油费是电动汽车百千米电费的5倍以上，从输出等效能量来看，消费端的电价不到油价的五分之一。

从减碳效果看，我国已形成250吉瓦左右的光伏系统产能，其产品每年发出的电力相当于2.9亿吨原油输出的等效能量，而消费2.9亿吨原油大约造成9亿吨的碳排放，而生产250吉瓦光伏系统大约造成4 300万吨的碳排放。也就是说，制造250吉瓦光伏系统每造成1吨的碳排放，系统发电后每年将减少20吨以上的碳排放，整个生命周期将减少500吨以上的碳排放。因此，到目前为止，这可能是人类历史和碳中和道路上规模较大、投入产出比较高、节能减排减碳较有效的方式之一。

从能源投入产出看，生产1千瓦光伏系统全过程需耗电300千瓦时左右，而1千瓦光伏系统每年可发电约1 500千瓦时，这意味着制造光伏系统全过程的能耗在电站建成后的半年内即可全部收回，加之系统可稳定运行25年以上，整个生命周期回报的电力是投入的50倍以上，因此光伏产业是典型的"小能源"换"大能源"产业。

同时，随着成本的不断降低，储能的大规模应用也将为平抑可再生能源波动提供坚实保障。其中，抽水蓄能是目前技术成熟、经济性较优、具大规模开发条件的储能方式之一，储能成本为0.21~0.25元/千瓦时，相较于其他技术成本更低，同时电化学等其他储能成本也有望在"十四五"期间降到0.2~0.3元/千瓦时。澳大利亚国立大学的研究显示，仅需我国潜在抽水蓄能电站容量的1%，即可支撑我国构建100%利用可再生能源的电力系统。

从国家能源战略安全看，俄乌冲突爆发以来，国际能源价格上涨。在此背景下，欧盟已再度提高2030年可再生能源占比目标，加速摆脱对化石能源的依赖。近年来，我国每年进口原油超过2 000亿美元，外贸依存度超过70%，其中80%需经过马六甲海峡。

中国海关公布的数据显示，2023年11月，中国原油进口数量为4 244.5万吨，1—11月，中国原油累计进口数量为5.16亿吨，同比上涨12.1%。2023年前11个月原油累计进口量已经超过2022年全年进口量，仅次于2020年创下的最高值。从维护能源和外汇安全的角度考虑，我国有条件用10年左右的时间，完成能源增量的70%、存量的30%~50%的可再生能源清洁化替代，实现能源独立自主，构建起能源内循环系统，有力地保障我国的外汇安全，一劳永逸地解决能源进口可能被"卡脖子"的问题。

从产业发展看，初步估算，未来 30 年左右，以汽车电动化、能源消费电力化、电力生产清洁化为代表的绿色转型，将在国内形成百万亿元、在全球形成百万亿美元的产业规模。在这一过程中，既不额外增加国家负担，还能有效拉动投资、促进消费、带动就业，推动我国经济适度快速发展，并且彻底解决雾霾的污染问题以及资源和环境的不可持续问题。在实现发展方式的根本转变同时，我国"风光"产业走向世界，不但大大加快了发达国家的能源转型速度，而且为"一带一路"沿线及广大欠发达国家和地区提供了全新的发展路径，这将帮助它们跨过先污染后治理的老路，一步踏上可持续发展的快车道。

因此，我们有实力，也有信心预测，在光伏新能源的带动下，中国的综合实力将越来越强，生态环境将越来越好，人民的生活质量也将有很大提高。伴随着光伏新能源的东风，中国定将迎来一个更美好的未来！

（二）乘风借力，世界光伏新能源政策帮扶赋能

随着全球能源形势趋紧，使用可再生、可持续的新能源取代传统能源成为各国实现碳中和目标的必经之路，光伏产业成为高速发展的热点领域。

政策的扶持极大推进了全球光伏产业发展的进程，促进了技术的进步。很快，光伏如星星之火，在全球形成了燎原之势。

1. 美国光伏新能源政策之风

20 世纪 90 年代，美国出台了更完善的鼓励太阳能发展的相关政策。1990 年，在《清洁空气法案》"太阳能和可再生能源"一章，专门为促进太阳能等可再生能源的发展制定了相关激励政策。1992 年，《能源政策法案》提出了更进一步的刺激计划：到 2010 年，可再生能源提供的能量要比 1988 年增长 75%。这些法案对可再生能源产业的发展给予了投资税减免的扶持，比如对太阳能和地热项目永久减税 10%，这对太阳能等可再生能源的发展起到了极大的促进作用。1997 年，时任美国总统克林顿签署了著名的"百万太阳能屋顶计划"，宣布美国将建设上百万个家用光伏系统，这一政策的实施全面打开了美国光伏应用市场，使美国在世界光伏工业中遥遥领先。这一年，美国的太阳能产品占据了其国内 100% 的市场份额，在全球所占的份额也超过了 40%。

在光伏领域，美国人开局领跑，却没能保持优势，以至于美国目前的光伏制造产品主要依赖进口。据美国能源信息署（EIA）数据，2021 年，美国可用组件出货量为 30.45GW，其中进口光伏组件为 22.97GW，占比约 75%，本土生产的仅有 4.23GW，不到 14%。进口来源地区中，中国大陆、中国台湾、新加坡和越南贡献了 49.2% 的组件，技术和成本优势都遥遥领先的中国光伏产业链占据了主导地位。

对此，美国制定了一系列政策、法规用以鼓励光伏产业的发展。美国现有的光伏支持政策大致可以分为财政激励、管理政策、财政补贴、本土贸易保护四大类，各类政策随国际市场变化而不断调整完善。

在财政激励方面，为了促进可再生能源发展，美国实行了多项以税收优惠与减免为核心的财政激励政策，包括 ITC（Investment Tax Credit）、消费税和财产税减免等，税收抵免

成为推动美国光伏产业快速发展的重要助力。其中 ITC 是美国联邦税收抵免政策，可让房主和企业从其联邦税收中扣除相应的光伏装机成本，是过去美国光伏产业快速发展的核心驱动力。2022 年 8 月颁布的《通胀削减法案》提出将 ITC 政策延期 10 年，即至 2032 年。除了 ITC 政策外，还有消费税和财产税的激励政策，主要由美国各州政府提出或授权地方政府实施。美国大多数州政府都支持减免全部的财产税和销售税，不同区域和电力公司针对符合条件的光伏系统给予补贴，有效降低企业和个人的光伏系统采购及持有成本。

美国光伏产业的管理政策一般是指州政府利用法律法规、各种标准或约束性指标等方式，刺激需求的增长，包含配额制、净计量政策、购电协议等几种主要的模式。其中净计量政策是目前美国各州实施较为广泛的政策之一，美国政府鼓励居民自发自用，同时多余电量可出售给电力公司。在净计量政策的刺激下，不仅节省了大范围建设光伏发电系统的成本，还很好地解决了并网消纳问题，提高光伏发电利用率。

美国光伏产业快速发展离不开财政补贴这个重要的推手。近 3 年来，美国新能源财政补贴政策主要集中在新能源汽车与储能行业上。

近 10 年来，美国对进口光伏产品采取多项贸易限制措施，美国开展本土贸易保护的背后，是美国渴望大力发展本土制造业和去"中国制造"的野心。美国通过限制生产国的商品出口，征收多轮关税，以支持和保护美国本土光伏产业的发展。但受限于人力成本、技术壁垒、产业链发展不均衡等因素，目前其光伏制造业仍然不具竞争力。

不过，在对新能源的迫切需求下，从这些产业支撑政策的力度不难看出美国大力扶持本土光伏产业发展的决心。在本土政策的不断加持、高收益的经济性驱动下，美国光伏市场或将迎来一场大爆发。

2. 日本光伏新能源政策之风

日本是推动光伏产业发展力度较大的国家。1993 年后，日本政府相继推出"新阳光工程""公共设施光伏发电实体实验计划""个人住房光伏发电监控计划"，并通过财政补贴普及光伏的应用，旨在推动学界与企业界的研究、开发和生产，从而建立本土太阳能光伏产业和太阳能市场。日本政府在法律中明确鼓励提高能源效率，比如《能源政策基本法》规定："应当通过谋求能源消费的效率化和推进太阳能、风能等非化石能源的转换利用以及化石燃料的高效利用，实现在防止地球温室化和保护地球的前提下的能源供需。"此外，1997 年颁布并于 2002 年修改的《促进新能源利用特别措施法》提出，计划到 2010 年使日本可再生能源占全部能耗的 3.1%。

为了降低电价，促进能源转型节奏，加快脱碳步伐，2020 年 12 月，日本政府推出了"绿色增长战略"，通过法案对 FIT（Feed in Tariff）制度进行了整改，要求从 2022 年开始，针对大规模商用光伏风电将采取 FIP（Feed in Premium）制度，在市场价格基础上增加可变动的溢价补助。该政策打造了既有惠于销售方又有利于消费者的双赢局面，同时也减轻了政府的补助负担。

此次政策变动将大大提升日本光伏项目的自发自用率，储能的需求也将逐渐增大。据统计，2020 年日本的户用储能机器安装量约 13 万台，而日本可安装光伏的户用住宅远超 2 500 万户，截至 2020 年，日本储能安装总量可达 50 万台，在这 2 500 万户里只占了 2%。

由此可见，分布式光伏的小型储能市场的上升空间不容小觑，未来有望升至 5%，乐观预期可至 10%。

在提升可再生能源占比的政策之后，日本将发展目光投向了电力基础设施——智能电网的建设。2020 年 6 月，日本通过的《能源供给强韧化法案》，旨在提升电网的稳定性，制定新的跨区域电力线路规划，要求各电网企业必须定期更新现有电网设备并扩建增容。同时，日本着力加强分布式电网建设，以期在部分区域突发自然灾害的情况下，可以用微网进行离网运行，并对分布式电源组合进行合理优化，增强电力系统的多样性、高效性和安全性。

例如，日本电网的特点为分区、分频且脆弱。日本东部和西部使用不同频率传输网，日本东部（包括东京、川崎、札幌、横滨和仙台）使用 50Hz，日本西部（包括冲绳、大阪、京都、神户、名古屋和广岛）使用 60Hz，其 3 个变频器总计 1.2GW 容量，分别连接东京和日本中部，将于 2028 年完成升级：1.2~3GW。

日本经济产业省（METI）针对清洁能源发展开启新计划——光伏发电、海上风电和电动汽车。METI 2021 年 10 月创立"绿色创新基金"，用来实施"下一代太阳能电池开发"和"海上风力发电成本有效降低"，日本新能源产业技术综合开发机构（NEDO）目前正在招标。截至 2019 年年中，获得 FIT 审批的风电项目达 7GW，其中 0.27GW 属于海上风电。

在光伏技术的发展方向上，日本将着重发展轻质光伏组件技术，用以开拓工厂屋顶、承载力小的建筑墙壁等蓝海市场。政府拨出最高 4.3 亿美元（折合人民币约 27 亿元）支持研发，乐观预计将在 2030 年形成成熟的市场，届时光伏发电度电成本不超过 7 日元（折合人民币约 0.39 元）。同时，约 10 亿美元（折合人民币约 63 亿元）资金将被用来开发可以匹配日本极端气候和海况的风电机组、电缆及浮标技术等，同样预计在 2030 年形成成熟的市场，届时风电度电成本不超过 9 日元（折合人民币约 0.5 元）。预计 2030 年达到 10GW 新增安装量，2040 年为 30~50GW（包括水面浮体）。不仅如此，日本计划在2030 年实现电动汽车销售 100%。

3. 德国光伏新能源政策之风

20 世纪 90 年代初，德国政府打算在 1 000 个屋顶上安装太阳能组件，开启了第一个系统性的光伏计划——"千家光伏屋顶计划"。1991 年，德国颁布《电力入网法》，允许独立电力供应商生产的可再生能源电力接入电网。同年，德国政府为在屋顶安装太阳能组件的住户提供补贴。数据显示，丰厚的补贴一度占到了安装成本的 70%（其中，50% 由中央政府承担，20% 由各州政府承担）。这一计划很快取得了成功。到 20 世纪 90 年代中期，已有 2 000 个并网型太阳能设备安装在德国住户的屋顶上。

1993 年，德国又将"千家光伏屋顶计划"升级，推出"10 万屋顶光伏计划"。在此期间，德国住户利用政府给予的 1.91% 的低贷款利率补贴，实际总共安装了总容量为347.5MW 的 65 700 个 PV 系统。德国的"10 万屋顶光伏计划"实现了预定目标，它将德国的 PV 市场从 1999 年的 12MW 推广到了 2003 年的 130MW。1995 年，德国成立了欧洲第一家太阳能股份有限公司 Solon AG[①]，一跃成为世界光伏技术最发达的国家。德国在中游的太阳能电池和组件制造环节领先世界，在 20 世纪末已占有 46% 的全球市场份额。

进入 21 世纪后，德国再次通过立法，为发展太阳能装置提供了实质性的激励措施——保证溢价或者回购电价，这样装置所有者可以在未来 20 年内将太阳能装置卖给公用事业公司，这为全民应用光伏奠定了良好的物质基础。2005 年，德国光伏产业新增安装容量为 600MW，总安装容量为 1 508MW，已安装光伏系统 20 万个。这时，德国的光伏电站在世界处于领先地位：在世界排名前十的容量大于 1MW 的电站中，有 9 个位于德国。2003 年至 2006 年德国的装机容量从 4MW 增加到了 10MW。

2020 年，德国发布了《可再生能源法（修正案）》，新政策鼓励小型屋顶分布式发电。2022 年 4 月，德国内阁通过一揽子法案，宣布加速推动可再生能源发电，并承诺到 2030 年，可再生能源——风能和太阳能将占电力生产的 80%。同时自 2023 年起，德国允许将原有光伏电站升级改造，将旧的、低效的组件和逆变器替换为转换效率更高的新设备，只要不增加新的厂内用地，审批手续大大简化，这给德国未来光伏装机带来巨大的增长潜力。预计 2023—2026 年，德国新增光伏装机量 51.2GW。

4. 西班牙光伏新能源政策之风

德国的发展为欧洲各国做出了表率，欧洲其他国家纷纷效仿，先后实施"上网电价法"。其中具有代表性的国家是西班牙。因光照条件得天独厚，加之拥有大量闲置土地，西班牙发展光伏的先天优势极强。同时，高额补贴和全额上网的保障机制，大大刺激了风电与光伏发电装机容量的增长。

2006 年，西班牙的太阳能累计装机容量仅为 88MW。但 2007 年夏天，西班牙加大"可再生能源馈电税收返还"补贴力度，对每度电的补贴高达 58 美分。在这一政策的激励下，2008 年西班牙太阳能累计装机容量飙升到 2.3GW，一度超越德国，占到了全球市场一半的份额。若仅看 2008 年的新增装机容量，西班牙也表现突出，占全球新增装机容量的 44%。

截至 2023 年年底，西班牙的光伏总装机量达到 58GW，是欧洲光伏一大热门市场。西班牙地处南欧，光照资源非常丰富，全年日均光照时长超过 4 小时，远远领先于欧盟大部分国家。基于资源优势，西班牙政府推出了一系列政策来支持光伏行业发展，比如对建筑类光伏项目发放豁免许可、全面支持光伏自消费项目发展等。过去几年中，西班牙的光伏市场蓬勃发展，其地面电站发电已基本摆脱补贴，目前已成为全球较成熟的 PPA 市场之一。预计 2023—2026 年，西班牙新增光伏装机量 51.2GW。

（三）忙趁东风，中国光伏新能源政策保驾护航

在国家经济政策方面，第 75 届联合国大会上习近平总书记宣布："我国将提高国家自主贡献力度，采用更加有力的政策和措施，二氧化碳排放力争于 2030 年前达到峰值，努

---

① 后更名为 Solon SE，已于 2011 年 12 月 14 日宣布破产。

力争取 2060 年前实现碳中和。"

在此战略背景下，中国政府制定各项政策、颁布相关文件，以此为光伏发展保驾护航，构建新能源发展蓝图。我们有信心，在 2060 年左右，世界上的主要经济体甚至是欠发达经济体将会一同迎来碳中和目标的新未来。

1. 政策驱动时期：筚路蓝缕

2000—2004 年，中国推进国家工程计划和分布式光伏补贴。2000—2004 年，中国先后实施了"西藏无电县投资""中国光明工程""西藏阿里光电计划""送电到乡工程"以及"无电地区电力建设"等国家计划，大大推进了光伏产业发展的进程。这一阶段中国对于分布式光伏项目的补贴基本为初始投资补贴。

2003—2009 年，中国光伏产业进入快速发展期。中国光伏产业最开始主要受到政策推动。由于西部贫困地区缺电严重，且输电网络难以到达，叠加光热资源丰富，政府部门开始加大对西部太阳能光伏产业的扶持力度，出台了诸多政策法规，用以支持太阳能光伏产业的健康发展。

产业政策和补贴政策推动中国光伏产业可持续发展。2005 年，全国人大通过《中华人民共和国可再生能源法》，政策环境开始建立，为光伏在国内的发展奠定了坚实基础，但其设定的太阳能光伏发电总量的发展目标明显较低，相较于当时世界范围内的太阳能光伏产业的发展势头明显滞后。在实际发展过程中，中国在 2009 年就已达成了光伏发电装机容量的目标。在这一阶段，中国一跃成为全球最大的组件生产国，产量达到 1.25GW。但由于当时中国光伏产业的竞争力基本集中在组件部分和劳动力低廉上，对外难以获得产业链的主要利润，对内在度电成本上也无法与煤炭发电媲美。2008 年的经济危机对光伏产业出口又造成了巨大影响，同时国际资本对多晶硅价格的操纵导致成本端受到严重挤压。因此国内的产业政策和补贴政策对产业的可持续发展，还是起着至关重要的作用。

2009—2012 年，中国光伏产业在海外受挫。2009 年，中国为应对金融危机导致的需求收缩和自身的产业链缺陷，财政部、科技部、国家能源局联合出台《关于实施金太阳示范工程的通知》，该通知标志着金太阳示范工程正式启动。纳入金太阳示范工程的项目原则上按光伏发电系统及其配套输配电工程总投资的 50% 给予补助，偏远无电地区的独立光伏发电系统按总投资的 70% 给予补助。在金太阳示范工程期间，2011 年欧美市场对中国光伏产业实施了围剿式的"双反"政策，将关税提高至 23%～254%，对中国光伏产业的海外市场造成了毁灭式打击，2012—2018 年组件和电池出口量大幅下降，上百家光伏企业破产。

为应对海外市场的大规模收缩，中国光伏产业不得不将市场转移至国内救亡图存。2009—2012 年，中国共组织 4 期"金太阳"以及"光电建筑"项目招标，规模合计达到 6.6GW。2011 年中国新增分布式装机同比增长 245.8%，2012 年同比增长 79.7%。金太阳示范工程被称为中国史上最强光伏产业扶持政策。此外，财政部和住建部在 2009 年开展了"光电建筑应用示范项目"，并开展了大型地面光伏电站特许权招标。这一时期，中国对光伏产业的政策涉及财政补助、科技支持和市场推进等多种方式，并且几经调整，不断完善技术要求、整改补贴强度和方式等。同时，国家和企业研发投入迅速增加，专利数量激增，自主创新光伏产业组件产品不断增强，为中国光伏产业保留了革命的火种。

2013—2017 年，中国光伏发电开始由事前补贴转为度电补贴。2013 年，《国务院关于促进光伏产业健康发展的若干意见》正式下发。随后，《国家发展改革委关于发挥价格杠杆作用促进光伏产业健康发展的通知》发布，明确光伏补贴从金太阳示范工程的事前补贴正式转为上网电价补贴政策。2013 年到 2017 年，政府又逐年下调补贴的额度。

2. 转型过渡期：乘风破浪

2018—2020 年，中国光伏产业转型平价上网，在海内外独占鳌头。2018 年 5 月 31 日，《国家发展改革委 财政部 国家能源局关于 2018 年光伏发电有关事项的通知》发布。根据通知，能够享受补贴的分布式项目从不限制建设规模收紧为全年 10GW，由于 2018 年 5 月底国内实际新增分布式项目已经接近 10GW，因此后续几乎没有项目能获取补贴，引起市场的剧烈震荡。据统计，在"531 新政"出台后半年时间，有 638 家光伏企业倒闭，占已注销光伏企业总数的四分之一以上。"531 新政"后，随着那些劣质、无核心竞争力的企业相继被淘汰，资源逐渐向龙头企业靠拢，行业也迎来了新一轮的优化洗牌。随着海外光伏需求的爆发，中国光伏产业发展改善明显，进入稳定的增长期。

这一切发展成果与国家推动密不可分。2020 年年初新冠疫情导致国内停工停产，第一季度，为促进复工复产，《国家能源局关于 2020 年风电、光伏发电项目建设有关事项的通知》出台，着力推动平价上网项目，明确 2020 年在竞价项目 10 亿元的预算补贴外，为新增户用光伏提供 5 亿元补贴，给户用光伏带来了新的发展机遇。

随着我国做出实现"双碳"目标的承诺，接连出台的有关政策将我国光伏事业推向了发展的高潮。2020 年 10 月 29 日通过的《中共中央关于制定国民经济和社会发展第十四个五年规划和二〇三五年远景目标的建议》明确指出：降低碳排放强度，支持有条件的地方率先达到碳排放峰值，制订 2030 年前碳排放达峰行动方案。2020 年 12 月 12 日，习近平总书记宣布，到 2030 年风电太阳能发电总装机容量将为 12 亿千瓦以上。超越现有规模 3 倍以上的目标充分展现了中国积极应对气候变化的力度与决心。

2021 年 2 月 22 日，《国务院关于加快建立健全绿色低碳循环发展经济体系的指导意见》发布，指出要提升可再生能源的利用比例，推动能源体系绿色低碳转型。2021 年 2 月 24 日，国家五部委联合发布《关于引导加大金融支持力度促进风电和光伏发电等行业健康有序发展的通知》，在金融方面提出九大措施助力光伏行业的有序发展。2021 年 3 月 17 日，国家能源局针对能源消纳问题，印发《清洁能源消纳情况综合监管工作方案》，从监管角度落实清洁能源消纳责任权重。2021 年 5 月 18 日，《国家发展改革委关于"十四五"时期深化价格机制改革行动方案的通知》发布，进一步推动光伏发电的平价上网。

2021 年 10 月 8 日—25 日，国务院、国家能源委员会、国家发展改革委、国家能源局接连释放七大重磅政策，支持以光伏为代表的新能源产业。2021 年 10 月 30 日，在二十国集团领导人第十六次峰会上，习近平总书记指出，我国已淘汰 120GW 煤电落后产能，首批 100GW 大型风电、光伏基地项目正在有序开工建设。这是中国在碳中和道路上迈出的第一步。在未来的 40 年里，中国将破而后立，以能源转型为途径，长期持续推进"双碳"目标的实现。

从"三头在外"到"三个世界第一",经过20多年的跌宕起伏,中国光伏产业已经从野蛮生长的岁月,走到了引领全球发展的时刻。从落后到追赶再到超越领先,中国光伏产业书写了中国制造的壮丽篇章。

3. 市场化驱动时期:扶摇直上

2021年至今,中国光伏迎来全面平价上网,行业进入稳步增长时期。2020年12月21日,国务院新闻办发布《新时代的中国能源发展》白皮书,指出加快推动光伏发电技术进步和成本降低,标志着光伏行业进入全面平价时代。2021年开始,国内利好政策密集出台,整县推进BIPV,分布式光伏有较大增长;沙漠、戈壁、荒漠地区加快规划建设大型风电光伏基地项目,集中式光伏贡献稳定增长。

海外欧美国家电价大幅波动,能源危机持续发酵,各国政策都积极引入和支持发展光伏发电。越来越多的光伏电站拔地而起,越来越便宜的光电并入电网。而我国为了积极推动平价上网,也陆续出台了不少行业政策。2021年4月26日,国家发展改革委、国家能源局下发《关于进一步做好电力现货市场建设试点工作的通知》,鼓励新能源项目与电网企业、用户、售电公司通过签订长周期(如20年及以上)差价合约参与电力市场交易,引导新能源项目10%的预计当期通过市场化交易竞争上网,市场化交易部分可不计入全生命周期保障收购小时数;尽快研究建立绿色电力交易市场,推动绿色电力交易。2021年5月11日,国家能源局又下发《国家能源局关于2021年风电、光伏发电开发建设有关事项的通知》,提出2021年全国风力、光伏的发电量占全社会用电量的比重达到11%左右,后续逐年提高,确保2025年非化石能源消费占一次能源消费的比重达到20%左右;同时建立保障性并网、市场化并网等多元保障机制,2021年风光保障性并网规模不低于9 000万千瓦。

全面平价和市场化的背后,是光伏技术的进步与变革。大尺寸硅片发展、硅料薄片化、硅料产能释放等各方面进步,使光伏度电成本显著下降,推动光伏产业装机规模扩大。

补贴增加了光伏的竞争力。光伏行业的成本和收入主要涉及两个指标:一是平准化度电成本(LCOE),二是光伏电站标杆上网电价。在全投资模型下,平准化度电成本大致等于初始投资加上运维费用,然后除以发电小时数。光伏电站标杆上网电价则是指光伏电站把所发电量卖给电网公司时收取的售电价格。光伏电站标杆上网电价大致等于燃煤机组标杆上网电价加上政府补贴。由于初期光伏成本基本高于煤电价格,若单纯依据市场竞争规则,则光伏产业无法存活,因此国家出台了政策对光伏产业提供补贴来弥补高于燃煤电价的部分。正如前文所述,国家对光伏产业的补贴正在逐渐退坡至全面平价上网。

在一系列政策的扶持下,中国光伏清洁能源发电将呈现出巨大的前景,越来越多的公司加入新能源赛道寻找商业契机。2025年1月21日,国家能源局发布2024年全国电力工业统计数据。截至2024年12月底,全国太阳能发电累计装机约8.9亿千瓦,同比增长45.2%,其中,太阳能发电装机容量887GW。2023年,全国光伏新增装机达216.88GW;2024年,全国光伏新增装机达277.17GW,同比增长约28%,再创历史新高。

光伏发电有望依托成本和低碳优势，力争 2020 年至 2050 年发电量年复合增速 12%，占全国发电量的 40%，政府需大力发展可再生新型能源来实现 2060 年前碳中和的目标。由于光伏发电的储能及传输电量损耗问题已解决，再结合太阳能适用范围广及清洁无污染的优势，光伏发电已迅速成为全球当前极具发展前景的新型能源之一。

三、绿电渐成新主流：光伏新能源发展现状与趋势

（一）天下大同，美美与共

在"碳中和"战略指引下，随着光伏各产业链技术提高，光伏发电凭借其可开发总量大、安全可靠性高、环境影响小、应用范围广、发电成本相对低廉等特点，未来将成为能源结构优化的主力军。

在全球范围内，光伏等可再生能源正在加速替代传统的化石能源。根据国际能源署发布的数据，2023 年全球光伏电站累计装机规模约为 2 975GW，相比 2022 年的 1 101GW，增长数量显著，因此全球光伏市场呈现快速增长的态势。

尽管受到多重因素影响，但是全球光伏市场仍然保持较强的需求韧性。随着加快可再生能源发展成为全球共识，近年来各国政府大力鼓励和扶持光伏产业的发展，预计全球光伏装机规模将持续高速增长态势。

1. 全球之势

在"碳中和"及能源紧缺大背景下，全球光伏产业发展潜力巨大。近年来，全球各国相继提出"碳中和"发展目标，为实现这一目标，各国需要进一步扩大光伏等可再生能源装机规模，提升可再生能源发电占比。此外，鉴于地缘政治问题，自 2022 年以来，全球能源短缺问题进一步加剧。

在 2022 年 3 月举办的布鲁塞尔太阳能峰会上，Solar Power Europe 向欧盟能源专员 Kadri Simson 提交了 *Raising Solar Ambition for the European Union's Energy Independence* 建议书，表明在加速提升情景下 2030 年欧盟光伏累计装机规模将超过 1TW，远高于在俄乌冲突前的装机预期。为实现这一累计装机目标，欧盟地区 2022—2025 年的新增装机将分别为 39、59、83、112GW，年均复合增速达到 44%。

在"碳中和"及能源紧缺大背景下，太阳能光伏装机规模有望快速提升。光伏发电在 21 世纪将占据世界能源消费的重要地位，不但实现对部分传统能源的替代，而且将成为全世界主要的能源供给来源之一。根据国际可再生能源署（IRENA）的预测数据，在全球 2050 年实现"碳中和"的背景下，2050 年全球光伏装机量将达到 8 519GW。

基于对现状的分析，我们可以大致预测光伏新能源的发展趋势：光伏产业将继续以高增长速率发展；太阳能电池组件成本将大幅度降低；太阳能光伏发电产业向百兆瓦级规模发展；薄膜太阳能电池技术将获得突破；太阳能光伏建筑集成并网发电快速发展。

一是光伏产业将继续以高增长速率发展。多年来，光伏产业一直是世界增长速度较高

和较稳定的领域之一，预测今后 10 年的光伏组件生产将以 20%～30% 甚至更高的递增速度发展。光伏发电的未来前景已被越来越多的国家政府和金融界（如世界银行）所认识，许多发达国家和地区纷纷制订光伏发电发展规划。预计到 21 世纪中叶，太阳能光伏发电将成为人类的基础能源之一。

二是太阳能电池组件成本将大幅度降低。太阳能光伏发电系统安装成本每年以 9% 的速率降低。降低成本可通过扩大规模、提高自动化程度和技术水平、提高电池效率等技术途径实现。考虑到 21 世纪薄膜太阳能电池技术会有重大突破，其降低成本的潜力更大。因此，21 世纪太阳能电池组件成本大幅度降低是必然趋势。

三是太阳能光伏发电产业向百兆瓦级规模发展。同时，太阳能光伏发电产业自动化程度、技术水平也将大大提高，电池效率将向更高水平发展。

四是薄膜太阳能电池技术将获得突破。薄膜太阳能电池具有大幅度降低成本的潜力，世界许多国家都在大力研究开发薄膜太阳能电池。在 21 世纪，薄膜太阳能电池技术将获得重大突破，规模会向百兆瓦级以上发展，成本会大幅度降低，可以实现太阳能光伏发电与常规发电相竞争的目标，从而成为可替代能源。

五是太阳能光伏建筑集成并网发电快速发展。BIPV 具有多功能和可持续发展的特征，BIPV 设计使建筑更加洁净、完美，令人赏心悦目，容易被专业建筑师、用户和公众接受。太阳能光伏发电系统和建筑的完美结合体现了可持续发展的理想范例，国际社会十分重视。许多国家相继制订了本国的屋顶计划，使得 BIPV 技术蓬勃发展。太阳能光伏发电系统和建筑结合将使太阳能光伏发电向替代能源过渡，成为世界能源结构组成的重要部分。

2. 中国现状

（1）中国光伏产业装机规模连续多年位居全球第一，市场前景广阔。

近年来，在全球主要经济体"双碳"政策的引领下，中国光伏行业实现了较快的发展，行业内主要光伏企业出货量大幅上涨。同时，随着光伏技术的持续进步和化石能源价格的上涨，光伏发电在我国大部分地区已经达到平价乃至低于燃煤标杆电价的条件，光伏发电经济性的提升带来了市场需求的持续增加。

根据中国光伏行业协会（CPIA）的相关数据，自 2013 年以来，我国光伏发电新增装机容量连续十年位居全球第一，累计装机容量连续八年居全球首位。2023 年前 11 个月的新增装机为 163.88GW，11 月光伏新增装机更是达到 21.32GW，比一些国家的累计装机容量还要高，我国光伏发电装机容量增长迅速。

2020 年 9 月，习近平总书记在第七十五届联合国大会一般性辩论上宣布，我国二氧化碳排放力争于 2030 年前达到峰值，努力争取 2060 年前实现碳中和，并进一步宣布到 2030 年我国风电、太阳能发电总装机容量将达到 12 亿千瓦以上。在党的二十大报告中，习近平总书记亦进一步明确要深入推进能源革命、加快规划建设新型能源体系。围绕这一目标，我国光伏行业的发展有望再次提速，市场需求也将持续增长。

（2）我国已经形成成熟且有竞争力的光伏产业链，在国际上处于领先地位。

经过多年的市场洗牌、技术进步和产业升级，中国光伏产业已跨越了粗放型的增长阶段，逐渐步入集约型增长的健康发展阶段，同时通过持续的研发投入和技术进步，整体产业格局发生了深刻的变化，在产业链各个环节的技术水平、市场应用、生产产能等方面均保持明显的竞争优势和举足轻重的话语权，已经成为我国具有明显国际竞争优势的战略性新兴产业。其中，在应用市场方面，过去几年，我国开展的光伏发电领跑者基地中新产品引领全球风潮。通过"领跑者计划"的实施，我国还探索出"光伏＋农业""光伏＋渔业""光伏＋煤矿沉陷区治理"和光伏建筑一体化等多种"光伏＋"新业态，实现了光伏与其他产业融合发展的综合效应。

此外，光伏市场的蓬勃发展为我国培育了一批具有世界影响力的行业优质企业，这些企业依靠自身在资金、技术、成本、渠道、人力等方面的优势不断扩大经营规模，同时通过行业整合和资产重组，逐步发展为垂直一体化的龙头生产企业，使得产业链各环节集中度逐渐提高。2023年，我国多晶硅、硅片、电池片、组件领域前五名企业产量分别约占全国总产量的87.1%、66%、56.3%和61.4%，龙头企业的培育进一步提升了我国在全球光伏产业链的话语权。

（3）P型电池转换效率的提升已逐渐接近瓶颈，N型电池将成为未来一段时间内光伏电池行业发展的重要方向。

自2018年以来，高效率、低成本的单晶PERC电池顺应了行业降本增效的发展趋势，受到下游客户的广泛认可而快速占领市场。

根据CPIA发布的《中国光伏产业发展路线图（2023—2024年）》，2023年，规模化生产的P型BSF多晶黑硅电池平均转换效率达到19.7%，较2022年提高0.2个百分点；P型PERC多晶黑硅电池平均转换效率达到21.4%，较2022年提高0.3个百分点；P型PERC铸锭单晶电池平均转换效率达到22.7%，较2022年提高0.2个百分点。多晶产品下游需求不强，不能提供效率提升的动力，转换效率增长点主要由硅片质量提升带来，未来效率也将基本维持现状，不会有较大提升。

2023年，P型单晶电池均采用PERC技术，平均转换效率达到23.4%，较2022年提高0.2个百分点；N型TOPCon电池平均转换效率达到25.0%，异质结电池平均转换效率达到25.2%，两者较2022年均有较大提升。未来，随着生产成本的降低及良率的提升，N型电池将会成为电池技术的主要发展方向之一，效率也将较快提升。

光伏电池经历了第一代晶硅电池、第二代薄膜电池和第三代新型电池。其中，根据硅基电池片，第一代晶硅电池可分为P型电池和N型电池，N型电池又可细分为TOPCon、HJT、IBC和HBC（HJT＋IBC）四种。其中，BC电池属于一种平台型技术，无排他性且兼容性强，可以与其他电池技术叠加，发展潜力较大，未来有望成为新一代的平台型技术。IBC电池可以与TOPCon电池叠加形成TBC电池，与HJT电池叠加形成HBC电池，与P型电池叠加形成HPBC电池等，从而带动电池整体光电转换效率进一步提升。

当前N型电池生产设备及技术能力已逐步成熟，具备大规模量产条件，因此，N型电池占据技术优势且具备相关条件，光伏行业向N型技术升级的趋势明显。

（4）技术水平不断提高，发电成本大幅下降。

我国平价上网等行业政策推动光伏行业新一轮的降本增效，对光伏产品的发电成本下降提出更高要求。根据经验公式，电池转换效率每提升1%，发电成本可下降7%。受益于光伏技术的快速进步，我国光伏发电成本迅速下降。

根据 CPIA 发布的《中国光伏产业发展路线图（2023—2024 年）》，2023 年，我国地面光伏系统的初始全投资成本为 3.4 元/瓦左右，其中组件约占投资成本的 38.8%，非技术成本约占 16.5%（不包含融资成本）。从占比来看，2023 年的非技术成本在全系统成本中的占比较 2022 年的 13.56% 有所提升，主要原因是 2023 年组件成本有较大幅度下降，导致 2023 年非技术成本占比上升，但从成本数据本身来看，2023 年的非技术成本与 2022 年保持一致，为 0.56 元/瓦。预计 2024 年，随着组件效率稳步提升，整体系统造价将稳步降低，光伏系统初始全投资成本可下降至 3.16 元/瓦左右。2023 年我国工商业分布式光伏系统初始投资成本为 3.18 元/瓦，2024 年预计下降至 3 元/瓦以下。随着技术水平不断提高，未来光伏发电成本仍有较大下降空间。

3. 中国趋势

基于对我国光伏新能源现状的分析，我们可以大致预测光伏行业的一些发展趋势：双碳政策推动能源结构转型，加速光伏产业发展；N 型电池产业化提速，推动技术持续升级；推动一体化布局，产业集中度不断提升；市场集中度持续提升，头部企业竞争优势明显；平价上网目标逐步实现，行业走向市场驱动发展模式。

（1）双碳政策推动能源结构转型，加速光伏产业发展。

为应对全球气候变化，实现社会经济的可持续发展，全球主要国家和地区陆续提出了更加积极的气候发展目标，相继出台了"碳中和"等可再生能源发展规划。截至 2023 年，全球已有超过 190 个国家和地区加入《巴黎协定》。我国也根据全球能源发展趋势，积极推动能源结构转型：

2020 年 9 月，习近平总书记在第七十五届联合国大会一般性辩论上表示：我国将提高国家自主贡献力度，采取更加有力的政策和措施，二氧化碳排放力争于 2030 年前达到峰值，努力争取 2060 年前实现碳中和；在党的二十大报告中，习近平总书记亦进一步明确要深入推进能源革命、加快规划建设新型能源体系。

2021 年 10 月，《中共中央　国务院关于完整准确全面贯彻新发展理念做好碳达峰碳中和工作的意见》发布，明确把"碳达峰、碳中和"纳入经济社会发展全局，以经济社会发展全面绿色转型为引领，以能源绿色低碳发展为关键，加快形成节约资源和保护环境的产业结构、生产方式、生活方式、空间格局；并提出到 2025 年初步形成实现绿色低碳循环发展的经济体系，非化石能源消费比重达到 20%；2030 年经济社会发展全面绿色转型取得显著成效，非化石能源消费比重达到 25%；2060 年全面建立绿色低碳循环发展的经济体系和清洁低碳安全高效的能源体系，非化石能源消费比重达到 80% 以上，碳中和目标顺利实现。

2023 年 8 月 15 日，在首个全国生态日主场活动生态文明重要成果发布会上，国家发展改革委发布碳达峰碳中和重大宣示三周年重要成果："构建完成碳达峰碳中和'1 + N'政策体系"，"全国可再生能源装机突破 13 亿千瓦，历史性超过煤电"，"'十四五'以来年完成国土绿化超 1 亿亩"……在以习近平同志为核心的党中央坚强领导下，我国已将"双碳"工作纳入生态文明建设整体布局和经济社会发展全局，推动绿色低碳发展迈出坚实步伐。

在"碳达峰、碳中和"目标的推动下，减少化石能源消费，大力发展太阳能等清洁能源，构建以新能源为主体的新型电力系统，对加快能源结构转型、实现绿色经济具有重要意义，也将为我国光伏行业的快速发展创造良好环境。

（2）N 型电池产业化提速，推动技术持续升级。

虽然当前光伏产业链的主要参与者已逐步开展 N 型高效电池的规模化落地布局，但整体而言，N 型电池尚处于规模化建设初期，相比于 PERC 电池，仍有巨大的发展空间。

目前，N 型电池的主要技术路线包括 TOPCon、HJT、背接触电池（包括 ABC）等。各技术路线在性能特性上各有优势，例如 TOPCon 电池与传统 P 型电池具有更高的产线兼容性，而采用非银技术的 ABC 电池则在转换效率和降低成本方面具有明显的优势。当前，各技术路线均占有一定的市场份额，暂未有单一技术路线占据绝对市场空间，因此，N 型电池各技术路线的发展尚处于市场充分竞争阶段，未来预计呈现多种 N 型技术路线并存的局面。

N 型电池产业化提速，有利于推动技术持续升级。随着技术进步，N 型电池的成本和价格或将进一步下降，其市场占有率有望大幅度提升。

（3）推动一体化布局，产业集中度不断提升。

自 2020 年以来，光伏产业链原材料供需平衡经历大幅震荡，造成产业链价格大幅波动，部分主营业务单一的企业利润水平受到严重影响，以专一电池片生产企业为例，因原材料价格大幅上涨造成其 2021 年利润水平大幅下降甚至出现亏损。为稳定供应链结构，提升企业整体抗风险能力，培育新的利润增长点，近几年产业链主要参与者均加速了一体化的建设进程。以天合光能等组件企业为例，除了保证其在组件领域的传统优势外，近年来持续加大对电池产能的建设；部分专业化电池生产厂商亦开始了向产业链上下游涉足的步伐，例如，润阳股份。一体化的布局能够有效增强企业的业务协同性，降低综合生产成本，同时有利于企业增强盈利能力，提高抗风险能力。

（4）市场集中度持续提升，头部企业竞争优势明显。

自 2011 年以来，中国电池片企业产能持续加码，实现了以中国为主导的逆袭。数字新能源显示，2023 年，全国太阳能电池产量 541.16GW，同比增加 197.52GW，增幅为57.48%。最近五年全国太阳能电池产量分别为：2019 年 128.62GW，2020 年 157.29GW，2021 年 234.05GW，2022 年 343.64GW，2023 年 541.16GW。2023 年，我国太阳能电池出口总量达 9 235.09 万个，同比增长 23.16%，涉及出口金额 290.61 亿元，同比增长 8.86%。

自 2018 年以来，我国电池片出货量排名前五的企业产量占比持续提升，太阳能电池行业呈现出明显的马太效应，产业集中度逐步提升。随着光伏行业正式迈入平价上网时代，太阳能电池市场份额将进一步向具有技术、规模、供应链管理等核心优势的企业集中，产能落后、不具有规模优势的中小厂商原有市场份额被头部厂商整合的速度将进一步加快。行业高速整合和集中度不断提升，有利于行业内头部企业进一步扩大领先优势，持续提升市场地位，后续市场格局将更加趋于成熟与稳定。

（5）平价上网目标逐步实现，行业走向市场驱动发展模式。

近年来，我国陆续出台各项光伏发电"平价上网"的政策指引，明确开展平价上网项目和低价上网试点项目建设，国家光伏补贴政策逐步退坡，光伏产业迎来平价时代。"平价上网"政策推动光伏行业整体向着降本增效的方向发展。未来，随着光伏产业链转换效率的不断提升、工艺技术的持续改善，光伏发电成本有望进一步降低，行业发展也将从政策驱动、计划统筹与市场驱动多重驱动发展的模式逐渐变成市场驱动发展的模式，光伏企业的发展也将更加依赖技术先进性、成本管控能力、客户黏性、人才储备等自身的核心竞争力。

（二）瞄准风向，扬帆起航

开发新能源和可再生清洁能源，是 21 世纪世界经济发展中具有决定性影响的五项技术领域之一。充分开发利用太阳能是世界各国政府可持续发展的能源战略决策，其中太阳能光伏发电最受瞩目。太阳能光伏发电远期将大规模应用，近期可解决特殊应用领域的需要。自 20 世纪 90 年代以来，在可持续发展战略的推动下，可再生能源技术进入了快速发展的阶段。据专家的预测，21 世纪中叶太阳能和其他可再生能源能够提供世界能耗的 50%。

当前，影响太阳能光伏发电大规模应用的主要障碍是它的制造成本太高，在众多发电技术中，太阳能光伏发电仍是成本较高的其中一种，因此，发展太阳能光伏发电技术的主要目标是通过改进现有的制造工艺、设计新的电池结构、开发新颖电池材料等方式降低制造成本，提高太阳能电池的光电转换效率。近年来，光伏工业呈现稳定发展的趋势，发展的特点是产量增加、转换效率提高、成本降低和应用领域不断扩大。

21 世纪初，苏黎世联邦理工大学 M. 格雷策尔研制出一种二氧化钛太阳能电池，其光电转换率高达 33%，并成功地采用了一种无定型有机材料代替电解液，从而使它的成本下降，使用起来也更加简便。可以预料，随着技术的进步和市场的拓展，太阳能电池成本及售价将会大幅下降。随着太阳能电池成本的下降，太阳能光伏发电技术将进入大规模发展时期。

近年来，围绕光电池材料、转换效率和稳定性等问题，光伏技术发展迅速、日新月异，晶体硅太阳能电池的研究重点是高效率单晶硅电池和低成本多晶硅电池。限制单晶硅太阳能电池光电转换效率的主要技术障碍有：电池表面栅线遮光影响、表面光反射损失、光传导损失、内部复合损失和表面复合损失等。而针对这些问题，许多新技术在近几年被开发，主要有单双层反射膜技术、激光刻槽埋藏栅线技术、绒面技术、背点接触电极技术、高效背反射器技术和光吸收技术等。

随着这些新技术被应用，专家发明了不少新的太阳能电池种类，极大地提高了太阳能电池的光电转换效率。例如，澳大利亚新南威尔士大学的格林教授采用激光刻槽埋藏栅线等新技术，将高纯化晶体硅太阳能电池的光电转换效率提高到 24.4%。

光伏发电技术发展的另一特点是薄膜太阳能电池研究领域取得重大进展和各种新型太阳能电池的不断涌现。晶体硅太阳能电池光电转换效率虽高，但其成本难以大幅度下降，而薄膜太阳能电池在降低制造成本上有着非常广阔的诱人前景。早在几年前，澳大利亚科学家利用多层薄膜结构的低质硅材料已使太阳能电池成本骤降 80%，为此，澳大利亚政府投资 6 400 万美元支持这项研究，并希望在 10 年内使该项技术商业化。

20 世纪 90 年代后期，太阳能光伏发电发展更加迅速。在产业方面，各国一直通过扩大规模、提高自动化程度、改进技术水平、开拓市场等措施降低成本，并取得了巨大进展。在研究开发方面，单晶硅电池效率已达 24.7%，多晶硅电池效率已突破 19.8%。非晶硅薄膜电池通过双结、三结叠层和合金层技术，在克服光衰减和提高效率上不断有新的突破，实验室稳定效率已经突破 15%。碲化镉电池效率达到 15.8%，铜铟硒电池效率达到 18.8%，非晶硅薄膜电池的研究工作自 1987 年以来发展迅速，成为世界关注的新热点。

因此，21 世纪世界光伏新能源的发展走向将具有以下四大特点：

第一，全球光伏产业发展潜力巨大。随着工业的发展和人类活动规模的扩大，对化石能源和自然资源的过度开发利用导致温室气体排放显著增长。联合国《2023 年排放差距报告》显示，在 2021 年到 2022 年间，全球温室气体排放量增加了 1.2%，创下 574 亿吨二氧化碳当量的新纪录。2022 年 G20 国家的温室气体排放量也增加了 1.2%。排放趋势反映了全球的不平等模式。由于这些令人担忧的趋势和减缓工作的不足，全世界的气温升幅将在 21 世纪远远超出商定的气候目标。如果按照当前政策继续进行现有水平的减缓工作，那么在 21 世纪内，全球变暖将被控制在高出工业化前水平 3℃ 的范围内；全面落实无条件的国家自主贡献所需的相关工作，全世界就会走上将气温升幅控制在 2.9℃ 以内的轨道；全面落实有条件的国家自主贡献将导致高出工业化前水平 2.5℃ 以内的升温。这三种情况都有 66% 的可能性。

减少碳排放最有效的途径就是提高非化石能源的消费比例，截至 2023 年 9 月 25 日，已有 9 个国家提交了更新后的国家自主贡献方案，更新后的国家自主贡献方案总计 149 个。与最初的国家自主贡献方案相比，如果所有更新后的无条件国家自主贡献方案得到全面落实，到 2030 年就有可能每年减少约 50 亿吨二氧化碳排放——约为 2022 年排放量的 9%。根据 IRENA 的预测，到 2050 年全球实现碳中和的背景下，电力将成为最主要的终端能源消费形式，占比达 51%。其中，90% 的电力由可再生能源发电供应。

其中，光伏作为目前资源较易得、性价比较高的可再生清洁能源之一，肩负在碳中和时代成为全球主力能源的重任。根据 IRENA 的预测，2050 年全球光伏累计装机量将达到 14 000GW。以 2021 年全球光伏累计装机量约为 850GW 测算，其增长空间可达 16.5 倍，成长确定性高。

而从短期来看，2023 年，在光伏发电成本持续下降和全球绿色复苏等有利因素的推动下，全球光伏市场将继续维持快速增长趋势。中国光伏行业协会预计，"十四五"期间，全球每年新增光伏装机 232～286GW。

第二，电池技术不断提升。光伏系统制造成本下降、光伏电池转换效率提升是光伏发电实现平价上网的核心驱动因素。近年来，光伏系统制造成本大幅下降，但随着组件占电站投资成本比重的降低，组件价格下降对电站收益提升的边际效益递减，且继续下降的空间存在极限；同时，除组件以外的土地、资金以及人工等刚性成本占比提升，成为影响光伏发电成本下降的重要因素。因此，通过技术进步提升电池转换效率、提高相同面积组件功率，将是未来实现平价上网的主要途径。

单晶产品因其具有晶格缺陷更低、材料纯度更高、电学性能和机械性能更加优异等特点，从而具有更大的转换效率提升空间。近年来，以 PERC 为代表的高效电池技术为单晶对多晶的替代提供了助力。此外，随着电池技术的不断进步，以 TOPCon 电池、异质结电池为主的 N 型电池成本将会不断降低，因其转化效率提升空间大，且在双面率、光衰、弱光性能等特性方面均优于以 PERC 为主的 P 型电池，在未来将会逐步占据市场主导地位，进而提升对上游单晶硅的品质要求，可参见图 2-7。

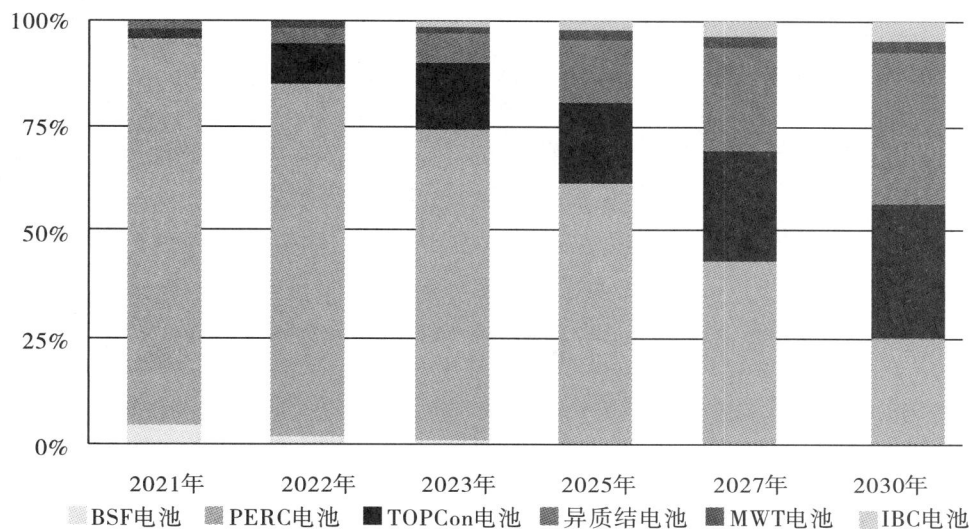

图 2-7　2021—2030 年电池技术市场占比变动趋势

第三，大尺寸硅片前景光明。大尺寸硅片能够摊薄非硅成本、生产成本，具有"降本增效"的优势。硅片的大尺寸化符合光伏行业降低度电成本的需求，具有长期发展的趋势。

目前，行业内光伏企业已经形成了 182mm 和 210mm 两大硅片尺寸阵营，中国光伏行业协会预计，182mm 和 210mm 尺寸的合计占比将越来越高，并预计在 3 年内成为行业主流，如图 2-8 所示。

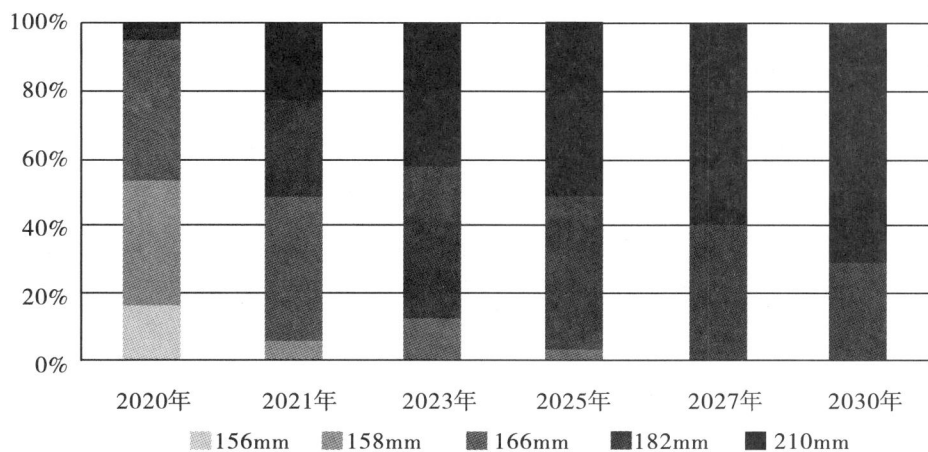

图 2-8　2020—2030 年不同尺寸硅片市场占比变化

　　基于大尺寸硅片的发展趋势，单晶硅生产企业纷纷加大对大尺寸硅棒产能的投入，在行业内实现高效产能对老旧产能的替代，以满足未来市场需求。

　　第四，光伏应用趋于多元化。随着光伏产业在世界范围内的不断扩大，其应用模式也更加趋于多元化，在"光伏＋储能""光伏＋农业""光伏＋建筑"等诸多方面的发展均有进展。"光伏＋储能"方面，储能技术的不断发展可以进一步促进新能源的应用，同时也会使得光伏发电的适用性更加多元。"光伏＋农业"方面，越来越多的国家和地区正在探索农光互补模式的发展路径。"光伏＋建筑"方面，光伏和建筑相结合在推动建筑能效提升、降低建筑运行能耗方面的作用已被广泛认可。此外，"光伏＋通信""光伏＋生态治理""光伏＋交通"等众多"光伏＋"领域均有一定的发展。光伏应用的多元化拓展将会进一步拓宽未来光伏市场规模。

第三章　光伏新能源核心技术与综合利用

一、为有源头活水来：光伏电池技术

能源是人类社会生存和发展重要的物质基础。能源有常规能源与新能源之分。常规能源如煤炭、石油、天然气，长期以来支撑和推动着人类社会的发展，但是常规能源有两大致命缺陷：一是近百年的大规模开采和使用，使它们日益枯竭，数量急剧减少。据统计，全世界剩余的煤炭可用 220 年，油气可用 60 年。因为常规能源是不可再生的，其供应紧张，导致国家与国家之间、地区与地区之间产生政治纠纷，甚至引起局部的冲突和战争。二是常规能源会产生温室效应，使地球变暖，《京都议定书》以法规的形式限制温室气体排放，并以支付履约费的形式对超排国家进行处罚。

新能源有太阳能、风能、核能、地热能、氢能等，按类别可分为太阳能、风力发电、生物质能、生物柴油、燃料乙醇、燃料电池、氢能、垃圾发电、地热能、二甲醚、可燃冰、页岩气等，太阳能是其中的骄子。

太阳辐射是分布广泛的自然资源，方便就地开发利用。人们根据太阳辐射的特点，研制出了太阳能电池。太阳能电池是将太阳辐射的能量直接转换成电能的器件，其特点是省去了将太阳光能先转换成热量再转换为电能的中间过程，只要有阳光照射，就可直接发电，不需要燃料，没有振动，没有噪声，不会污染环境和破坏生态平衡，不需要人员值守。

（一）光伏电池的工作原理

太阳能是一种辐射能，它必须借助于能量转换器才能转换成电能。这种把光能转换成电能的能量转换器，就是光伏电池。光伏电池的物理基础是由两种不同半导体材料构成的大面积 PN 结，以及非平衡少数载流子在 PN 结内建电场作用下形成的漂移电流。用适当波长的光照射到半导体 PN 结时，半导体吸收光能后，使其原子产生电子 – 空穴对，并在势垒区内建电场的作用下，发生漂移运动而分离，电子被送入 N 型区，空穴被送入 P 型区，从而使 N 型区有过剩的电子，P 型区有过剩的空穴。这样，就在 PN 结的附近形成了与势垒电场方向相反的光生电场。光生电场的一部分与内建电场相抵消，其余的使 P 型区带正电，N 型区带负电，这种现象被称为光生伏特效应。这样，P 型区和 N 型区产生的光生载流子在内建电场的作用下，反向穿过势垒，形成光电流。该电流流过外部电路就会产生一定的输出功率，如图 3 – 1 所示。

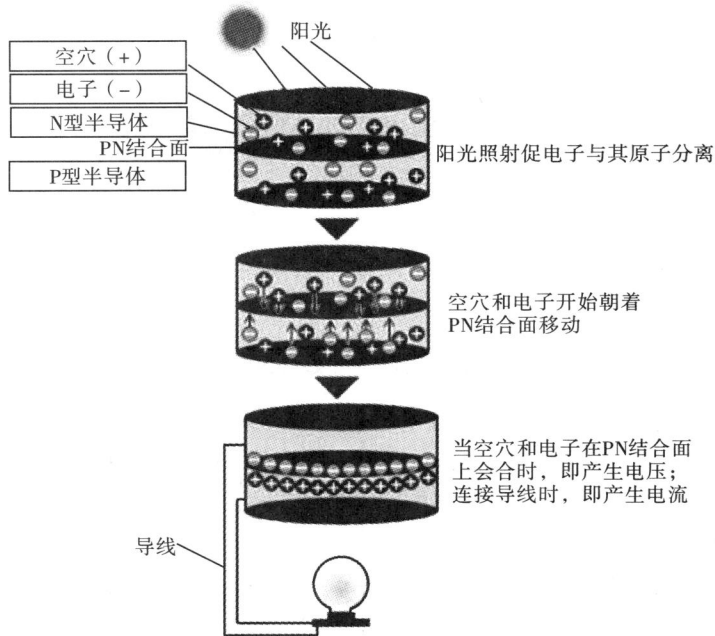

图 3 - 1　光伏电池基本原理——光伏效应

单体光伏电池是用于光电转换的最小单元，其尺寸一般为 4 ~ 100cm²。通常单体光伏电池的工作电压范围为 0.45 ~ 0.50V，工作电流范围为 20 ~ 25mA/cm²，一般不能单独作为电源使用。为了满足实际应用的需要，须将单体光伏电池进行串联、并联并封装构成光伏电池组件（可以单独作为电源使用的最小单元）方可供使用。

光伏电池组件包含一定数量的光伏电池。一个组件上，光伏电池的标准数量是 36 ~ 40 个（10cm × 10cm），这意味着一个光伏电池组件大约能够产生 16V 的电压，正好能为一个额定电压为 12V 的蓄电池进行有效充电。光伏电池组件具有一定的防腐、防风、防雹和防雨功能，广泛应用于各个领域和系统。当应用场合需要较高的电压和电流而单个光伏电池组件不能满足要求时，可把多个组件再经过串联、并联并安装在支架上，构成光伏电池阵列，简称光伏阵列。

光伏阵列可以满足负载所需要的功率要求。由于光伏电池组件具有与单体光伏电池类似的特性，因此单体光伏电池的各电量表达式同样适用于光伏阵列。描述光伏阵列的各电量，只需对光伏电池组件各电量进行缩放就可以了，即电压乘以串联数，电流乘以并联数。

光伏电池组件的种类较多，按照太阳能电池片的类型不同，可分为晶体硅（单晶硅、多晶硅）太阳能电池组件、非晶硅薄膜太阳能电池组件及砷化镓太阳能电池组件等；按照封装材料和工艺的不同，可分为环氧树脂封装电池组件和层压封装电池组件；按照用途的不同，可分为普通型太阳能电池组件和建材型太阳能电池组件。其中，晶体硅太阳能电池和薄膜太阳能电池占市场份额较大。

（二）晶体硅太阳能电池

晶体硅太阳能电池产业一直以来就是最成熟的、占比例最大的光伏产业。2010年，世界太阳能电池产量中，33.2%为单晶硅太阳能电池，52.9%为多晶硅太阳能电池。2011年，晶体硅太阳能电池的份额更是上升到了87.9%。近两年，多晶硅价格呈下降趋势。晶体硅太阳能电池在未来相当长的时间内仍将是光伏市场的主流。目前，产业化光伏电池的平均转换效率：单晶硅为17.5%~18%，多晶硅为17%~17.5%。晶体硅太阳能电池制造的特点是产业链较长、工艺成熟、工艺控制性好、产品成品率高、转换效率较高等。

晶体硅太阳能电池根据材料的不同，可分为单晶硅太阳能电池和多晶硅太阳能电池。尽管单晶硅与多晶硅技术非常类似，很多工艺都是相同的，但还是存在很多差别。首先，单晶硅片比多晶硅片价格更贵。因为拉单晶硅棒比多晶硅铸锭要求能耗更高，每产出1W将高出大约20%的能耗。其次，单晶硅太阳能电池与多晶硅太阳能电池相比，转换效率更高。因为单晶硅片没有晶界，有利于提高电池转换效率，单晶硅转换效率比多晶硅转换效率高1%左右。最后，从电池制造来说，多晶硅对工艺控制要求更高。在晶体硅太阳能电池中，除了广泛采用常规工艺的常规电池外，还有部分采用特殊工艺生产的高效电池，如三洋的HIT电池及SunPower的背接触电池。这两种电池的转换效率很高，但是相对成本也很高。

1. 晶体结构理论

固体材料可以分为晶体、准晶体和非晶体三大类，晶体的原子排列具有周期性，非晶体的原子排列具有无序性，准晶体的原子排列呈定向有序排列，但不具有周期性。晶体材料因其结构的完整性而具有各种优异的性能，同时结构上的周期性也使其相比于非晶体和准晶体更加容易进行建模研究。

晶体内部原子排列的具体形式称为晶格，晶体具有什么样的晶格结构取决于其组成原子的成键性质。硅（Si）位于元素周期表第IV主族，原子序数为14，电子在硅原子核的外围按能级由低到高第一级有2个电子；第二级有8个电子，达到稳定态；第三级（最外层）有4个价电子。这决定了晶体硅中每个硅原子都与周围的4个硅原子构成共价键，结合成四面体的形式，即每个原子有四个键，每两个键之间的夹角为109.5°，由此形成类金刚石晶格（碳也是第IV主族元素）排列的晶体结构，如图3-2所示。

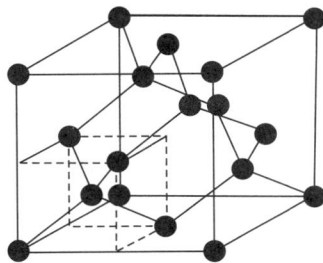

图3-2　晶体硅的类金刚石晶格结构

这种排列可以用两个相互贯穿的面心立方（FCC）晶胞来表示，其中，第二个 FCC 晶胞沿着第一个 FCC 晶胞的对角线平移满带，但带隙为零，即价带与导带发生交叠，满带中的电子能够占据导带中的能级，因而也能导电。绝缘体和半导体的能带结构相似，价带为满带，价带与导带之间存在带隙。半导体的带隙较小，在 0.14eV 左右，绝缘体的带隙较大，在 4~7eV 之间，导带中没有电子。因此，半导体和绝缘体在绝对零度（约 -273℃）下都不能导电。绝对零度是以开尔文（K）为单位的温度，在数值上比以℃为单位的温度小大约 273。

2. 晶体光管理

当太阳光入射到太阳能电池表面时首先要发生反射。光入射到物质表面发生反射的原因是入射介质和出射介质之间存在突变的折射率差。以晶体硅为例，晶体硅的折射率在 3.8 左右，空气的折射率为 1，两者之间的差别很大，光照射在平整的晶体硅表面上会有很大部分（30%~40%）被反射回去。这种折射率差的突变梯度越小，光发生反射的可能就越小。减小太阳能电池表面与空气之间的折射率变化梯度的方法通常有两种：

一种方法是在电池表面沉积减反射膜。如果在太阳能电池表面依次沉积从电池表面的折射率渐变到空气的折射率的多层膜，太阳能电池表面的反射率可以降到很低，但这样的结果会使工艺复杂化，也会增加制作成本。因此，常用的是沉积单层膜，使单层膜的折射率等于硅的折射率与空气折射率乘积的算术平方根，而单层膜的有效厚度（实际厚度与折射率的乘积）取所关心的光的波长的四分之一。以晶体硅太阳能电池为例，我们关心的是让太阳光谱中能量最高的波长在大约 600nm 的可见光在电池表面的反射率最低，所以通常在硅表面上沉积一层 80nm 左右的折射率为 1.8~2.0 的氮化硅层作为减反射膜。如果减反射膜同时能够对晶体硅表面有钝化作用，将是一举两得的事情。而实际采用等离子体增强化学气相沉积法（PECVD）制备的氮化硅层就同时具有这两种作用。

另一种方法是将电池表面织构化。以晶体硅太阳能电池为例，可以在硅表面制作各种微纳结构。对于单晶硅，常采用碱性腐蚀液在硅表面进行各向异性刻蚀，得到随机分布的金字塔绒面；对于多晶硅，常采用酸性腐蚀液在硅表面进行各向同性刻蚀，得到随机分布的腐蚀坑。这些腐蚀结构会使入射到该结构表面的光线改变传播方向，有一部分光线经表面反射后会再次入射到硅片表面产生吸收，也可以根据有效介质理论进行讨论。对于这些织构化结构，其任意高度平面的等效折射率等于硅的折射率和空气的折射率的加权平均，平均值的具体大小取决于硅和空气各自所占的比例。越接近空气的地方，硅的比例越少，等效折射率就越小。因此，这些织构化结构从理论上就好似在太阳能电池表面沉积了很多的折射率渐变层，织构化结构深度越大，折射率渐变的梯度就越小，就越能够获得明显的减反射效果，这也是很多纳米结构比如纳米线能够获得很低反射率的原因。

而进入半导体中的光子能量大于半导体带隙的光子能量，其被吸收的程度取决于半导体的吸收系数。对晶体硅来讲，波长较长的禁带边的光需要至少 500μm 以上的厚度才能被基本完全吸收。但晶体硅材料制作成本较高，为了降低太阳能电池成本，晶体硅太阳能电池的厚度一直都在不断减小，目前产业化应用的硅片厚度通常在 180μm 左右。因此，实际的晶体硅太阳能电池如果只经过一次吸收，其对太阳光的吸收并不充分，很多光会从电池背面透出而损失掉。因此，需要开发高效率的陷光结构来将进入太阳能电池中的能量大于带隙的光，特别是那些经过一次吸收不能被完全吸收的禁带边的光，尽可能多地限制在太阳能电池内部，增大吸收次数，延长有效光程。

这一般通过在太阳能电池背面引入背反射器和光学衍射单元来实现。背反射器将透过的光重新反射回太阳能电池，而光学衍射单元改变光的传播方向，比如将垂直入射的光转变为斜入射的光，变成斜入射后的光一方面增加在电池内部的传播路径；另一方面也会有更大的概率在电池前后表面发生全内反射。实际上，太阳能电池前表面织构化，除了可降低反射率外，合适尺寸的织构化结构（比如金字塔）也能改变光的传播路径，起到光学衍射陷光的作用。

随着目前的硅太阳能电池越来越薄，光管理已成为太阳能电池结构设计中的重要组成部分。

3. 晶体硅太阳能电池结构

基于上述理论分析，现在就能清楚地理解晶体硅太阳能电池的基本结构，如图 3 - 3 所示。晶体硅太阳能电池选用具有合适厚度和少子扩散长度的硅衬底，在其表面制作 PN 结，辅以前后表面钝化和光管理结构，获得尽可能高的光电转换效率。

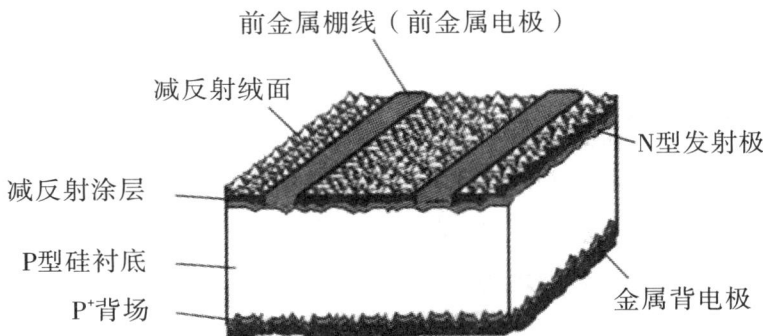

图 3 - 3　晶体硅太阳能电池基本结构示意图

通常采用的是 P 型硅衬底，在 P 型硅衬底迎光面上的是 N 型发射极，其与 P 型硅衬底构成 PN 结。P 型硅衬底是太阳光的吸收区，也称为基区。在 N 型发射极的表面是织构化结构，织构化结构上沉积减反射膜，穿透减反射膜与 N 型发射极接触的是收集电子的前金属电极，为了避免前金属电极的遮挡，将前金属电极制作成栅线状，前金属栅线一般是银栅线。银栅线需要穿透减反射膜与下面的 N 型发射极形成欧姆接触。

在 P 型衬底的背面是掺杂浓度更高的 P^+ 背场（BSF），通常是铝背场或者硼背场。背场与硅衬底之间形成浓度高低结，既可以在一定程度上提高电池的开路电压，也可以将在 P 型基区内产生的少子电子反推向 PN 结方向，对硅衬底内的光生少子起到场钝化的作用。背场之外是与之形成欧姆接触的收集空穴的金属背电极，其材料一般是铝。

由于电池背面没有光入射，因此铝背电极是全背面电极，一方面，可以改善电学接触；另一方面，铝硅界面具有高的内反射率，可以起到一定的陷光作用。基于上述常规晶体硅太阳能电池的基本结构，技术进步已使目前出现了很多改良的高效结构，比如选择性发射极（SE）结构、叉指状背接触（IBC）结构等。

4. 晶体硅太阳能电池的结构参数优化

理解了太阳能电池的基本性能，就能以此为基础对太阳能电池结构进行优化。高效晶体硅太阳能电池的设计有如下基本目标：将对能量大于硅带隙的光子吸收最大化，将太阳能电池中的复合速率最小化，将电池的饱和暗电流最小化，将金属电极欧姆接触最优化，将串联电阻最小化。

（1）硅衬底的优化选择。

硅衬底内的杂质越少，质量越高，缺陷辅助复合的概率就越小，太阳能电池可能获得的效率就越高。要制备性能合格的晶体硅太阳能电池，硅衬底的纯度至少要达到 6N（99.999 9%）。对于纯度满足要求的硅衬底，最主要的是要确定硼（P 型）或磷（N 型）的掺杂浓度，即硅衬底的电阻率。理论上，最高效率的获得需要将硅衬底内部所有复合的概率最小化，因此最好的硅衬底是本征硅衬底，即不含有任何的掺杂原子，这样可以使缺陷辅助复合和俄歇复合都能最小，但这样的电池必须采用 PIN 结构。如前面所分析的，这对现有晶体硅太阳能电池是不适用的。

（2）硅衬底表面减反射结构优化。

晶体硅太阳能电池表面通常采用金字塔绒面加氮化硅涂层的复合减反射结构。当硅衬底的厚度在 50μm 以上时，金字塔尺寸达到 0.5μm 就能获得优异的太阳能电池性能，更薄的硅衬底则需要金字塔的尺寸大到几个微米。造成这种差异的原因是，厚的硅衬底只需要将太阳能电池表面的反射率降低到最小，而薄的硅衬底还需要金字塔有一定的光衍射性能，以增大光在太阳能电池内部的传播路径。在此基础上，金字塔尺寸的进一步扩大不会使电池性能获得进一步提高。而在晶体硅太阳能电池的实际制作过程中，过大的金字塔尺寸不利于后续太阳能电池制备工艺的实施，尖锐而突出的金字塔尖也容易磨损。

因此，应该优化工艺制备尺寸在 0.5μm 到几个微米之间较小尺寸的金字塔，这样的金字塔绒面可以将硅表面在 300 ~ 1 100nm 之间对太阳光谱的平均反射率降低到 10% 左右。进一步在优化后的金字塔绒面上淀积一层 80nm 厚、折射率为 1.89 左右的氮化硅层，可以将上述反射率进一步降低到 2% 左右。当然，由于氮化硅层还要起到钝化发射极的作用，需要在氮化硅的钝化作用和减反射作用之间做一个折中选择。

（3）发射极优化。

与基区硅衬底的选择类似，发射极优化要将发射极区的饱和暗电流密度最小化，因此需要对发射极的掺杂浓度做一个折中选择。但与基区硅衬底不同，发射极区的厚度一般非常小，其对光电流的贡献比较少，这就决定了其由于掺杂浓度增加而带来的少子扩散长度减小的负面效果对太阳能电池性能不会产生特别显著的影响。因而，发射极区优化的掺杂浓度要比基区硅衬底的优化值大很多。但如果掺杂浓度过大，上述对光电流的负面影响也不能忽略，而光电流的大小与发射极区的厚度以及发射极前表面的复合速率有关，这两个因素同样也是影响发射极区饱和暗电流密度的因素。在实际的晶体硅太阳能电池中，发射极一般采用扩散工艺制备，发射极中的掺杂原子分布不是均匀的，通常遵循余误差函数

（ERFC）分布，即在表面一定的厚度内具有均匀分布的峰值掺杂浓度，然后往里随深度增加掺杂原子浓度逐渐降低。由于发射极与基区构成 PN 结，因此也可以将发射极区厚度的影响转换为结深的影响。

（4）金属电极优化。

收集光生载流子的金属电极应该具有选择性，也就是说，它只能允许一种载流子从太阳能电池流到金属中，并且在阻止另一种载流子流出时没有能量损失。通常将收集少子的金属电极制作在太阳能电池的迎光面，即发射极上，收集多子的金属电极制作在电池背面。对采用 P 型硅衬底作为基区的常规晶体硅太阳能电池来讲，发射极上收集的是电子，背面收集的是空穴。前表面的金属电极为了避免遮光一般制作成栅线形状。

金属电极对太阳能电池性能造成的主要影响就是寄生电阻。金属电极与太阳能电池之间的接触电阻、金属电极自身的电阻，以及金属栅线间的发射极横向电阻会在太阳能电池内部引入串联电阻 R，而金属电极烧结不当可能造成的发射极烧穿会降低并联电阻 R。通过改善金属电极的烧结工艺可以有效减小并联电阻的影响。为了降低串联电阻，首先要提高金属电极的导电质量，通过改善电极的厚度或者高宽比来减小电极自身的电阻。其次要保证金属电极与太阳能电池形成良好的欧姆接触，在金属接触区域的下面形成重掺区，P 型重掺用于空穴的输出，N 型重掺用于电子的输出。

对晶体硅太阳能电池来讲，N 型重掺是发射极本身，而 P 型重掺则是靠在硅衬底背面形成铝背场或者硼背场。由于重掺区以及金属接触区的载流子复合速率都非常大，为了降低载流子复合速率，在保证好的载流子收集效率的前提下，尽可能减小金属接触区以及重掺区的面积对提高太阳能电池的性能是有利的，这是选择性发射极技术和局域背接触技术的由来。对太阳能电池前金属电极而言，为了减少电流输运的横向电阻，还必须结合发射极的方块电阻对金属栅线的间距、宽度等做详细的优化，以使金属栅线引起的栅线遮光损失和电阻损失之和最小化。

实际的晶体硅太阳能电池制备过程，就是要开发出低成本的制备技术，优化具体工艺参数，在尽可能大的程度上实现优化的太阳能电池结构，从而获得高效率，同时保证产品的产量和良品率，实现规模化制造。

（三）薄膜太阳能电池

薄膜技术是利用几微米厚的吸收层实现了对太阳光的近 100% 吸收。薄膜需要沉积在衬底上，最常用的是玻璃，也有用柔性衬底的，如不锈钢、铝或塑料等。这也是薄膜太阳能电池和晶体硅太阳能电池之间的一个很大差别，晶体硅太阳能电池都是刚性的。薄膜太阳能电池和晶体硅太阳能电池的另一个不同在于薄膜太阳能电池通常采用线列式工艺，直接生产出组件，没有电池这样的中间产品存在，而晶体硅太阳能电池目前多为批次式工艺。薄膜组件虽然比晶体硅组件的成本低，但是其转换效率也较低。因此如果想建设同样功率的电站，则需要更多的平衡部件（如支架等），这也会导致薄膜发电的电价较晶体硅的高。

我们周边的物体，大多是在温度变化比较慢或是在热平稳状态下制造出来的，可以做到内部缺陷很少，而在真空中制备的设备是将材料加热到几百摄氏度，使之蒸发而成的，如用溅射，其能量要比蒸发大几十倍，汽化后的原子、分子在极短的时间内在衬底上冷却成固体，内部存在大量缺陷，这是薄膜制造与其他物体制造的不同之处。气体与固体的结合分化学吸附与物理吸附。化学吸附的力产生于离子键、原子键、金属键等电子对的相互作用；物理吸附的力是由于范德华力（分子力）、电偶极子、电四极子等的静电相互作用。膜与衬底之间的附着强度，要针对目标谋求最佳的工艺条件。

薄膜的生长有两个过程：一是成核过程；二是单层生长过程。成核过程中从蒸发源出来的原子以几倍于音速的速度向衬底飞去，并与衬底碰撞，某些原子会被反射出去，但多数原子会停留在就近的衬底表面，此时还不能认为它们已被吸附。一般情况下，它们在将热量传给衬底的同时，会在表面迁移，其中一部分与其他的原子结合成原子对或原子团，同时在比一般表面处更容易被捕获的位置，如表面凹坑、台阶等，被捕获而形成核。这样的核与持续到来的原子或相邻的核合并而不断长大，到达某个临界值以上后，就变得稳定下来。衬底上可以形成许多核（10 个原子以上），它们互相接触、合并，形成岛状结构（8nm）。岛与岛连成一片，片与片之间留下海峡状沟道（11～15nm），然后海峡状沟道收缩成一些孔眼（19nm），最后孔眼消失形成连续的膜（22nm）。目前，市场上主要三种薄膜太阳能电池分别为硅薄膜（指非晶硅或微晶硅电池）太阳能电池、CdTe 薄膜太阳能电池和 CIGS 薄膜太阳能电池。

1. 硅薄膜太阳能电池

硅薄膜太阳能电池包括非晶硅、非晶硅/微晶硅双叠层、非晶硅叠层、微晶硅叠层的薄膜太阳能电池，转化率可以达到 9%。硅薄膜太阳能电池是在玻璃、金属或塑料等衬底上沉积很薄的光电材料制成的，对硅的消耗量很少，薄膜太阳能电池平均消耗的硅仅为传统晶体硅太阳能电池硅消耗量的两百分之一。由于硅薄膜太阳能电池在降低成本方面存在巨大潜力，因此引起了研究单位、企业界及各国政府的普遍重视，从而促进了硅薄膜太阳能电池突飞猛进的发展。

非晶硅（amorphous Silicon，a-Si）是一种无序材料，它没有完整的晶胞和由晶胞组成的晶体，存在着大量的结构上和键结上的缺陷，是一种"长程无序"而"短程有序"的连续无规则网络结构，其中包含大量的悬挂键、空位等缺陷。由于 a-Si 结构中含有大量的悬挂键等缺陷，迁移率隙中有很高的状态密度，因而掺杂比较困难。a-Si 的费米能级好像被"钉死"在固定的位置上而不容易移动，因此纯度较高的 a-Si 在技术上利用是十分困难的，而在技术上有实用价值的是 a-Si–H 合金。在这种合金膜中，掺杂的氢补偿了 a-Si 中的悬挂键，从而使得定域态密度大大降低，掺杂才成为可能。

基于硅薄膜的光伏组件是最早实现商业化的薄膜技术。薄膜硅通过将硅烷（SiH_4）分解后沉积到衬底上得到，硅烷是薄膜硅的主要原材料。硅烷的分解技术多种多样，主要使用的是等离子体增强化学气相沉积法。典型的单纯非晶硅的转换效率非常低，只有 6%～7%，而且具有严重的光致衰减效应。因此，近年来发展出了多结电池的概念，通过多结提高电池转换效率，产业上较多的是非晶硅/微晶硅双叠层薄膜太阳能电池，也有三结电池。尽管成本略高，但是转换效率也提高了。

a-Si 薄膜太阳能电池采用 PIN 结构，P 层是掺杂了硼的材料，I 层是本征材料，N 层是掺杂了磷的材料。对于 PIN 结构，在没有光照的热平衡状态下，P、I、N 三层中具有相同的费米能级，这时本征层中导带和价带从 P 层向 N 层倾斜，形成内建势。在理想的情况下，P 层和 N 层费米能级的差值决定电池的内建势，相应的电场叫内建场。由于掺杂层内缺陷浓度很高，因此光生载流子主要产生在本征层中，在内建势的作用下，光生电子流向 N 层，而光生空穴流向 P 层。在开路条件下，光生电子积累在 N 层中，而光生空穴积累在 P 层中，这时在 P 层和 N 层中积累的光生电荷在本征层中所产生的电场抵消部分内建场，这时 N 层中积累的光生电子和 P 层中积累的光生空穴具有向相反方向扩散的趋势，以抵消光生载流子的收集电流。当扩散电流与内建场作用下的收集电流这两个方向相反的电流之间达到动态平衡时，本征层中没有净电流。

2. CdTe 薄膜太阳能电池

碲化镉（CdTe）薄膜太阳能电池是一种以 P 型 CdTe 和 N 型 Cd 的异质结为基础的薄膜太阳能电池。CdTe 是 II-VI 族化合物半导体，是直接能隙半导体，带隙为 1.45eV，其能隙宽度与太阳光谱有很好的匹配，能隙较宽，可吸收 95% 以上的阳光，理论效率达 28%，性能很稳定，具有很好的抗辐射性能，在较高的环境温度下也能正常工作，强弱光均可发电，温度越高，表现越好。

CdTe 是一种良好的 PV 材料。CdTe 薄膜太阳能电池是技术上发展较快的一种薄膜电池，一直被光伏界看重。CdTe 薄膜太阳能电池由多晶的薄膜所构成，制备工艺相对简单，容易沉积成大面积的薄膜，沉积速率也高。CdTe 薄膜太阳能电池通常以 CdS/CdTe 异质结为基础，尽管 CdS 和 CdTe 的晶格常数相差 10%，但它们组成的异质结电学性能优良，制成的太阳能电池的填充因子高达 0.75。CdTe 薄膜太阳能电池的制造采用电子工业通用工艺，能耗低，生产成本低于晶体硅和其他材料的太阳能电池，生命周期结束后可回收。CdTe 薄膜太阳能电池在全球市场占有率上已经开始向传统晶体硅太阳能电池发起了挑战。

CdTe 薄膜太阳能电池的领军企业是美国的 First Solar 公司，该公司一度成为全球市值最高的太阳能电池企业。CdTe 薄膜太阳能电池出现于 20 世纪 70 年代，美国的 First Solar 公司所生产的便是 CdTe 薄膜太阳能电池，其产业化的组件转换效率一直在稳定地提高中，目前约为 11.2%，电池的实验室最高转换效率为 16.9%。CdTe 薄膜太阳能电池只能沉积在玻璃衬底上，共有四层，分别为作为电池前电极的透明导电氧化物（TCO）层、N 型 CdS 层、P 型 CdTe 层和作为背电极的一层导电材料。CdTe 薄膜太阳能电池的主要优势体现在成本方面，美国的 First Solar 公司采用其独有技术，已将 CdTe 薄膜太阳能电池做成了目前各类产业化电池中成本最低的一种。因此，CdTe 薄膜太阳能电池有望在实现低成本光伏发电目标方面做出贡献。

尽管 CdTe 化合物本身具有较好的稳定性，但是 Cd 是剧毒元素，在生产过程中需要严格控制，以避免对环境的污染，而 Te 是稀有元素。在 CdTe 薄膜太阳能电池应用方面，也需要对可能产生的环境问题做深刻的考虑。

将 TCO 膜沉积在玻璃衬底上，然后沉积 N 型 CdS 膜，再沉积活性 P 型导电 CdTe 膜，最后沉积低电阻背接触层。光通过玻璃衬底进入电池，光子钻入 TCO 层及 N 型 CdS 层，进入 P 型导电 CdTe 层。CdTe 层是电池的主体吸光层，与 N 型 CdS 窗口层形成的 PN 结产生电子 – 空穴对，电子在内建场的驱动下进入 N 型 CdS 层，空穴仍然在 CdTe 层，空穴的聚集增强材料的 P 型导电，最终不得不经由背接触层离开电池，产生电力，由与 TCO 层背接触连接的金属电极引出。CdTe 对波长低于 800nm 的光有很强的吸收能力，光子数可达 104 个/厘米，膜厚 3 ~ 7 微米就可完全吸收可见光。

3. CIGS 薄膜太阳能电池

铜铟镓硒（CIGS）薄膜太阳能电池具有生产成本低、污染小、不衰退、弱光性能好、性能稳定、抗辐射能力强的特点，光电转换效率目前是各种薄膜太阳能电池之首，接近于目前市场主流产品多晶硅太阳能电池的转换效率，成本是多晶硅太阳能电池的三分之一，是极具发展前景的薄膜太阳能电池之一，已成为全球光伏领域研究热点之一，被称为下一代非常有前途的新型薄膜太阳能电池，是目前世界上技术最先进、工业化生产最成熟的第二代光伏产品。

CIGS 这种化合物具有很高的光学吸收系统，因此它在薄膜中具有最高的实验室转换效率，即 20.3%。CIGS 的电活性对晶界不敏感，多晶材料就具有很好的光伏性能，因此非常适合采用低成本的薄膜化技术制备，而无需昂贵的外延设备。CIGS 四元相图比较复杂，具有优异光伏性能的材料的稳定区间窄，大面积薄膜沉积的均匀性很难控制，因此 CIGS 薄膜太阳能电池的制备难度较大，产业化转换效率只有 12% ~ 13%。而且，电池结构中采用 CdS 层，Cd 元素毒性大，控制不好对环境有毒化影响，In、Ga 均为稀有元素，In 也是战略储备物资。

CIGS 薄膜太阳能电池是由多层薄膜组成的，它有 7 层薄膜材料，入射光照射在电池面板玻璃上，进入窗口层和缓冲层，到达吸收层，光生电流主要由吸收层产生。其功能与原理分别如下：

底电极 Mo 层：底电极 Mo 层具有优良的导电性能，输出太阳能电池功率，与玻璃衬底有良好的附着性，同时与 CIGS 吸收层不发生化学变化。

CIGS 吸收层：CIGS 吸收层沉积在 Mo 背电极的上面，厚度约为 $2.5\mu m$。

CdS 缓冲层（或无镉材料）：CdS 缓冲层厚度为 50nm，在低带隙的 CIGS 吸收层和高带隙的 ZnO 之间形成过渡，减小了两者之间的带隙台阶和晶格失配，调整导带边失调值，改善 PN 结质量；防止射频溅射 ZnO 时对 CIGS 吸收层的损害；Cd、S 元素向 CIGS 吸收层扩散，Cd 元素可以使表面反型，S 元素可以钝化表面缺陷。Cd 会造成环境污染，这是使用 CdS 作缓冲层的缺点。

i-ZnO 窗口层（本征氧化锌，高电阻）和 ZnO：Al 窗口层（铝掺杂氧化锌，低电阻）：窗口层在电池的上表层，与上电极一起成为电池功率输出的主要通道。作为异质结 N 型区，ZnO 应有较大的少子寿命和合适的费米能级的位置，而作为表面层则要求 ZnO 具有较高的电导率和光透过率，因此 ZnO 分为高、低阻两层。高阻层要薄，取 $50\mu m$，电阻率为 $100 ~ 400\Omega \cdot cm$；低阻层要厚，取 $300 ~ 500\mu m$，电阻率为 $5 \times 10^{-4}\Omega \cdot cm$。ZnO 是金属氧化物半导体材料，直接带隙，室温时禁带宽度为 3.2eV，波长为 300 ~ 700nm 的透过率大于 85%。自然生长的 ZnO 是 N 型，与 CdS 都是六方晶系纤锌矿型结构，两者之间有很好的晶格匹配。

MgF_2 减反射层：太阳能电池表面的光反射损失大约在 10%，为减少这部分光损失，ZnO：Al 表面用蒸发或溅射法沉积一层 MgF_2 减反射膜。MgF_2 具有以下特性：透明；能很好地附着在基体上；有足够的机械强度；不受温度变化影响；不受化学反应影响；折射率为 1.39，ZnO 窗口折射率为 1.9（薄膜折射率应等于基底材料折射率的二次方根，$\sqrt{1.9} = 1.378$）合适。减反射层的基本原理是利用光在减反射膜上、下表面反射所产生的光程差，使得两束反射光干涉相消，从而减弱反射，增加透射。在太阳能电池材料和入射光谱确定的情况下，减反射的效果取决于减反射膜的折射率和厚度。减反射层折射率应等于基底材料折射率的二次方根，减反射层的最佳厚度是四分之一波长。减反射层的薄膜材料通常要求有很好的透光性，对光线的吸收越少越好，同时具有良好的耐化学腐蚀性、黏结性及导电性。采用多层减反射膜可增加减反射效果，但设计复杂。

顶电极 Ni－Al：顶电极 Ni－Al 的厚度为 $1\sim2\,\mu m$，Ni 的厚度约为 $0.5\,\mu m$。Ni 可以防止 Al 向 ZnO 扩散，能很好地改善 Al 与 ZnO 的欧姆接触。

过去几年，薄膜太阳能电池产量的年增速均保持在 100% 以上，2009 年全球薄膜太阳能电池产量为 1.644GW，2011 年全球薄膜太阳能电池产量达到 5.29GW，2014 年全球薄膜太阳能电池产量达到 9.5GW，预计未来几年全球薄膜太阳能电池占光伏总产量的比例会增至 25%。虽然近一段时间我们看到，随着晶体硅太阳能电池产能不断加大，晶体硅太阳能电池价格一路走低，甚至已接近薄膜太阳能电池的价格，为 7 元/瓦。薄膜太阳能电池最初发展的原动力是晶体硅价格过高，现在虽然晶体硅价格降下来了，薄膜太阳能电池成本低的优势暂时失去，但薄膜太阳能电池已成气候，占据了相当市场，其他优势有目共睹。薄膜太阳能电池产业已成为高速旋转、无法停止、有着巨大质量的飞轮。

（四）光伏电池的制造工艺

在绿色环保、节能减排的背景下，全球光伏装机规模不断扩大，其中我国太阳能电池片产量占全球总产量比例较高且优势突出。根据中国光伏行业协会的统计，2021 年，全国电池片产量约 198GW，同比增长 46.9%，占全球总产量的 88.39%。2022 年，全国电池片产量约 318GW，同比增长 60.7%。2023 年 1—10 月我国太阳能电池产量为 436.43GW，2024 年太阳能电池产量将迎来新高。

1. 晶体硅太阳能电池的制造工艺

在晶体硅太阳能电池制造方面，我国处于世界前列，并且具有成本世界最低、质量世界领先等特点，还在个别技术上取得了突破。如尚德和 UNSW 合作开发的 Pluto 电池，具有自主知识产权，目前已经获得了单晶 19%，多晶 17% 的转换效率，并且计划将转换效率突破 20%。另外，保定英利通过与荷兰 ECN 公司合作，引进了 ECN 公司的硼扩散 N 型电池生产技术，预计项目达产后平均转换效率可以达到 18.5%。2005 年，南京中电光伏的赵建华博士开发出了两次扩散的选择性太阳能电池，使电池转换效率从当时的 16.5% 提升到 17.5%。该电池投产了 5 条线，目前选择性发射极电池的转换效率达到了 19%。晶澳太阳能有限公司也宣布要在 2024 年采用选择性发射极技术将电池转换效率提升至18.7%。保定英利的高速多线切割制造硅片以及硅浆料回收技术属于该公司的自由知识产权专利，该专利技术使得太阳能电池高纯硅材料的用量从 9g/W 下降到 5.8g/W，大大降低了制造成本。

单晶硅片通常是 125mm × 125mm 的准方形，厚度在 180 ~ 45 200μm 之间。单晶硅片为（１００）取向、电阻率约为 1Ω·cm 的硼掺杂的 P 型硅片。图 3 - 4 示意性地给出了从单晶硅片到晶体硅太阳能电池的常规工艺流程，包括以下四个主要步骤：硅片清洗和制绒、磷扩散以形成 N 型发射极、氮化硅减反射层沉积、丝网印刷和烧结形成前后电极。

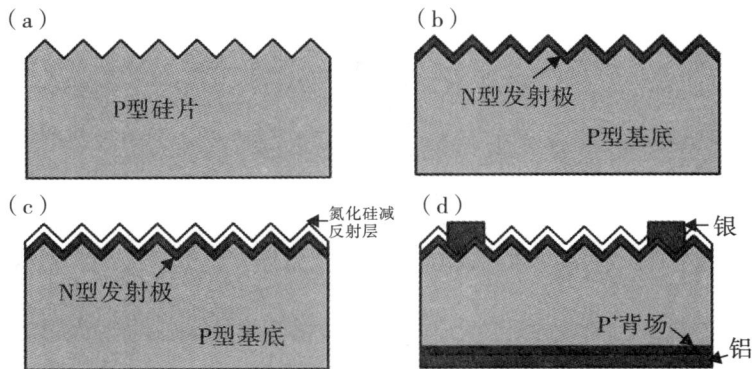

图 3 - 4 晶体硅太阳能电池的工艺流程

以每小时硅片数计算的产能在太阳能电池生产中特别高。每年 30MWp 的生产线需要每小时处理大于 1 000 片的硅片，远高于半导体工厂的产能，因此需要专门的设备来满足高产能的要求。现在太阳能电池产业已经开发了它们自己的低成本、高产能的工艺和设备，这些工艺和设备与半导体产业有明显区别。将（１００）取向的单晶硅片浸入加热的氢氧化钠水溶液中进行表面清洗和制绒。氢氧化钠刻蚀（１００）取向硅片是各向异性的。也就是说，（１００）面的刻蚀速度远高于（１１１）面，导致表面形成随机尺寸的金字塔结构。金字塔表面具有（１１１）取向，它的基座尺寸为 1 ~ 10μm。金字塔状的绒面结构可通过二次入射降低表面反射。当在制绒过程中表面一层硅材料被刻蚀掉时，所有的表面污染会被去除，从而露出洁净的硅表面。在表面制绒过程中，背面也具有绒面结构。电池制造的下一步骤是将磷扩散到制绒硅表面形成 N 型发射极。

目前，有两种扩散技术：一种是基于传统的水平石英管式炉的批次生产技术。几百片硅片竖直地放入石英管中，并被加热到约 900℃。加热源置于石英管外，因此它是一个热壁反应器。三氯氧化磷（$POCl_3$）作为磷源引入管内，整个扩散过程持续约 30min。发射极表面磷浓度为低的 $10^{19}cm^{-3}$，扩散深度约为 0.5μm，对应的发射极方块电阻为 50 ~ 100Ω。另一种是基于传送带式退火炉的连续生产技术。硅片被放置到一个带式传送器上，液态磷源喷涂到每块硅片上。传送器载着硅片进入约 900℃ 的炉子内，一般硅片从进口到出口需要约 20min。扩散后硅片表面的磷浓度为低的 $10^{19}cm^{-3}$，扩散深度约为 0.5μm。扩散后硅片表面形成的磷硅玻璃需要通过酸腐蚀去除。磷扩散也同时发生在硅片边缘，需要通过反应离子刻蚀去除边缘的磷。这个步骤把发射极限定在硅片的前表面，消除了形成并联电阻的通道。

扩散在电池制造中是重要的步骤之一。目前，管式炉技术已经很完善，但传送带式炉扩散有很多优点。除了有助于提高产量外，它还能提高片与片之间的均匀性。这是由于每片硅片在炉内经历相同的温度历程。在管式炉中，不同位置放置的硅片会经历不同的温度。冷的带有三氯氧化磷的载气进入管式炉会沿着扩散炉而升温。因此，靠近气源引入处的硅片经历的温度会相对低一点，而在管中央的硅片经历的温度会相对高一点，导致片与片之间的表面磷浓度以及发射极深度的一致性比较差。同时，随着磷源进入管内被不断消耗，管式炉内不同地方的磷源浓度也会有区别。而在传送带式炉内，由于磷源是喷射到硅片上的，每个硅片上磷源浓度是一样的。传送带式炉的主要缺点是传送带是金属材质的，会将金属杂质引入硅片内，目前有尝试使用陶瓷材质的传送系统以降低金属沾污。经磷扩散后，采用等离子体增强化学气相沉积法在硅片前表面（发射极那边）制造氮化硅减反射层。氮化硅层的厚度约为75nm，主要是针对600nm波段的相消干涉。

与扩散类似，氮化硅沉积也存在两种技术，分别是管式和传送带式反应腔。在管式反应腔内，数百片硅片竖直放置，腔体内抽真空到1Torr（1Torr = 133.322Pa）以下。在传送带式反应腔内，硅片被连续放入反应室内进行氮化硅的沉积。虽然传送带式反应腔有利于提高产量，但主要的问题是制得的氮化硅折射率较低。由于传送带式反应腔不能很好地密封，氧被引入氮化硅薄膜内。氮化硅薄膜的折射率依赖于薄膜中的氧含量，但都低于无氧氮化硅薄膜的折射率（2.0）。在玻璃和硅界面介质的最优折射率是2.34。低折射率的氮化硅薄膜导致电池表面反射增加。

二氧化钛（TiO_2）被证明是另外一种较理想的晶体硅太阳能电池表面减反射层体系。二氧化钛的折射率是2.6，而且可以在空气下通过溶液反应制造。二氧化钛减反射膜的不足是它是半导体材料，如果处理不当，会在电池两个电极之间形成漏电通道，也就是形成并联电阻的通道。

接下来的一步是金属化。银浆通过丝网印刷在氮化硅层上印成手指状，然后经过约200℃烘干。接着，将铝浆丝网印刷到电池背面形成一个平面膜。为了在后续组件制造过程中进行背面的焊接，如将银浆印刷到电池背面的少部分区域，铝浆背电极也需要进行200℃的烘干。然后整个电池在传送带式炉内约750℃下进行约20min的退火。银浆中含有铅（Pb），在大约750℃下，银浆中的铅能与下面的氮化硅薄膜反应，从而使得银浆穿透氮化硅薄膜，与硅形成欧姆接触。在电池背面，铝和硅形成合金（铝和硅的共熔点为577℃），在硅片中产生重铝掺杂，形成背场。退火中铝浆中的铝纳米颗粒熔合在一起形成连续薄膜（铝的熔点为660℃），降低背电极的电阻。

电池制造的最后一步是测试和分级。当电池串联成组件时，输出电流受限于最小电流。因此只有效率相近（绝对值为 ±0.5%）的电池会被封装成一个组件。这就需要测试每个电池的电流—电压关系。在金属化生产线的后端接上一个高速率的电池效率测试系统。测试后，近似效率的电池被放置在一起，做好组件制造的准备。在组件制造中，60 ~ 72 片效率相近的电池片首先通过铜线焊接串联在一起，即将前一个电池的前电极与后一个电池的背电极连接在一起。玻璃、EVA、串联的电池、背部盖膜被叠加在一起。整个结构在真空下被加热以去除空气，随后热塑性的 EVA 使得整个结构成为隔绝空气的整体。该结构中如果有空气会导致在某些角度下的入射光会被全反射。最后铝框架被用来密封该结构的四边。整个组件是气密且不透水的。组件被再次测试电流—电压曲线并进行分类。这一点很重要，因为在系统中只能把电流相近的组件串联在一起，以及把电压相近的组件并联在一起，以减少不匹配损失。从硅片到硅电池的过程，单位质量所消耗的电力大约为 $30kW \cdot h/kg$。

2. 薄膜太阳能电池的制造工艺

薄膜太阳能电池由沉积在玻璃、不锈钢、塑料、陶瓷衬底或薄膜上的几微米或几十微米厚的半导体膜构成。由于其半导体层很薄，因此可以大大节省电池材料，降低生产成本。

一个方向的长度比其他两个方向的长度小时，这种结构称为薄膜。"小"指最大尺寸至少比小尺寸大二十倍至几百倍。当材料结构尺寸与特征微观尺寸相当时，薄膜被认为是微观结构薄膜。虽然薄膜厚度远大于原子或分子尺寸，但其厚度只包括几个结构单元。薄膜的平面尺寸远大于特征微观尺寸，薄膜的力学性能受到诸如平均晶粒尺寸、晶粒形状、晶粒尺寸分布和晶体织构等因素的影响。晶粒与晶粒之间晶体取向的变化和热、电、磁、力学性能的晶体各向异性也对微观结构薄膜的整个力学响应有更加明显的影响。

表面上吸收的单层气体或杂质原子构成的厚度与一个或几个原子层相当，即为原子级薄膜。原子级薄膜是用物理气相沉积法（PVD）和化学气相沉积法（CVD）制造的，是将材料原子通过气相逐个地从一个或多个源转移到衬底固体表面上，在衬底上使其沉积并长大成薄膜。沉积过程通常在真空室中进行，以便能够控制气相成分。如果被沉积的产物没有化学变化，这个过程称为 PVD；如果被沉积的产物有化学变化，这个过程称为 CVD。

PVD 是凭借物理过程（例如蒸发、升华或离子撞击靶材）促使原子从固体或熔融的源转移到基体上的技术，蒸发和溅射是两种应用较广泛的沉积薄膜的 PVD 方法。热能使蒸发源由液态变为气态，沉积在衬底上。蒸发炉有隔热装置，以避免热传导。热能的来源有多种，如将加热电阻缠绕在被蒸发材料上、石墨坩埚、高频感应、电子束等方法。蒸发炉为真空态，被蒸发材料产生原子运动，在衬底表面沉积，凝聚成薄膜。薄膜的沉积速率有三种表达方式：单位时间到达衬底单位面积的原子数；沉积薄膜材料一个完整的原子层所需时间；薄膜生长表面的平均法向速度。沉积速率或流量是从源到基体的运动距离、衬底表面的撞击角、衬底温度和基本压力的函数。如果源材料升华，在其熔点之下就可获得足够高的蒸气压力，因此可采用固态源进行蒸发沉积；如不能在熔点之下或在熔点获得足够高的蒸气压力，源材料必须加热到液态，以获得适当的沉积条件。

CVD 原理是使制备薄膜材料的易挥发化合物与其他适当气体之间发生化学反应，造成不易挥发的固体薄膜的原子易于沉积在衬底上。CVD 的化学反应包括热解或还原。例如，用 650℃ 的热解使硅烷气体按下面的反应分解：

$$SiH_4（g） \longrightarrow Si（s） + 2H_2（g）$$

氢气被用作高温还原反应中的还原剂。过饱和蒸气影响薄膜的核成形速率，低的衬底温度影响薄膜的生长速率，这两个因素影响外延生长的程度、晶粒尺寸、晶粒形状和织构，导致较少共格。CVD 有低压化学气相沉积法（LPCVD）、等离子体增强化学气相沉积法（PECVD）、激光增强化学气相沉积法等。

薄膜生长是从气相到吸附原子，再到形成薄膜的。原子从气相沉积到基体表面将会形成许多不同的微观结构的薄膜，最终的结构可从单晶薄膜到柱状或等轴晶粒的多晶薄膜，直至大部分的非晶薄膜。最终的微观结构取决于所涉及的材料所用的沉积方法和所施加的环境约束。

非晶硅薄膜太阳能电池的制造工艺：a-Si 薄膜太阳能电池的制备方法有辉光放电法、反应溅射法、低压化学气相沉积法、电子束蒸发法及热分解硅烷法等。其中辉光放电是在一个抽真空的石英容器中充入由氢气或氩气稀释的硅烷，射频电源用电容或电感耦合方式加在反应器外侧的电极上，使 SiH_4 电离，形成等离子体。a-Si-H 膜就沉积在被加热了的衬底上，若硅烷中混入适当比例的 PH_3 或 B_2H_6，便可得到 N 型或 P 型 a-Si 膜。衬底材料用玻璃。

辉光放电是一种在低真空条件下的稳态放电。因为在放电过程中会出现特有的辉光，并按一定的规律分布，故称为辉光放电。在低真空下，残余气体中总有少量的带电粒子，如离子和电子。当外加电场出现时，这些粒子首先加速，获得能量，只要它的能量大于反应气体的电离电位并和气体分子发生第二类非弹性碰撞，就会发生内能的交换，使得气体分子电离成离子，同时放出电子。这些电子和离子发生新的碰撞，使更多的气体被电离，形成稳定的放电。放电空间分成两个基本区，一个是阴极位降区，另一个是等离子区。放电的过程在很短的时间内就可完成。

a-Si 膜的光伏特性很大程度上取决于工艺条件，主要有反应功率、基体温度、反应压力和气体流量。反应功率是影响 a-Si 膜性能的关键因素，在确定的气体流量和反应压力的情况下，选择合适的射频功率，使放电区内电子的能量将硅烷分解成合适的原子团。射频电源频率高达 13.5MHz，频率越高，放电空间内粒子的能量分布函数越稳定，有利于制备大面积均匀膜。如果放电空间中电子的能量被调整到 10.4eV 左右，硅烷就被分解成 SiH 原子团。SiH 原子团是理想的原子团，它在合适的基体温度下解离成氢化硅，其中的氢原子足以补偿无序网络中的悬挂键，膜的电子性能较高。如电子能量太小，只能将硅烷 SiH_4 分解成 SiH_3 或者 SiH_2 原子团，SiH_3 或者 SiH_2 原子团是有害的，它们的解离温度较高，往往形成聚合链，对性能影响较大。

分解 SiH 原子团的衬底温度必须高于 175℃，分解 SiH_3 或者 SiH_2 则需要更高的温度。温度太高，会降低膜内氢的成分，导致膜的带隙变窄，使电池开路电压变低；温度太低，会使膜成为一种疏松的聚合物。衬底温度一般控制在 220~300℃ 为宜。衬底温度升高，a-Si膜的暗电导和光电导都增加，温度能使本征硅膜内"拟施主"的成分增加。衬底温度的选择和衬底材料性质有关，要防止膜和衬底材料之间作用，如会扩散形成低共熔合金。

反应压力与放电空间内带电粒子的浓度有关。在放电功率一定的情况下，反应压力越大，每个粒子获得能量越小；反之，粒子的能量越大，高能粒子对膜的轰击也越严重，这是不利的。通常将辉光放电工艺分成低压工艺和高压工艺，反应气体的平均自由程大于两极之间距离，是低压工艺；反应气体的平均自由程小于两极之间距离，是高压工艺。用高压工艺制成的膜，具有良好的电子性能，适用于做太阳能电池。但如果高压工艺参数选择得不好，会导致膜起皮或者发灰。高的反应压力可提高膜的暗电导和光电导。

CdTe 太阳能电池的制备有十道工序：①确定衬底玻璃，进行磨边清洗。②沉积 TCO 膜。③第一次切割，将透明导电膜切断成平行的条带，每一条就是一个单独的电池。④沉积 CdS 膜，尽可能薄地沉积 CdTe 膜。⑤第二次切割，露出 TCO 膜。⑥沉积背接触层及背电极。⑦第三次切割，露出 TCO 膜。⑧连接。⑨组装。⑩检验。

CdTe 薄膜太阳能电池各层的制备工艺如下。衬底玻璃以前用的是钠钙玻璃、普通窗玻璃、硼硅玻璃，现在用的是超白玻璃。TCO 膜的指标有两个：电阻值和光透过率。人们追求低的电阻率、高的光透过率。经过几十年的探索，可作为 TCO 膜的材料有多种，如 SnO_2、ITO、$CdSnO_4$、ZnO：Al、ZnO、In_2O_3 等，制备的方法也较多，有常压化学气相沉积法、低压化学气相沉积法、溶胶—凝胶法、磁控溅射法和超声波喷雾热解法。应根据不同材料的特性，选择适合的工业制备方法。

CdS 是一种重要的直接带隙太阳能电池材料，禁带宽度在 2.4eV 左右，吸收系数较高，为 $10^4 \sim 10^5 cm^{-1}$。此处作为 N 型窗口层，其掺杂浓度约为 10^{16} 个/立方厘米，厚度在 $50 \sim 100nm$ 之间。CdS 与 CdTe 有相似的性质，有同样强烈形成符合化学配比薄膜的趋势，还有升华和凝结的倾向，制备的工艺方法有电沉积法（ED）、化学水浴沉积法（CBD）、分子束外延法（MBE）、有机金属化学气相沉积法（MOCVD）、喷涂法（SP）和物理气相沉积法。

制备 CdTe 薄膜有多种工艺和技术：近空间升华法、电沉积法、化学气相沉积法、物理气相沉积法、溅射法、化学水浴沉积法、真空蒸发法、喷涂法和丝网印刷烧结法。真空蒸发法和溅射法制备质量较好，但是成本相对较高，在大规模生产中一般不用，而是采用近空间升华法和电沉积法。

背接触层（过渡层）及背电极的制备会影响电池的稳定性，是重要的制备工序，有三步法、重掺杂过渡层和其他制备背接触层（过渡层）及背电极的方法。

CIGS 薄膜太阳能电池的制造工艺如下：①在玻璃上沉积 Mo 作为底电极，并对 Mo 电极进行激光划线（P1），将其分割成 $5 \sim 7mm$ 宽度的窄条，制作成未来子电池的基础；②沉积 CIGS、CdS 和 i-ZnO 层后，进行第二次划线（P2），将 CIGS、CdS 和 i-ZnO 全部划开，保留 Mo 层，此时，多个子电池已经形成；③沉积 ZnO：Al，作为电池上表面收集层，将各个子电池连接在一起，再进行第三次划线（P3），将 ZnO：Al、i-ZnO、CdS 划开，将各个子电池分开，形成多个子电池串联而成的薄膜太阳能电池。对于玻璃衬底的 CIGS 薄膜光伏组件，划线宽度均为 $50\mu m$。

各层的制造工艺分别如下：底电极 Mo 层采用直流磁控溅射法制备。为了保证既要与衬底附着力强，又要与 CIGS 吸收层不发生化学变化，采用不同的工艺分两层制备。

CIGS 吸收层的制造采用多元共蒸三步法，即 Cu、In、Ga、Se 四支气体管道同时排列在一台蒸发炉内，工件旋转，保证气体均匀地沉积在工件上。

CdS 缓冲层的制造用化学水浴沉积法。配制一定的溶液，将电池半成品放进溶液中，加温到 $60 \sim 80℃$，并加以搅拌，大约 30min 完成。溶液由镉盐、硫脲和氨水按一定比例配制而成，镉盐可以是氯化镉、醋酸镉、碘化镉和硫酸镉，含 Cd^{2+} 的碱性溶液中硫脲被分解成 S^{2-} 离子，它们以离子接离子的方式凝结在衬底上。

i-ZnO 窗口层（高电阻）用直流磁控溅射法制备，沉积速率高、重复性和均匀性好。i-ZnO 厚度为 0.05μm，电导率为 1 ~ 100Ω·cm。ZnO：Al 窗口层（低电阻）用直流磁控溅射法制备，ZnO：Al 厚度为 0.5 ~ 1.5μm，电导率为 10^{-4} ~ 10^{-3}Ω·cm。

氟化镁薄膜的性能取决于沉积方法和沉积工艺。采用热舟蒸发法，在高真空镀膜系统中沉积，氟化镁纯度标定 99.999%，衬底真空度为 2.7×10^{-3}Pa，工作真空为 4.9×10^{-3}Pa，残余气体为空气。采用的沉积工艺温度，依次为 200℃、250℃、300℃、350℃，沉积速度为 0.39nm/s，监控波长为 780nm，薄膜光学厚度为四分之一波长，采用 Lambda900 光谱测试仪，波长分辨率为 0.08%/nm。为防止空气中的水、氧等对测量结果的影响，测量过程中充入高纯氮气，氮气流量在测量过程中保持在 7 ~ 10L/min，光谱曲线测量范围为 190 ~ 360nm，延伸到了真空紫外波段。

顶电极 Ni – Al 用真空蒸发法制备。电极厚度为 1 ~ 2μm，其中 Ni 厚度为 0.05μm。覆盖低铁玻璃面板时，要使边缘密封，防止湿气的进入，以免影响电池的稳定性。

虽然 CIGS 薄膜太阳能电池在研究阶段的小面积（0.5cm² 左右）单元上实现了高达 20.3% 的最大转换效率，但投产后的模块转换效率仅为 11% ~ 12%。实际上，只要小面积单元能够实现 18% 以上的转换效率，组件就应该能够实现 15% 以上的转换效率。研究阶段的小面积单元与大面积组件存在差别的主要原因是 CIGS 吸收层的结晶质量不同，因此，制造中尤其要重视大面积高质量 CIGS 吸收层制造工艺的质量控制。

二、万紫千红春满园：光伏新能源技术利用

随着全球对清洁能源的需求不断增加，光伏技术在能源领域的应用前景广阔。光伏技术可以应用于建筑物的屋顶、幕墙、阳台等部位，实现建筑的节能环保。同时，光伏技术也可以应用于农业、工业、交通等领域，为各个行业提供清洁能源解决方案。未来，随着光伏技术的不断发展和创新，其应用范围将会进一步扩大，成为推动全球清洁能源转型的重要力量。

（一）建筑集成光伏利用

建筑中能耗（照明系统、空调系统、用电设备）占各国总能耗的 30% ~ 50%，光伏发电技术与建筑结合可以有效地减少建筑能耗。20 世纪 80 年代，光伏地面系统除大量用于偏僻无电地区、游牧家庭、航海灯塔、孤岛居民供电以及某些特殊领域外，已开始进入一般单独用户、联网用户和商业建筑。20 世纪 90 年代，随着常规能源日益枯竭而引起的发电成本上升和人们环境意识的日益增强，一些国家纷纷开始实施、推广 BIPV 系统，1991 年光伏技术与建筑一体化这一概念被正式提出，使太阳能光伏发电获得了广阔的发展空间。

BIPV 指在建筑物外表面铺设光伏阵列提供电力。BIPV 技术是将太阳能发电产品集成到建筑上的技术。21 世纪建筑的一个概念即由建筑物自己产生能源，使 BIPV 成为 21 世

纪建筑及光伏技术市场的热点。光伏建筑一体化是应用光伏发电的一种新形式，简单地讲就是将光伏发电系统和建筑的围护结构外表面，如建筑幕墙、屋顶等有机地结合成一个整体结构，不但可以同建筑物友好结合，具有围护结构的功能，而且能实现光伏发电，产生的电能供本建筑及周围用电负载使用，还可通过建筑物输电线路并网发电，向电网提供电能。光伏方阵与建筑的结合不占用额外的地面空间，是光伏发电系统在城市中广泛应用的最佳安装方式，因而备受关注。在建筑物的外围护结构表面布设光伏阵列，使太阳能电池组件与建筑主体相结合，形成一个个清洁的小型电站，可以把从太阳能转化而成的电能源源不断地输入城市电网中，在一定程度上缓解大中城市在用电高峰期时的限电问题。

光伏系统与建筑结合的形式主要分为贴合和融合两种。光伏系统与建筑贴合就是在已建好的建筑物上安装光伏系统。利用支架或轨道把光伏组件安装在建筑物的屋顶或四壁上。光伏系统与建筑融合是指光伏组件作为幕墙屋顶、外墙和窗户代替传统建材作为建筑的一部分，与建筑同步施工，即建筑物的屋顶、外墙和窗户，既可用作建材，也可用以发电。光伏方阵成为建筑不可分割的一部分，如光电瓦屋顶、光电幕墙和光电采光顶等。这种方式对光伏组件的要求较高，光伏组件不仅要满足光伏发电的功能要求，还要兼顾建筑的基本功能要求。

把光伏器件用作建材，光伏器件必须具备建材所要求的几项条件：坚固耐用、保温隔热、防水防潮、具有适当的强度和刚度等性能。若用于窗户、天窗等，光伏器件则必须能够透光。除此之外，还要考虑安全性能、外观和施工简便等因素。将光伏组件安装在建筑表面，实现光伏发电与建筑的完美结合，被认为是先进、具备发展潜力的高科技绿色节能措施。目前，光伏组件的生产成本较高，光伏发电的成本高于常规能源，采用 BIPV 系统，将光伏组件与建筑表面材料有机结合，可以降低光伏发电的成本，缩短投资回报周期。

BIPV 系统按照光伏系统和建筑结合形式主要可以分为：①光伏屋顶结构（PV-ROOF）。在整个 BIPV 中，屋顶发电占四分之三。这主要是因为屋顶有更多受光面积，方便光伏组件的安装。②光伏幕墙结构（PV-WALL）。现代高层建筑几乎被玻璃幕墙或者铝塑幕墙所包裹，所以用太阳能幕墙代替原来的幕墙。从光伏方阵与建筑墙面、屋顶的结合来看，BIPV 系统主要为屋顶光伏电站和墙面光伏电站。而从光伏组件与建筑的集成来讲，BIPV 系统主要有光电幕墙（尚德光伏研发中心大楼）、光电采光顶（洛阳中硅研发楼）、光电遮阳板等形式。

（1）电池组件作屋面板光伏屋顶结构。用光电设备作屋面板时的理想屋顶应为斜屋顶，因为可以获得理想的倾角，相对于平屋顶而言，少了附加支撑带来的不协调。如果电池板与屋顶成为一体，则夏天需要通风以降温，冬天则可以收集这些余热以采暖。电池板下面通风，夏天可避免光电元件过热，冬天可用于加热建筑。美国著名的 UNI-SOLAR 的太阳能屋顶产品是直接将非晶硅薄膜太阳能电池生成在薄钢片上，钢片可以任意裁剪。因此，一片太阳能电池板长度可以做到屋顶的宽度。另外，太阳能屋顶产品没有玻璃，不易破损，弱光性好，轻便易装。太阳能屋顶发电在整个 BIPV 系统中占 75%，这主要是因为屋顶有更大的受光面积，方便光伏发电系统的安装。

（2）电池组件作建筑立面光伏幕墙结构。在立面安装大尺度新型彩色光伏组件不仅可以节约外装饰材料（玻璃幕墙等），减少建筑物的整体造价，而且可以使建筑外观更有魅力。如果建筑有凸窗棂，必须保证窗棂较薄，使光电板不至于产生太多阴影。在保持玻璃幕墙的外观整洁方面，德国 RWE 的太阳能玻璃幕墙做得非常优秀，为了防止电池片之间的连线有碍观瞻，他们的专利技术专门解决了电池片之间的"无线"连接。如果光电设备安装在屋顶，则最好在设备下部留下一定量的空气层，以供设备降温，同时冬天可以收集热空气采暖。双层墙可使空气在夏季流溢出来，以给电池组件及建筑降温，冬天可用热空气加热建筑北部。

（3）电池组件与玻璃窗。有两种典型的 PV 玻璃窗系统。一种是半透明的 PV 玻璃窗；另一种是在透明玻璃窗上安装不透明 PV 元件，这些元件的排列间距决定了玻璃窗的透光率，就像在玻璃窗上涂上井字网一样。太阳能电池可以和不同的玻璃结合，制成各种特殊的玻璃幕墙和天窗，如隔热玻璃组件、防紫外线玻璃组件、防盗或防弹玻璃组件、防火玻璃组件等。目前有一种仅用红外辐射发电的光电玻璃窗正在研制阶段，这样既可以发电，又可降低昼光温度，相信这也是多数向南办公大楼所需要的。

（4）光电设备与遮阳设备。光电系统既可整体组合于入口雨篷中，也可组合于一些独立式遮阳结构中。就目前而言，虽然光电板用于露天停车场遮阳上的费用较高，但随着电动汽车数量的增加，这些结构最终会成为理想的充电站。

部分 BIPV 如图 3-5、图 3-6 所示。

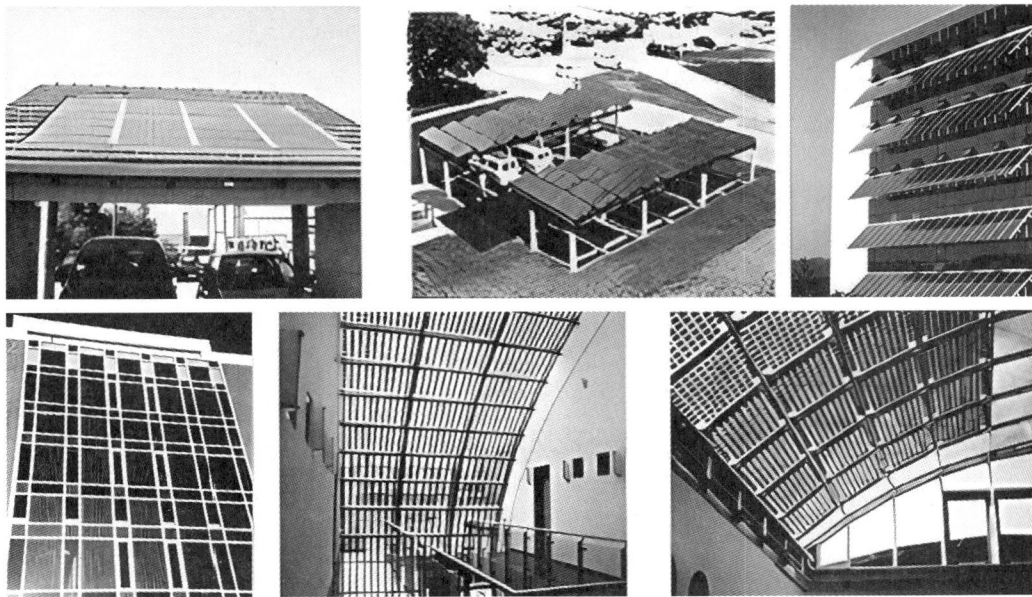

图 3-5　BIPV 示例 1

图 3 - 6　BIPV 示例 2

相较于传统建筑，BIPV 具有以下明显优点：

（1）BIPV 产生的是绿色能源。

（2）不占用土地资源。光伏阵列一般安装在闲置的屋顶或外墙上，不占用额外的地面空间，省去了单独为光电设备提供的支撑结构。

（3）光伏陈列安装在屋面和墙面上，直接吸收太阳能，避免了墙面和屋顶温度过高，降低了室外综合温度，降低了空调负荷，同时改善了室内环境。

（4）在建筑过程中使用新型建筑围护材料，BIPV 建筑省去了外装饰材料（玻璃幕墙等），使建筑外观更有美学价值；统一安排建筑物和光伏发电系统一体化设计，使光伏系统合理分布在房顶和墙体中，取得了显著降低光伏建筑造价的效果。在一体化设计中，BIPV 可消化掉光伏系统增加的成本。

（5）可原地发电、原地使用，减少电流运输过程的费用和能耗；对于联网户用系统，BIPV 省去蓄电池光伏阵列所发电力，既可供给本建筑物负载使用，也可送入电网。在阴雨天、夜晚或光强很小的时候，负载可由电网供电。

（6）因日照强度与高压电网用电高峰期基本同步，BIPV 舒缓了电网在电力高峰时的压力，缓解电网峰谷供需矛盾。夏季处于日照时，由于大量制冷设备的使用，形成电网用电高峰，而这时也是光伏阵列发电最多的时候。

（7）由于光伏电池的组件化，光伏阵列安装起来很简便，而且可以任意选择发电容量。

（8）能够满足建筑美学的要求。在 BIPV 建筑中，通过相关设计将接线盒、旁路二极管、连接线等隐藏在幕墙结构中，既可防阳光直射和雨水侵蚀，又不会影响建筑物的外观效果，可以与建筑物完美结合。

（9）能够满足建筑的安全性能要求。BIPV 建筑中使用的电池组件是由两块钢化玻璃，中间用 PVB 胶片复合太阳能电池组成的复合层。PVB 胶片有良好的黏结性、韧性和弹性，具有吸收冲击的作用，可防止冲击物穿透。即使玻璃破损，碎片也会牢牢黏附在 PVB 胶片上，不会脱落四散伤人，从而使产生伤害的可能性降到最小，提高建筑物的安全性能。普通光伏组件封装用胶一般为 EVA。由于 EVA 的抗老化性能不强、使用寿命达不到 50 年，不能与建筑同寿命，而 PVB 膜具有透明、耐热、耐寒、耐湿、机械强度高等特性，并已经成熟应用于建筑用夹层玻璃的制作。BIPV 光伏组件采用 PVB 代替 EVA 制作能达到更长的使用寿命。

广东公布首批县域"光伏+建筑"应用试点区域，预计 2026 年年底前累计新增"光伏+建筑"项目 2GW，鼓励有条件的试点区域开展整县全域试点；方案通过"光伏+建筑"应用试点推动形成一批具有广东特色、助推城乡建筑风貌提升的可复制、可推广典型案例，探索县域分布式光伏高质量发展新路径，加快培育和发展新质生产力，促进城乡绿色低碳发展。综合考虑光伏产业集聚、电网承载能力等因素，广东遴选 25 个县（市、区，东莞为镇）作为首批县域"光伏+建筑"应用试点区域，具体包括：广州市花都区和从化区、深圳市坪山区和深汕特别合作区、珠海市金湾区和斗门区、汕头市濠江区、佛山市顺德区、韶关市南雄市、河源市东源县、梅州市丰顺县和蕉岭县、惠州市博罗县、汕尾市陆河县、东莞市道滘镇、中山市火炬开发区、江门市鹤山市、阳江市阳西县、湛江市雷州市、茂名市高州市、肇庆市四会市、清远市连州市、潮州市饶平县、揭阳市惠来县、云浮市新兴县。各试点区域结合实际，选取若干个乡镇（街道，东莞、中山选取社区）先行开展全域试点，鼓励有条件的试点区域开展整县（市、区，东莞为镇）全域试点。全域试点实施"统一规划、统一标准、统一调度、统一管理"，推动建筑分布式光伏规模和城乡建筑风貌同步提升。

此外，光伏廊道作为一个潜力巨大的市场，逐渐进入人们的视野，是 BIPV 的新兴行业，也是乡村振兴重点扶持项目。光伏廊道，是指将光伏发电系统与各种线性基础设施（如铁路、高速公路、农村公路、公共路面等）沿线结合起来，充分利用这些区域上部空间布局光伏组件，实现大规模发电。这种模式特别适用于交通枢纽、城市供电走廊，它可以融入乡村文化、旅游文化、田园文化，还可以结合风光、天桥、社区、学校等，充分利用这些原本闲置或低效使用的空间，将其转化为能源生产阵地。

提到光伏长廊就不能不提 G60 科创云廊（拉斐尔云廊），这座云廊也是国家科技支撑计划课题及示范项目——"可再生能源利用与建筑一体化研究与示范"。拉斐尔云廊的超大翘网将作为铝合金结构与光伏产品一体化研究与示范的载体，为光伏产品的一体化方案设计等提供可靠依据，并通过测试产品数据为相关课题研究提供参数。

作为长三角 G60 科创走廊的龙头，云廊总长 1.5 公里，是一个沿着 G60 高速宏大的建筑综合体，由拉斐尔·维诺里精心设计，因此有了"拉斐尔云廊"的美誉。项目分两期建设，共包括 22 幢 80 米高的建筑，呈点状式和板式分布在长廊内。这些"盖子"是太阳能面板，采用的是具有轻、薄、柔特点的汉能柔性铜铟镓硒薄膜太阳能组件，可塑性强、安装简易，汉瓦就是在这一技术的基础上开发的。

云廊项目获得了 LEED 铂金级认证。相对于 LEED 中的用水基准，本项目通过采用节水器具及智能灌溉系统，整体节水率达到 35%。在能耗方面，本项目通过采用光伏发电系统、高效的外围护结构及空调系统，相对于 ASHRAE 90.1 的能耗标准，本项目能耗费用下降 21%。G60 每栋楼的屋顶由太阳能面板整体覆盖，屋顶覆盖的太阳能面板设计非常好看，整体建筑流线感十足。云廊项目为推动光伏产品在建筑中的规模化应用、可再生能源利用起到示范作用。

在溧阳高新区创智园，有一个全新打造的绿色环保智能园区，大部分建设铺上了光伏组件，给整个园区带来了零碳体验，其中有一条光伏廊道，成为整个园区的颜值担当。该廊道长度为 500 米，内部主干道建成高 10 米，为目前华东地区最高且最大的光伏廊道，装机容量 1.9 兆瓦。该电站于 2024 年 7 月底并网发电，年发电量达 200 万度，为园区企业用电大大节省了能耗，节能减排每年可节约标准煤 8.64 吨，25 年可节约 200 吨，展现了经济效益和环境效应优化的结合优势。

该道路电站由时创能源建设，组件全部采用尤利卡 2023 年推出的矩形双玻 620 瓦高效组件，扩大了建筑的采光，该组件采用时创能源最新电池无切割技术、超低温度系统，具有超低隐裂率，为园区高效发电提供 25 年保障。

光伏廊道项目作为清洁能源与基础设施结合的创新模式，拥有广阔的发展前景。尤其是在双碳目标的推动下，光伏廊道市场潜力巨大，具备成为千亿级市场的可能性。随着国家和地方政府政策的支持，光伏廊道有望成为未来光伏应用的重要增长点。特别是在土地资源紧缺和能源转型的背景下，光伏廊道模式提供了一条兼顾环保与经济效益的发展路径。

随着一系列全新技术和产品的诞生，BIPV 产业的时代即将来临。当成本不断下降且使用寿命提高后，光伏运用于建筑中将成为司空见惯的事情。这些全新的技术随着自身的发展，将加速 BIPV 的应用，使老旧的建筑焕发生机。

（二）交通工具光伏利用

在"碳达峰、碳中和"背景下，我国能源结构转型迫在眉睫，以新能源替代化石能源，提高可再生能源在能源消费结构中的地位是大势所趋。交通运输行业作为社会发展的重要支柱，其能源消费需求和 CO_2、污染物排放增长迅速。

2014 年，我国政府提出推动能源生产和消费革命，要求加快能源消费革命、能源供给革命、能源技术革命、能源体制革命，全方位加强国际合作。2019 年，国务院印发的《交通强国建设纲要》提出"推广新能源、清洁能源、智能化、数字化、轻量化、环保型交通装备及成套技术装备"等要求。2021 年，国务院发布《国家综合立体交通网规划纲要》，要求推进交通基础设施网与能源网融合发展，健全能源战略物资运输保障体系。从世界交通运输领域的发展现状看，光伏公路、电动汽车、V2G 技术、共享出行等新技术、新业态将成为交通运输行业实现能源转型的重要方向。

全球交通领域的能源结构转型升级已经有了一定的技术成果，在交通领域以新能源替代化石能源的技术在各国都已有案例。以公路、铁路为主的陆路交通作为交通领域客货运的主要部门，也是新能源替代的重点部门，其中尤其以光伏发电技术为代表。

随着光伏发电应用模式越来越多样化，"光伏 + 交通"项目已经屡见不鲜。从铁塔、基站、油田、高原，到高铁、机场、高速服务区、高速公路、停车场、车棚、加油站等，随着场景的不断扩展，光伏开启了越来越多的可能。

（1）光伏＋高速公路：2022年10月，山东发布国内首个《高速公路边坡光伏发电工程技术规范》，该实验项目应用了一个新型轻质化柔性组件与大跨距柔性高支架系统解决方案，在保障相关数据采集的准确性与可靠性的同时，降低了高速公路这一特殊场景下发生交通事故后的二次伤害风险。项目总里程2 290米，装机容量2.01兆瓦，预计年均发电量201万千瓦时，年节约标准煤603吨。

（2）光伏＋地铁站：2020年8月18日，深圳地铁6号线开通，起于科学馆，终至松岗，全长共49千米，共设27座车站，56%为高架车站。15座高架车站采用光伏发电技术，其中凤凰城站为特殊景观站，车站邻近光明文化艺术中心、开明公园、新城公园。

（3）光伏＋高铁站：在京雄城际铁路雄安站，光伏屋顶收集的能源能够有效节约30%的电能。雄安新区高铁站总建筑面积高达47.52万平方米，相当于66个足球场，建成之后将成为亚洲最大高铁站。车站房屋面建设光伏项目，共铺设4.2万平方米光伏建材，总装机容量6兆瓦，年均发电量580万千瓦时，自发自用、余电上网，为雄安新区高铁站的公共设施带来清洁电力。

（4）光伏＋飞机场：北京大兴国际机场于2019年9月正式投运，是20年内全球范围规划新建设的大型机场之一。作为全球屈指可数的超大型航空综合交通枢纽，该机场是目前全国运用可再生能源比例最高的机场，被誉为"绿色新国门"。机场停车楼屋顶采用领先的薄膜光伏发电系统，铺设2万块光伏薄膜组件，每年可节省约300万度电量。根据规划，北京大兴国际机场内充电配套设施覆盖率100%，为全球机场"油改电"进程拉开序幕。北京大兴国际机场在机场货运区、东跑道、公务机区三块区域建设了分布式光伏发电系统，建设规模5.61兆瓦，年均发电量达到610万度。位于机场北一跑道南侧区域及其货运区启动了屋顶分布式光伏发电项目，这个项目全部采用的是一种新型铸锭单晶光伏组件，这使北京大兴国际机场拥有了全球距离跑道最近、国内首个飞行区跑道旁铺设的光伏系统。

（5）光伏＋港口码头：太平港储煤棚顶分布式光伏发电项目为国家推广的新能源项目，光伏组件阵列于光伏支架上，铺设于港口一期堆场封闭车间的房顶。该项目预计每年发电30万度，全生命周期可实现二氧化碳减排量6 500吨，相当于每年为港口节约煤炭使用量120吨，减少二氧化碳排放260吨、二氧化硫排放110吨，具有十分可观的经济效益和良好的社会效应。

（6）光伏＋车棚/停车场：光伏车棚是一种与建筑相结合的最为简易可行的方式，光伏融入车棚、走廊等设施中，再配以充电桩等设施，既可以提高城市空间综合利用率，又能最大化地方便市民出行。光伏车棚具备遮阳挡雨的功能，吸热性好，还可实现光（储）充一体化，为新能源汽车、电瓶车提供清洁能源，在工业园区、商业区、医院、学校等有着越来越广泛的应用。光伏组件可以灵活安装在车棚之上，也可以作为结构的光伏车棚，利用原有墙体结构，还可成为移动光伏车棚。

（7）光伏＋汽车：太阳能车顶组件在光照情况下产生电能，通过控制器储存于车载蓄电池中。控制器具有过充、防反充等保护功能，可延长蓄电池的使用寿命。

对于光伏＋交通而言，其目前拥有的广阔市场优势，或许是其保持旺盛生命力的底气所在。由于一般城市轨道交通配置了大面积停车场、车辆段、地面及高架车站、高架区间、地面出入口等，因此具有应用光伏发电系统的广阔空间。

此外，因"光伏＋交通"具有非常强的场景嵌入能力，能够依托闲置土地、屋顶、建筑立面、斜坡等发挥功用，生产阳光绿电，可谓"不占资源，创造资源"。光伏应用的这一特性，在"光伏＋交通"领域同样得到了体现，一旦"光伏＋交通"模式被大面积推广应用，将会成为光伏行业新的应用增长蓝海。

（三）水面光伏利用

2016 年，国家能源局开启的光伏"领跑者"基地规划陆续准出，其中，两准采煤沉陷区 3.2 吉瓦水面光伏规划成为新亮点。该规划预计，2018 年，两准采煤沉陷区主导产业及带动产业总产值将突破 100 亿元。水面光伏或将成为光伏产业新突破口，新千亿元市场启动在即。

水面光伏电站是指在鱼塘、湖泊、水库和蓄水池，甚至采矿塌陷区形成的水域等水面上建造的光伏电站。在这些场所建设水面光伏电站已成为目前的发展趋势，不仅可以充分利用现有基础设施，还可以减少光伏电站运行过程中对自然水体和生态系统产生的负面影响。中国中部、东部地区，尤其是人口稠密、土地资源稀缺的东南部地区，大规模建设地面光伏电站十分困难，但这些地区的内陆水域面积较为广阔，可以考虑将城市周边人工管理的水体作为水面光伏电站的规划场地。在诸多条件的驱动下，近年来中国水面光伏电站迅猛增加，装机容量和发电量逐年增大。例如，2015 年建成的河北省临西县 8 兆瓦水面漂浮式光伏发电项目是当时亚洲最大的水面光伏电站；2019 年 12 月建设的于庄再生水厂光伏发电项目是北京市首个漂浮式光伏发电项目；作为湖南省首个水面漂浮式光伏电站，2019 年年底并网的大唐益阳北港长河 100 兆瓦渔光互补漂浮式光伏电站平均每年可发清洁电量 1.25 亿千瓦时。启动水面光伏电站，极大地增加了光伏发电装机容量且不占用陆地土地面积。水面光伏电站成为当今中国光伏产业发展的重要方向。

水面光伏电站可以根据建设场地的条件分为架高式水面光伏电站和漂浮式水面光伏电站，国内水面光伏电站以打桩架高式为主，但随着水上漂浮式技术的不断成熟，新材料、新技术、新工艺不断涌现，建设成本不断降低。近年来，水上漂浮式光伏发电项目成为光伏发电领域的新热点，装机容量快速增长。其中，漂浮式水面光伏电站可以根据浮体的形式分为浮管式水面光伏电站和浮箱式水面光伏电站。

架高式水面光伏电站一般建设在水深小于 3m 的水域。架高式基础形式采用 PHC 管桩加热镀锌钢支架的组合，桩顶高度大于洪水水位 0.4m 以上，为方便船只通行，光伏组件下端离最高水位 1m 以上，组件采用最佳倾角安装。一般采用排水、清淤、晾干场地后再打桩的方式，或直接采用船舶打桩的方式。主要电气设备都布置在道路两侧或岸边，升压站选址在岸上。电缆采用桥架敷设，桥架固定在管桩基础上。此类电站多采用"渔光互补"的建设模式，即利用水产养殖集中地区丰富的池塘水面资源来开发建设光伏发电项目，采用水上发电、水下养殖的模式来实现多产业的互补发展。水面光伏电站更适宜于不喜光的特色鱼类养殖，此外，光伏发电可以直接用于养殖用电，降低了养殖成本。

漂浮式水面光伏电站是指借助水上浮体、浮台使光伏组件、逆变器等发电设备漂浮在水面进行发电，适用于水深大于 3m、水体稳定、受台风影响不大的水域。漂浮式基础形式主要有浮管＋支架、浮筒＋支架、一体式浮筒三种结构类型。考虑到大风大浪的影响，组件安装倾角以不超过 20° 为宜，业内主流设计安装倾角一般为 10°～18°。故漂浮式水面光伏电站更适合建设在纬度不大的地区，相对于最佳倾角，倾斜面的辐射量损失并不明显。浮体通过锚固系统固定，根据离岸距离、水深等设计合理的固定方式：距离岸边较近时，用绳索或撑杆将浮体固定在岸边；离岸较远且水深较大时，可采用"混凝土锚块＋拉簧"的方式固定。锚固系统应能适应水位的变化，一般设计成水位上下 5m 范围内可调。

水面光伏电站的优势主要体现在改善水质、减少水体蒸发、提高光伏发电系统发电量、不占用陆地土地资源、建设和运行维护便捷五个方面。

（1）水面光伏电站可以对藻类等浮游植物的过度生长起到一定的抑制作用，从而间接改善水质。水面光伏电站的覆盖会直接减少水体对光能的吸收，降低降解藻类等生物所需要的氧气消耗量，从而遏制有毒藻类的生长，实现水体的良性发展。对不同光伏组件覆盖率的漂浮式水面光伏电站所在水域进行水生态指标监测分析，结果显示：漂浮式水面光伏电站的光伏组件覆盖率较高时，可以避免水体产生大规模水华；当光伏组件覆盖率达到 50% 时，可以有效防止水体富营养化趋势的发展。

（2）水面光伏电站可以在水面形成一道热阻屏障，较大程度地减少由水面造成的热量损失，并且大幅缓解水体的蒸发。对于建设有水面光伏电站的池塘，覆盖光伏组件的水域的水体蒸发量比未覆盖光伏组件的水域的水体蒸发量可减少 90% 以上。在目前水库水力发电的条件下，可以通过防止水体蒸发的方式使水库的水资源利用率提高 6.3%，使水力发电站增加约 142.5TW·h 的年发电量。位于干旱和半干旱地区的国家可以充分利用当地的太阳能资源，通过建设水面光伏电站的方法缓解一定的水危机，同时可以减少 CO_2 的排放。

（3）相比于地面光伏电站，水面光伏电站拥有更高的太阳能利用率和发电效率。光伏组件的性能会受工作温度的影响，在工作温度为 25℃ 的标准条件下采用额定功率工作，光伏电站的发电效率会随着工作温度的升高逐渐降低。由于光伏组件背面靠近水面，水体的蒸发作用会带走一些热量，水面光伏电站的工作温度比地面光伏电站的更低，从而使水面光伏电站具有更高的输出功率，具体的增加量取决于当地的环境条件。

（4）水面光伏电站可以在充分利用当地水资源的基础上，最大限度地避免建设传统地面光伏电站会产生的土地征用问题。另外，若在水库和鱼塘建设水面光伏电站，还可以有效促进当地基础设施的开发，从而为水面光伏发电系统的安装、并网与维护提供便利。

（5）在无陆地环境条件限制的情况下，30MW 的漂浮式水面光伏电站建设完成只需要一周时间，并且拆除工作也相对简单。同时，由于水体上的大气环境中的灰尘和颗粒更少，对水面光伏电站的运行和日常维护十分有利。在费用方面，漂浮式水面光伏电站的建设和运行维护成本要比地面光伏电站的低。

我国蕴藏丰富的水资源，湖泊、水库众多，发展水面光伏电站可以解除土地因素的束缚，拓宽光伏发电的应用。水面光伏电站自身优势明显，但需要解决的问题也很多，特别是漂浮式水面光伏电站仍处于探索应用阶段，离大面积、大规模开发还有一定的距离。组件长期在潮湿环境中的可靠性、浮台的承载能力和使用寿命等问题还有待进一步解决。但随着产业的发展，新材料、新技术、新工艺的不断创新进步，探索阶段遇到的问题必然能得到合理解决。相信未来水面光伏电站会得到越来越多的发展应用。

（四）农业光伏利用

近年来，光伏产业一直保持蓬勃发展的上升态势。中国作为传统光伏应用市场，依然领跑全球。在政策引导和市场驱动下，中国连续五年成为全球第一大光伏应用市场。截至2023年年底，全国太阳能发电装机容量约609.49GW，同比增长55.2%。截至2022年年底，光伏累计装机容量392.61GW。2023年全国新增光伏装机216.88GW，同比大幅增长148%，几乎是近四年光伏新增装机量之和。

光伏农业作为光伏应用领域的新型板块，在现有国家税收优惠和财政补贴的政策引导下，吸引了许多规模较大的光伏企业涉足光伏农业领域。发展光伏农业需要企业有较强的资金技术实力，也需要企业具有丰富的农业园区运营管理经验，积极开展畜牧业和光伏互补、渔业养殖和光伏互补、风电和光伏互补、农业种植和光伏互补等多种形式的商业运营模式。同时，需要国家开展光伏扶贫工程，鼓励分布式光伏发电与农户扶贫、新农村建设、设施农业相结合，因地制宜地利用废旧土地、荒山荒坡和农业大棚。

随着现代农业技术的发展，机械化、规模化和智能化是农业发展的必然趋势，这也导致现代农业对能源的依赖性越来越高，但农业产业分布广阔，传统电网的铺设受限且成本高。在农业领域发展清洁可再生能源，不仅经济效益显著，而且可改善农业生产所需要的生态环境。光伏发电技术具有规模小、成本较低、地形依赖度低等优势，非常适合应用于农业之中。我国是农业大国，且主要以传统农业为主。近几年，随着农业技术的发展，现代农业在我国开始兴起和广泛应用。光伏技术和农业相结合，既可以为农业生产提供清洁能源，也可促进我国农业升级，还能有力促进我国光伏及其上游产业发展，同时促进农民增收，可谓是一举多得。

目前，光伏农业在我国的应用有多种模式，例如：光伏温室大棚、光伏养殖和渔光互补、光伏水泵和光伏废水净化、农村分布式光伏电站等。

（1）光伏温室大棚：光伏温室大棚能够调节作物的生长环境，包括温度、湿度、光强等，实现反季节种植。根据材料、结构和功能的不同，温室大棚可分为玻璃温室、塑料温室、单栋温室、连栋温室、单层面温室、双层面温室等。现代温室大棚还都带有主动调节温度、湿度、光照时间等环境条件的设备，例如：植物照明灯、潆溅机、卷帘机、二氧化碳发生器等。光伏与农业温室相结合，能够为上述设备提供电力，减少开支。多余的电力也可以并网出售增加收入。目前，我国的光伏温室大棚主要有光伏阳光房和在温室大棚外加装光伏组件。光伏阳光房墙面一般由高透光性能的大块钢化玻璃组成，以增加温室内部的光照度。屋顶多采用南北向的坡屋顶结构，南向的屋顶坡面上装有太阳能光伏电池组件。光伏阳光房屋顶的电池组件有两种安装模式。一种是电池组件间隔排列或者呈马赛克式排列。屋顶晶体硅太阳能电池组件所占的面积比例决定了光伏阳光房内部光照的强弱。这种安装模式会在温室的地面上留下明暗相间的阴影图案。阴影图案会随着一天之中不同时间内太阳光入射角度的变化而移动。温室内不同位置的作物每天接收光的光强和时间都不一样。人们通过合理地安排屋顶的晶体硅太阳能电池组件的排布方式和温室内作物的种植区域，可以有效地利用射入阳光房的光照。另一种则是在屋顶铺满半透光的薄膜太阳能电池。相比于传统晶体硅太阳能电池的完全不透光，非晶硅薄膜太阳能电池可以透过大部分红光和近红外光，一般适合培养菌类，也可以配合植物补光灯一起种植一些喜阴作物或者花卉。

（2）光伏养殖和渔光互补：相比于传统的养殖业，现在不少人在鱼塘上或者养殖舍栏上方安装太阳能电池组件，这样可以有效地提高养殖业的土地利用率。在秦皇岛，有狐狸养殖户在自家的狐狸舍上方建设太阳能光伏电站并网发电。这样不仅可以增加收入，节能减排，还可以遮阳降温，避免狐狸因为温度过高热死，可谓一举两得。一户的装机容量有3千瓦，每年可产生约3 500度电，节约标准煤1.4吨，减排二氧化碳3.656吨，减排二氧化硫、氮化物、粉尘等污染物68.8千克。通威太阳能公司在江苏如东的渔光互补20兆瓦项目，建设面积397亩，于2016年8月中旬顺利并网发电。日最高发电量可以达到12万千瓦时，预计年平均发电量2 400万千瓦时，经济效益极为可观。

（3）光伏水泵和光伏废水净化：农业生产离不开水，但是我国地表水资源分布不均衡，很多区域非常依赖地下水。光伏水泵技术被视为一种经济的、可持续发展的提供灌溉用水的解决方案。我国水污染问题较为严重，主要原因是农业污染物，包括农药、化肥，畜牧排泄物等。相比于城镇中污水处理厂的建设和自来水的普及，广大偏远农村受水污染的影响更为严重。光伏废水净化系统是一个可以有效解决这个问题的技术方案。相比于传统废水净化系统，光伏废水净化系统在水净化过程中，没有污染和能量转移。

（4）农村分布式光伏电站：广西柳州某农村光伏扶贫项目覆盖柳州市内多个贫困村，安装户数达到500户，每户平均安装5千瓦的光伏发电设备，安装容量总计达到2.5兆瓦。项目每年可产生约300万千瓦时的清洁电力，为每户贫困户带来平均每年约5 000元的额外收入。湖北宣恩屋顶光伏项目在宣恩县内选取了10个村庄作为示范点，安装了总容量为1兆瓦的分布式光伏电站。项目全容量并网后，年上网电量可达462.9万千瓦时，相当于每年减少二氧化碳排放约4 000吨。该项目为当地村民带来了稳定的电力供应，并创造了约15个长期的运维就业岗位。云南鲁甸分布式光伏发电项目采用"企业＋农户"的租赁模式，涉及农户500户，企业投资总额达到2 000万元。每户农户屋顶安装的光伏发电设备容量为3千瓦，总安装容量达到1.5兆瓦。项目预计每年可产生约180万千瓦时的电力。农户每年可获得的售电收益占总收益的60%，企业占40%，为农户带来了稳定的额外收入。这些案例不仅提供了实际的数据支持，还展示了分布式光伏电站在农村地区的广泛应用和显著成效。通过实施这些项目，农村地区不仅实现了清洁能源的利用和电力供应的改善，还带动了当地经济的发展和居民收入的提高。

乡村振兴战略的落地，给土地改革、农业规模化经营、基础设施建设等领域带来极大的投资机会。在此背景下，光伏农业项目受到重点关注。"新能源"与"新农业"，一个代表着绿色转型发展之未来，一个代表着国计民生之根基，光伏使传统的农业焕发出了新的生命力。在当下光伏行业快速发展的浪潮下，光伏农业扮演着重要的角色，具有广阔的发展前景。

（五）现有技术的优化与提升

在能源和环保的双重压力下，太阳能光伏技术已逐步成为国际社会走向可持续发展道路的首选技术之一。对于几千瓦以下的小型发电系统，采用太阳能光伏发电是最为理想的。但目前太阳能电池发展的瓶颈仍然是生产成本高，转换效率低，加上行业法规政策等仍不完善，优化与提升迫在眉睫。

（1）提高转换效率：由于在太阳能光伏发电系统之中，太阳能电池所占的整体比例较大，因此，可根据实际需要开发不同类型及不同型号的太阳能电池，太阳光的辐射较为集中之时，便可促进太阳能电池充分发挥自身效应，确保太阳能转换为电能的转换率。但其耗费材料较多，可能会导致材料成本迅速上升，进而形成大量现金外流的现象。针对此点，我国一方面可以加大对太阳能光伏发电技术研究的投资力度，另一方面可以加大对太阳能光伏发电技术的政策支持力度，提高太阳能光伏发电技术水平，减少材料耗费量。

（2）锐意进取、注重创新：我国现阶段光伏产业虽然较为普及，但其实际发展较为缓慢。若要达到太阳能光伏发电技术可持续发展的目标，一方面需要我国出台相应的政策进行支持，另一方面需要我国加大资金投资力度，为科研院所和机构提供科研器材，全力做好太阳能光伏发电技术发展的长远规划与布局。另外，我国还需要全力探索太阳能的应用领域，争取将太阳能光伏发电技术所应用领域的生产成本降到最低，以确保我国太阳能光伏发电技术水平稳步提升。

（3）扩大太阳能光伏发电技术的开发面积：目前，我国个别省份提出将光伏发电作为城市可持续发展的奋斗目标之一，将其运用到居民生活、工作、企业及工业发展之中，最大程度上减少城市的传统用电量，进而降低城市用电成本。因此，我国可依据目前太阳能光伏发电技术的实际应用情况与领域，在城市居民楼及商业楼盘等建筑物的屋顶建立光伏发电系统，以此满足整个城市的用电需求，同时达到节约资源、保护环境的目的。另外，太阳能光伏发电技术应用范围较为广泛，尤其是针对西北及荒漠地区，具有用电需求较大、供电不足的特征，可尝试将太阳能光伏发电技术应用在此类地区，进一步丰富当地的照明资源，满足当地人民的用电需求。此外，还可以应用太阳能光伏发电技术，对西北地区独特的地理环境进行美化，开发旅游景点，促进当地经济发展，进而推动我国整体经济稳步向前。

（六）前沿技术的研究与应用

近年来，在国家能源安全新战略及"3060"双碳目标的任务要求下，光伏产业的应用得到了蓬勃发展，光伏企业在技术上不断突破创新，推出了许多新的应用场景。已有的研究数据检索显示，新的光伏产品正在逐步走入公众的视野，比如光伏建筑一体化的新型建材、储能新技术——光伏制氢、光伏汽车、光伏农业、高速高架道路两旁的噪声屏障等，这些新型应用揭示了光伏跨产业融合的巨大动能与潜力，为行业发展提供了新的视角和契机。

　　产业融合研究最早于 1713 年由英国学者威廉·德汉在讨论光线的会聚与发散中首次提出，随后扩展到气象学、生物学等众多领域。随着工业革命的爆发，生产力和生产关系出现了重大变革，首先在计算机及网络技术中出现了产业融合的相关概念。1977 年，Baran 和 Farber 提出了计算和通信系统的融合。经济学家周振华说，"产业融合对传统产业分化的否定，是产业经济的一次伟大变革"。产业融合的出现使传统上具有明确产业边界、独立存在的产业在产业边界融合处成长为新型的产业形态，成为价值的主要增长点和经济增长极具活力的源泉。

　　过去几年中典型的光伏应用领域集中在大型地面电站、工商业和户用屋顶，这些有限的应用大大限制了光伏行业的发展。偏远地区的光伏电站发电难以外送消纳，利用率低；工商业和户用屋顶资源又很有限，同时电网的建设速度远远滞后于新能源的发展速度，这些问题都制约着光伏产业的发展。然而在全球资源环境约束大环境和我国绿色发展的要求下，光伏产业一直不断探索创新，其应用场景出现了一些新的变化；光伏加储能新技术继续提升光伏发电利用率；光伏电动汽车的出现带来绿色出行新主张；光伏太空带来无限畅想。

　　（1）储能新技术——光伏制氢：发展氢能产业，对我国减少油气对外依赖、提高能源安全水平、减少大气污染排放、改善生态环境，有着重大现实意义。英国 BP 石油公司在最新发布的《世界能源展望》中指出，到 2050 年，氢能占终端能源消费总量比例或将增长 16%。中国氢能联盟发布的白皮书显示，到 2050 年，我国可再生能源电解制氢将占氢气供应结构的 70%。随着光伏装机规模的连年攀升，光伏制氢作为一种高效的储能应用，必然成为解决光伏市场消纳的重要途径，同时也是可再生能源制氢的重要来源。光伏制氢在技术手段上已成熟，并且还在不断发展和进化中；在经济性上，随着光伏发电成本的不断下降，光伏制氢的价格优势也逐步显现，不断逼近煤制氢的价格水平，并且低碳环保，是绿色氢气的有力来源。

　　（2）光伏电动汽车，绿色出行新主张：在全球电动汽车迅猛发展的态势下，光伏电动也是一个不断探索和发展的创新型应用。在目前的发展阶段，其应用方式是通过新能源的载体——电和氢来实现的，在光伏发电和光伏制氢成本具有比较优势时，电池技术越先进，光伏电动的未来发展越可喜。分布式光伏发电的选址条件较为灵活，不易受空间地域的条件限制，在未来的城市发展的光伏利用中，具有便利建设的优点。"光储充放"通过分布式光伏发电或制氢，将电能或氢能通过储能系统储存，再由新能源车充电利用，这种类型的多功能综合一体站在新能源行业和城市发展中具有广阔的应用前景，有望逐步取代燃油站点而遍布城市的各个角落，值得深入探索和利用。

　　（3）光伏卫星，源源不断的高质量能源：太阳能电池最早作为人造卫星的电源，至今人类发射到太空的各类飞行器绝大部分使用太阳能电池作为电源。高效率的硅和砷化太阳能电池是人造卫星的供能首选，我国的"神舟五号"载人飞船上的电就是由太阳能提供的，"神舟五号"载人飞船上的光伏组件采用了大量的先进复合材料，以减轻自身质量并解决热胀冷缩问题。太阳光经过大气层照射到地面时，能量大约要损失三分之一，在地面上平均每天能接收到的太阳能约为 12 千瓦时/平方米，而在太空每天将能接收到 32 千瓦时/平方米的太阳能，所以若能在太空建立光伏发电系统，效果将会比地面应用好得多。

发展空间光伏电站需要大量资金，也还有不少技术性的问题需解决，因此一些人持怀疑否定态度。但是随着社会的发展和科技的进步，这些问题将会逐步得到解决。空间光伏电站终究会发射上天，有朝一日，太阳能发电卫星真正投入使用时，将有效解决人类的电力供应问题。

这几大前沿应用场景目前都已进行了市场化开发，经济上可行，技术手段上有相对成熟的，也有还在探索研究的。科技的进步永无止境，光伏产业融合的创新型应用也会从探索走向更具潜力和价值的商业化发展，未来可期。

三、绿色能源映碧天：光伏新能源系统设计

光伏发电系统可分为独立（离网）光伏发电系统和并网光伏发电系统两大类。其基本工作原理，就是太阳能电池组件（方阵）在太阳光的照射下产生电能，电能通过控制器的控制，给直流负载直接供电或者给蓄电池充电。如果是交流负载，还要应用逆变器将太阳能电池产生的直流电转换为交流电。在太阳光照不足或夜间状态下，可通过蓄电池给负载供电。

太阳能光伏发电系统设计要使光伏发电系统的配置恰到好处，做到既能保证光伏发电系统的长期可靠运行，充分满足负载的用电需求，又使配备的太阳能电池方阵和蓄电池的容量最小，充分注意地理、气候环境的影响，达到可靠性和经济性的最佳组合。

（一）光伏发电系统的设计原则

光伏发电系统的设计包括两个方面：容量设计和硬件设计。光伏发电系统容量设计的主要目的是要计算出光伏发电系统在全年内能够可靠工作所需的太阳能电池组件和蓄电池的数量。同时要注意协调光伏发电系统工作的最大可靠性和成本两者之间的关系，在满足最大可靠性基础上尽量地降低光伏发电系统的成本。光伏发电系统硬件设计的主要目的是根据实际情况选择合适的硬件设备，包括太阳能电池组件的选型、支架设计、逆变器的选择、电缆的选择、控制测量系统的设计、防雷设计和配电系统设计等。在进行光伏发电系统设计时，需要综合考虑软件和硬件两个方面。针对不同类型的光伏发电系统，软件设计的内容也不一样。独立光伏发电系统、并网光伏发电系统和混合光伏发电系统的设计方法和考虑重点都会有所不同。

在进行光伏发电系统的设计之前，需要了解并获取一些进行计算和设备选择所必需的基本数据，如光伏发电系统安装的地理位置，包括地点、纬度、经度和海拔；该地区的气象资料，包括每月的太阳能总辐射量、直接辐射量及散射辐射量，年平均气温和最高、最低气温，最长连续阴雨天数，最大风速及冰雹、降雪等特殊气象情况等。要求所设计的光伏发电系统具有先进性、完整性、可扩展性、智能性，以保证系统安全、可靠和经济。

（1）先进性：随着国家对可再生能源的日益重视，开发利用可再生能源已经是新能源战略的发展趋势。根据当地太阳日照条件、电源设施及用电负载的特性，利用太阳能资源

建设光伏发电系统，既节能环保，又能避免（远离市电电源的用电负载）采用市电铺设电缆的巨大投资，是具有先进性的电源建设方案。

（2）完整性：光伏发电系统包括太阳能电池组件、蓄电池、控制器、逆变器等部件，光伏发电系统可以独立对外界提供电源，与其他用电负载和市电电源配套，形成一个完整的离网和并网的光伏发电系统。光伏发电系统应具有完善的控制系统、储能系统、功率变换系统、防雷接地系统等，并构成一个统一的整体，具有完整性。

（3）可扩展性：随着太阳能光伏发电技术的快速发展，光伏发电系统的功能也越来越强大。这就要求光伏发电系统能适应系统的扩充和升级，光伏发电系统的太阳能电池组件应由并联模块结构组成，在系统需扩充时可以直接并联加装太阳能电池板模块；控制器或逆变器也应采用模块化结构，在系统需要升级时，可直接对系统进行模块扩展，而原来的设备器件等都可以保留，以使光伏发电系统具有良好的可扩展性。

（4）智能性：所设计的光伏发电系统在使用过程中应不需要任何人工的操作，控制器可以根据太阳能电池组件和蓄电池的容量情况控制负载端的输出，所有功能都由微处理器自动控制；应能实时检测光伏发电系统的工作状态，定时或实时采集光伏发电系统主要部件的状态数据并上传至控制中心，通过计算机分析，实时掌握设备工作状况。对于工作状态异常的设备，应发出故障报警信息，以使维护人员提前排除故障，保证供电的可靠性。

光伏发电系统设计必须要求具有高可靠性，保证在较恶劣条件下正常使用，同时要求系统的易操作性和易维护性，便于用户操作和日常维护。整套光伏发电系统的设计、制造和施工要保持较低的成本，设备的选型要标准化、模块化，以提高备件的通用互换性，要求系统预留扩展接口，便于以后规模容量的扩大。

设计一个完善的光伏发电系统需要考虑诸多因素进行各种设计，如电气性能设计、防雷接地设计、静电屏蔽设计、机械结构设计等。对地面应用的独立光伏发电系统来说，最主要的是根据使用要求决定太阳能电池方阵和蓄电池的容量，以满足正常工作的需求。光伏发电系统总的设计原则是在保证满足负载用电需要的前提下，确定最少的太阳能电池组件和蓄电池容量以尽量减少投资，即同时考虑可靠性及经济性。

独立光伏发电系统的设计思路是先根据用电负载的用电量，确定太阳能电池组件的功率，然后计算蓄电池的容量。但并网光伏发电系统又有其特殊性，需要确保光伏发电系统运行的稳定性和可靠性，所以在设计时需要注意以下事项：

一是太阳照在地面太阳能电池方阵上的辐射光的光谱、光强受到大气层厚度（即大气质量）、地理位置、所在地的气候和气象、地形地物等的影响，其能量在一日、一月和一年内都有很大的变化，甚至各年之间的总辐射量也有较大的差别。

二是由于用途不同，耗电功率、用电时间、对电源可靠性的要求等各不相同。有的用电设备有固定的耗电规律，有的负载用电则没有规律。而光伏发电系统输出功率的大小直接影响整个系统的参数。

三是光伏发电系统工作的时间是决定太阳能光伏发电系统中太阳能电池组件大小的核心参数，通过确定工作时间，可以初步计算负载每天的功耗和与之相应的太阳能电池组件的充电电流。

四是光伏发电系统使用地的连续阴雨天数，决定了蓄电池容量的大小及阴雨天过后恢复蓄电池容量所需要的太阳能电池组件功率。

五是蓄电池组工作在浮充电状态下,其电压随太阳能电池方阵发电量和负载用电量的变化而变化。蓄电池提供的能量还受环境温度的影响。

六是太阳能电池充、放电控制器、逆变器由电子元器件组成。光伏发电系统运行时,能耗影响工作的效率,控制器、逆变器所选用元器件的性能、质量等关系到能耗的大小,从而影响到光伏发电系统的效率。

这些因素相当复杂,原则上需要对每个发电系统单独进行计算,对一些无法确定数量的影响因素,只能采用一些系数来进行估量。由于考虑的因素及其复杂程度不同,采取的方法也不尽相同。

设计光伏发电系统的任务是在太阳能电池方阵所处的环境条件下(即现场的地理位置、太阳辐射能、气候、气象、地形和地物等),保证所选择的太阳能电池方阵、蓄电池、控制器、逆变器可以使构成的系统既具有高的经济效益,又保证系统的高可靠性。

(二)独立光伏发电系统的设计

太阳光照在地面太阳能电池方阵上的辐射会受到大气层厚度、地理位置、系统安装所在地的气候和气象以及地形等众多因素的影响,其能量在不同时间内有很大变化。因此,光伏发电系统的设计需要考虑的因素是多方面的。光伏发电系统的设计在太阳能电池方阵所处的环境下既要考虑现场的地理位置、太阳辐射能、气象和地形等因素,也要考虑系统效率和经济效益,以保持较高性价比。下面就独立光伏发电系统设计过程的各因素来分别予以介绍。

1. 电池组容量设计

能够和太阳能电池配套使用的蓄电池有多种,但考虑到系统的经济性,目前广泛使用的是铅酸免维护蓄电池,铅酸免维护蓄电池的免维护特性和对环境污染较少的特点,使其适用于性能可靠的光伏发电系统,特别是无人值守工作站。

铅酸免维护蓄电池的储能作用对保证连续供电的意义是很重大的。当太阳能电池方阵所转换电力不够时,要靠蓄电池储存的电能来提供负载用电需要;当太阳能电池方阵发电量过剩时,要靠蓄电池将多余的电能储存起来。因此,太阳能电池方阵的发电量的不足和过剩值是确定蓄电池容量的重要因素。除此之外,连续阴雨天期间的负载用电量也要靠蓄电池供给,因此连续阴雨天期间的耗电量也是确定蓄电池容量的依据。因此,蓄电池容量的计算公式为

$$B_\mathrm{L} = \frac{A \times Q_\mathrm{L} \times N_\mathrm{L} \times T_\mathrm{g}}{C_\mathrm{G}} \tag{3-1}$$

式中:

A ——安全系数,取值在 1.1 ~ 1.4 之间。

Q_L ——负载日平均耗电量,其值等于工作电流乘以日工作小时数。

N_L ——连续阴雨天数。

T_g ——温度修正系数，一般在0℃以上取1，−10~0℃取1.1，−10℃以下取1.2。

C_G ——蓄电池放电深度，一般铅酸蓄电池取0.75，碱性蓄电池取1.2。

2. 太阳能电池方阵容量设计

太阳能电池方阵是由太阳能电池组件经过串并联组合而成的，因此计算太阳能电池方阵容量的时候要考虑太阳能电池组件的串联数目和并联数目。将太阳能电池组件按一定数目串联起来就可以获得工作所需的电压。太阳能电池方阵对蓄电池充电时，太阳能电池组件的串联数必须适当。串联数过少，串联起来的组件电压低于蓄电池的浮充电压，方阵就无法对蓄电池充电；串联数过多，串联后的输出电压远高于浮充电压时，充电电池也不会明显增加，造成一定的浪费。因此，只有当太阳能电池组件的串联电压等于合适的浮充电压时，才能达到最佳的充电状态。其串联数目为

$$N_s = \frac{U_{min}}{U_{opt}} = \frac{U_f + U_d + U_c}{U_{opt}} \tag{3-2}$$

式中：

N_s ——太阳能电池组件串联数目。

U_{min} ——太阳能电池方阵输出的最小工作电压。

U_{opt} ——太阳能电池组件的最佳工作电压。

U_f ——蓄电池的浮充电压。

U_d ——二极管的压降，对于硅二极管，一般取0.7V。

U_c ——其他因素引起的电压降。

要计算太阳能电池组件的并联数目，首先要确定标准光强下的平均日辐射时数 H 、太阳能电池组件日发电量 Q_d 和两组最长连续阴雨天之间的最短间隔天数 N_g（即电后的蓄电池最短时间，亏电需要补充）等几个参数。

其中，日辐射时数为

$$H = H_1 \times \frac{2.778}{1\,000} \tag{3-3}$$

式中：

H_1 ——水平太阳辐射数据。

$\frac{2.778}{1\,000}$ ——将日辐射量换算为标准光强下的平均日辐射时数的系数。

太阳能电池组件日发电量为

$$Q_d = I_{opt} \times H \times K_{op} \times C_z \tag{3-4}$$

式中：

I_{opt} ——太阳能电池组件最佳工作电压。

K_{op} ——斜面修正系数。

C_z ——修正系数，主要为组合、衰减、灰尘和充电效率等损失，一般取0.8。

两组最长连续阴雨天之间需补充的蓄电池容量（A·h）为

$$B_{sp} = A \times Q_L \times N_L \tag{3-5}$$

太阳能电池组件并联数目为

$$N_p = \frac{B_{sp} + N_R \times Q_1}{Q_d \times N_g} \tag{3-6}$$

在两连续阴雨天数之间的最短间隔天数内的发电量，除供负载发电耗电使用外，还需要补足蓄电池在最长连续阴雨天内所耗电量。

太阳能电池方阵功率为

$$P = P_0 \times N_s \times N_p \tag{3-7}$$

式中：

P_0 ——太阳能电池组件的额定功率。

（三）并网光伏发电系统的设计

除独立光伏发电系统外，并网光伏发电系统也是太阳能光伏发电的一种重要形式。独立光伏发电系统因不需要与公共电网相连接，因此必须增加储能元件，且常规储能元件（如蓄电池等）寿命较短，这在很大程度上增加了系统的成本。而并网光伏发电系统接入国家电网，在系统发电量过剩时，将剩余电量输入国家电网；系统发电量不足时，将从国家电网购买电能，以供负载使用。并网光伏发电系统因为不需要专门的储能元件，因此建设和维护成本相对较低。并网光伏发电系统是现在和将来太阳能光伏发电的主流。

并网光伏发电系统是目前发展较为迅速的太阳能光伏发电应用方式之一，随着光伏建筑一体化的飞速发展，各种各样的并网光伏发电系统得到了广泛的应用。并网光伏发电系统包括如下几种形式：纯并网光伏发电系统；具有 UPS 功能的并网光伏发电系统；并网光伏发电混合系统。

并网光伏发电系统通过把太阳能转化为电能，不经过蓄电池储能，直接通过并网逆变器，把电能馈入电网。并网光伏发电系统代表了太阳能光伏发电系统的发展方向，是 21世纪极具吸引力的能源利用技术之一。

1. 并网实现方案的选择

目前，常见的光伏发电系统的并网方案，根据太阳能电池阵列的工作电压可以分为低压并网系统和高压并网系统。低压并网系统常由 3 ~ 5 块太阳能电池组件串联组成，直流电压小于 120V。该方式的优点是每一串太阳能电池组件串联较少，对太阳阴影的耐受性比较强；缺点是直流侧电流较大，在设计中需要选用大截面的直流电缆。高压并网系统常用于太阳能电池阵列额定功率较大的系统，太阳能电池组件串联的数量较多，直流电压比较高，该方式的缺点是对太阳阴影的耐受性比较小；优点是高电压、低电流，使用电缆的线径较小，和逆变器的匹配更佳，使得逆变器的转换效率更高。现阶段大型的光伏发电系统多采用高压并网系统。

目前，光伏发电系统的设计容量可以从几千瓦到几百千瓦，甚至上兆瓦，由于国内的光伏发电与建筑结合的形式各种各样，设备的选型需根据太阳能电池阵列安装的实际情况（如组件规格、安装朝向等）进行优化设计，并网光伏发电系统中的并网逆变器设置方式分为：集中式、主从式和分布式。

（1）集中式：集中式并网方式适合于安装朝向相同且规格相同的太阳能电池阵列，在电气设计时，采用单台逆变器实现集中并网发电。对于大型并网光伏发电系统，如果太阳能电池阵列安装的朝向、倾角和阴影等情况基本相同，通常采用大型的集中式三相逆变器，该方式的主要优点是整体结构中使用光伏并网逆变器较少，安装施工较简单；使用的集中式逆变器功率大，效率较高，通常大型集中式逆变器的效率比分布式逆变器要高大约2%。就集中式光伏发电系统而言，因为使用的逆变器台数较少，初始成本比较低；并网接入点较少，输出电能质量较高。该方式的主要缺点是一旦并网逆变器故障，将造成大面积的光伏发电系统停用。

（2）主从式：对于大型的光伏发电系统也可采用主从结构，主从结构其实也是集中式的一种，该结构的主要特点是采用 2~3 个集中式逆变器，总功率被几个逆变器均分。在辐射较低的时候，只有一个逆变器工作，以提高逆变器在太阳能电池阵列输出低功率时候的工作效率；在太阳辐射升高，太阳能电池阵列输出功率增加到超过一台逆变器的容量时，另一台逆变器自动投入运行。为了保证逆变器的运行时间均等，主从式逆变器可以自动地轮换主从的配置。主从式结构的初始成本会比较高，但可提高光伏发电系统逆变器运行时的效率，对于大型的光伏发电系统，效率的提高能够产生较大的经济效益。

（3）分布式：分布式并网方式适合于安装不同朝向或不同规格的太阳能电池阵列的光伏发电系统，在电气设计时，可将同一朝向且规格相同的太阳能电池阵列通过单台逆变器集中并网发电，大型的分布式系统主要是针对太阳能电池阵列朝向、倾角和太阳阴影不尽相同的情况。分布式系统将相同朝向、倾角以及无阴影的太阳能电池组件串成一串，由一串或者几串构成一个太阳能电池子方阵，安装一台并网逆变器与之匹配。在这种情况下可以省略汇线盒，降低成本，还可以对并网光伏发电系统进行分片维修，减少维修时的发电损失。

综合考虑上述各种光伏发电系统并网方式的特点，在大型光伏发电系统中，如果太阳能电池阵列的安装朝向、倾角和太阳阴影等情况都相同，应选择集中式并网光伏发电系统；如果太阳能电池阵列的朝向、倾角和太阳阴影等情况不尽相同，应按照安装情况进行分组，采用分布式并网光伏发电系统。

2. 并网光伏发电系统的太阳能电池阵列设计

并网光伏发电系统的太阳能电池阵列设计需要考虑以下几点：

（1）太阳能电池阵列的朝向。太阳能电池阵列正向赤道是其获得最多太阳辐射能的主要条件之一，一般情况下，太阳能电池阵列朝向正南（即太阳能电池阵列垂直面与正南的夹角为0°），所以当光伏发电系统的太阳能电池阵列处于北半球，一般应按正南偏西设置。

（2）太阳能电池阵列的倾角。在并网光伏发电系统中，太阳能电池阵列相对于水平面的倾斜角度，一般应该以使太阳能电池阵列获得全年最多太阳辐射量为设计原则。太阳能电池组件厂商将根据不同地区的地理位置及气象环境，提供最佳的安装角度。

对于并网光伏发电系统的任何一种形式，最佳倾角的选择一般需要根据实际情况进行考虑，要考虑太阳能电池阵列安装地点的限制，尤其对于光伏建筑一体化工程，太阳能电池阵列倾角的选择还要考虑建筑的美观度，需要根据实际需要对倾角进行小范围的调整，而且这种调整不能导致太阳辐射吸收的大幅降低。对于纯并网光伏发电系统，系统中没有使用蓄电池，太阳能电池阵列产生的电能直接并入电网，系统直接给电网提供电力。系统采用的并网逆变器是单向逆变器，因此系统不存在太阳能电池阵列和蓄电池容量的设计问题，光伏发电系统的规模取决于投资大小。

逆变器在并网发电时，必须对太阳能电池阵列实施最大功率点跟踪控制，以使太阳能电池阵列在有日照下不断获得最大功率输出。在设计太阳能电池阵列串联数量时，应注意以下几点：接至同一台逆变器的太阳能电池组件的规格类型、串联数量及安装角度应保持一致；需考虑太阳能电池组件的最佳工作电压 U_{opt} 和开路电压 U_{oc} 的温度系数，串联后的太阳能电池阵列的 U_{opt} 应在逆变器 MPPT 范围内，U_{oc} 应低于逆变器输入电压的最大值。

3. 接入方式和接入点数量选择

对于大型公用建筑的 BIPV 系统并网接入方式及接入点数量的选择，需要考虑该建筑的现有电力设施以及电力负载的实际情况，其选择的基本原则如下：

（1）对于光伏发电系统的并网接入方式，选择的基本原则是首先满足本地负载的需求，在满足本地负载需求之后才将多余的电能输入电网。因为公用电网的电力分配和传输是有能量损耗的。目前，我国电网的传输能量损耗比较大，为 5% ~ 10%。所以对于光伏发电系统所发出的电能，基本原则是就地产生、就地消耗，这样能够提高能源的利用率，减少能源在传输中的无谓损失。保证光伏发电系统的电力分配与负载的实际工作情况相匹配，即光伏发电系统发出的电能优先满足系统内负载需求，尽量使光伏发电系统的发电曲线和负载的需求曲线相一致，最大限度地提高电能的利用效能。

（2）对于中型光伏发电系统通常选择一个集中并网点，但是对于大型光伏发电系统，根据实际需要可以选择两个以上并网点，以提高系统运行的可靠性。

4. 接入电网方案

并网光伏发电系统接入电网的方式有低压电网接入和高压电网接入两种方案。

（1）低压电网接入。

并网系统接入三相 400V 或单相 230V 低压配电网，通过交流配电线路给当地负载供电，剩余的电力馈入公用电网。根据是否允许向公用电网逆向发电来划分，并网系统分为可逆流并网系统和不可逆流并网系统。

可逆流并网系统：对于可逆流并网系统，一般发电功率不能超过配电变压器容量的 30%，并需要将原有的计量系统改装为双向表，以便发、用都能计量。

不可逆流并网系统：对于不可逆流并网系统，一般有两种解决方案。一种是对系统安装逆功率检测装置，与逆变器进行通信，当检测到有逆流时，逆变器自动控制发电功率，实现最大利用并网发电且不出现逆流；另一种是采用"双向逆变器 + 蓄电池组"，实现可调度式并网发电系统。可调度式并网发电系统配有储能环节（目前一般采用蓄电池组）。太阳能电池阵列经双向逆变器给蓄电池充电，同时并网发电。并网发电功率由测控装置根据当地负载的实际功率来调整，在光照能量不足时，可由蓄电池提供能量。

（2）高压电网接入。

并网系统通过升压变压器接入 10kV 或 35kV 高压电网，升压并网系统应采用单独的上网变压器，向上级电网输电。高压并网发电系统应由供电部门进行接入系统的设计，高、低压开关柜应设有开关保护计量和防雷保护装置，实际并网的发电量应在高压侧计量。

目前，很多并网光伏发电系统采用具有 UPS 功能的并网光伏发电系统，这种系统使用了蓄电池，因此在市电停电、太阳辐射不足时，可以利用蓄电池给重要负载供电，还可以减少因停电造成的对电网的冲击。系统蓄电池的容量规格可以选择的比较少，因为蓄电池只是在电网故障及太阳辐射不足时给重要负载供电，考虑到实际电网的供电可靠性，蓄电池的自给天数可以选择 1～2 天；该系统通常使用双向逆变器处于并行工作模式。将市电和光伏发电系统并行工作，对于本地负载，如果太阳能电池阵列产生的电足够负载使用，太阳能电池阵列在给负载供电的同时，将多余的电能反馈给电网；如果太阳能电池阵列产生的电能不够用，则将自动启用市电给本地负载供电，市电还可以自动给蓄电池充电，保证蓄电池长期处于浮充状态，延长蓄电池的使用寿命。如果市电发生故障或检修停电，并网光伏发电系统就会自动从市电断开，转成独立工作模式，由蓄电池或逆变器给负载供电。一旦市电恢复正常，即电压和频率都恢复到允许的正常状态以内，系统就会断开蓄电池，转成并网模式工作。

除了上述系统外，还有并网光伏发电混合系统。它不仅使用太阳能电池发电，还使用其他能源形式，比如风力发电机、柴油发电机等，这样可以进一步提高负载供电的可靠性。

（四）光伏发电系统储能配置与应用

我们知道，太阳辐射存在昼夜、季节性和天气变化，因而光伏发电的输出功率随时都在变动，使得用户无法获得连续而稳定的电能供应。因此，在未与公共电网连接的光伏系统（即离网光伏发电系统）中，需要依赖储能装置对太阳能电池发出来的电能进行储存和调节。

1. 储能装置的作用

光伏发电系统中的储能技术是转移高峰电力、开发低谷用电、优化资源配置、保护生态环境的一项重要技术措施。在我国，储能技术的推广应用刚刚起步，虽然推广应用的面很小，但效益明显，潜力很大。储能技术特别适用于可再生能源的光伏发电系统，由于可再生能源的不稳定性，其不能连续运行，因此，储能技术在光伏发电系统中有着非常重要的作用。在光伏发电系统中储能技术的作用如下：

（1）负荷调节作用：能量存储装置可在电力系统的负荷低谷期充电，负荷高峰期放电。

（2）负荷跟踪：超导储能系统、蓄电池储能系统和飞轮储能系统等通过电力电子接口，能够快速跟踪负荷的变化，从而减轻大型发电机跟踪负荷的需要。

（3）系统稳定：储能装置输出的有功功率和无功功率的迅速变化，可有效地对系统中的功率和频率振荡起到阻尼作用。

（4）自动发电控制：具有 AGC 的储能装置可有效地减小区域控制误差。

（5）旋转动能存储：具有电力电子接口的储能装置可迅速地增加其电能输出，可作为电力系统中的旋转动能，减少常规电力系统对旋转动能的需要。

（6）AR 控制和功率因素校正：具有电力电子接口的储能装置，在快速提供有功功率的同时，还可以提供迅速变化的无功功率。

（7）黑启动能力：储能装置可以为孤岛运行的分布式发电设备提供启动时需要的电能。

（8）增加发电设备的效率以减少其维护：储能装置跟踪负荷的能力可使光伏发电系统运行于恒定输出功率状态，使其发电设备运行于高效率的运行点，从而提高总的发电效率，延长发电设备的维护间隔和使用寿命。

（9）延缓系统对新增输电容量的需要：在系统中适当的地区配置储能装置，在用电低谷期对它们充电，从而减少输电线路的峰值负荷容量，有效地增加输电线路的容量。

（10）延缓系统对新增发电容量的需求：当储能装置削平了负荷峰值后，即减少了系统对调峰机组的容量的需要。

（11）提高发电设备的有效利用率：在用电高峰期，储能装置输出的电力可增加系统的总容量。

2. 储能技术与储能装置种类

储能技术具有极高的战略地位，长期以来世界各国都不断支持储能技术的研究和应用，并给予大力的财政资助。可用于光伏发电系统的储能技术主要有：

（1）蓄电池储能：蓄电池储能技术是目前光伏发电领域广泛应用的储能技术，也是光伏发电系统储能技术的研究热点。

（2）抽水储能：抽水储能电站技术成熟、存储容量大、运行寿命长，适宜于电力系统的大容量储能，但是受水资源和地理条件的限制。

（3）飞轮储能：飞轮储能转换效率较低，大功率飞轮实现难度大。

（4）压缩空气储能：压缩空气储能对安全要求较高，实现存在一定难度。

（5）超导储能：超导储能目前受制于技术的进步，短期内难以实现大规模的应用。

离网光伏发电系统的主要储能装置有如下几种：

（1）电池储能：目前，国内建设完成的离网光伏发电系统的储能设备主要使用铅酸蓄电池。蓄电池以电化学形式存储能量，通过充电将电能转换为化学能储存起来，使用时再将化学能转换为电能供给用电设备。小功率场合也可以采用反复充电的干电池，如镍氢蓄电池、锂离子电池等。

（2）电感器储能：电感器本身就是一个储能元件，其储存的电能与自身的电感和流过它本身的电流的平方成正比。由于电在常温下储存会有损耗，因此很多储能技术采用超导体。

（3）电容器储能：电容器也是一种储能元件，其储存的电能与自身的电容和端电压的平方成正比。电容能容易保持且提供间歇性大功率，非常适合于电子闪光灯等应用场合。

随着储能技术的发展，还产生了超导储能、超级电容器储能、燃料电池储能等储能方式，这些新型储能方式将会在离网光伏发电系统中得到应用。

3. 常用蓄电池种类

目前，离网光伏发电系统使用的蓄电池主要有钠硫电池、液流电池、镍氢蓄电池、锂离子电池和铅酸蓄电池等。铅酸蓄电池具有性能可靠、可提供高脉冲电流、价格低廉等优点；镍氢蓄电池自放电损失小、耐过充放电能力强，但价格较贵。考虑到电池的使用条件和价格，大部分离网光伏发电系统选择铅酸蓄电池，近几年来推出的胶体阀控式密封铅酸蓄电池（VRLA）和免维护蓄电池已被广泛采用。但是传统铅酸蓄电池采用硫酸液为电解质，在生产、使用和废弃过程中，会对自然环境造成毁坏性的污染，这也是待进行技术改造的课题。

（1）钠硫电池：钠硫电池由美国福特（Ford）公司于1967年首先发明，至今已有50多年的历史。然而受困于电池的性能、安全可靠性保障技术、成本以及规模化生产的工艺和装备技术，尤其是核心部件氧化铝陶瓷管（在电池中起隔膜作用）的制造及保持电池一致性的批量化生产工艺，世界上多家曾经涉足过钠硫电池研发的公司陆续退出市场。钠硫电池以钠和硫分别用作阳极和阴极，β-氧化铝陶瓷同时起隔膜和电解质双重作用。钠硫电池的优点：比能量高；可大电流、高功率放电；充放电效率高。钠硫电池的缺点：工作温度较高（300～350℃）；充电状态只能用平均值计量，需要周期性的离线度量；由于硫具有腐蚀性，电池壳体需经过严格耐腐处理；技术受国外垄断。

（2）液流电池：液流电池全称为全钒离子氧化还原液流电池，液流电池中的两个氧化还原电极的活性物质分别装在两个大储液罐的溶液中，各用一个泵，使溶液流经电池，并在离子交换膜两侧的电极上分别发生还原和氧化反应。单电池通过双极板串联成堆。钒液流电池作为蓄能电源，主要用于电厂（电站）调峰电源系统、大规模的光电转换系统、风能发电的蓄能电源、边远地区蓄能系统以及不间断电源或应急电源系统等。液流电池的优点：电池的功率和蓄能容量可以独立设计，电池系统组装设计灵活；电池系统可高功率输出；电池系统易于维护，安全稳定；环境友好；可超深度放电（100%）而不引起电池的不可逆损伤；响应速度快。液流电池的缺点：需要额外的动力电源维持电池的正常运行，降低了其整体的能量效率；电解液易泄漏；液流电池的造价较高，与铁锂电池相比，性价比低。

（3）镍氢蓄电池：作为碱性电池的镍氢蓄电池与铅酸蓄电池比较，具有容量大、结构坚固、充放循环次数多的特点，但价格也高一些。镍氢蓄电池是新型环保的二次碱性电池，正极材料为羟基氧化镍，负极材料为储氢合金粉，不含铅、铬、汞等有毒物质。镍氢蓄电池是密封免维护电池，正常使用过程中也不会产生任何有害物质。镍氢蓄电池的优点：镍氢蓄电池具有较好的低温放电特性，自放电率很小，可深度放电，价格相对较低。镍氢蓄电池的缺点：有记忆效应，能量密度低，充电速度较慢。由于使用大量有色金属镍和稀有元素，镍氢蓄电池制造成本相对较高，与锂离子电池相比，能量较低，正逐渐被锂离子电池所替代。

（4）锂离子电池：锂离子电池是新型绿色环保蓄电池，主要结构分为正极、负极、电解液、隔膜。离子放电时，锂离子从负极释放，进入正极；充电时，锂离子从正极释放，进入负极。锂离子电池按正极材料分类主要有钴酸锂、锰酸锂、镍酸锂、三元材料、磷酸亚铁锂等。各系列锂离子电池特性比较如下：磷酸亚铁锂，因为高放电功率、成本低、可快速充电且循环寿命长（1 000 次以上）、在高温高热环境下的稳定性高（300℃高温以上才有安全隐患），在大容量、高功率、安全性方面表现出最佳的性能；三元材料是钴锰镍混合材料，所表现出的电化学性能兼备了钴、锰、镍三者的优点，弥补了各自的不足，具有高比容量、成本较低、循环性能稳定、安全性能较好等特点，多在小型功率型电池设计中采用；锰酸锂安全性比钴酸锂高，但高温环境的循环寿命较差（500 次）；钴酸锂容量较高，最大的问题是安全性差、成本高、循环寿命短。锂离子电池不仅具备高比能量、高比功率、高能量转换效率等优点，而且兼具长循环寿命，是电动技术产业兴起的关键，现已广泛应用于电动自行车、电动汽车等领域，成本也在逐年下降。磷酸亚铁锂等新材料的开发和应用，大大改善了锂离子电池的安全性和循环寿命，从而可将锂离子电池用于更大规模的蓄能。

（5）铅酸蓄电池：综合分析各种蓄电池的特性，由于铅酸蓄电池具有良好的性价比，而且能量密度也能达到系统设计的要求，因此在上述各种蓄电池中，性价比很高的铅酸蓄电池最适合应用于光伏发电系统。铅酸蓄电池历史悠久，应用十分广泛，铅酸蓄电池于1859 年由普兰特（Pante）发明，至今已有 160 多年的历史。一百多年来，铅酸蓄电池的工艺、结构、生产、性能和应用都在不断发展，科学技术的发展给古老的铅酸蓄电池带来了蓬勃的生机。铅酸蓄电池放电工作电压较平稳，既可小电流放电，也可大电流放电，工作温度范围为 40 ~ 65℃。铅酸蓄电池技术成熟、成本低廉，因此至今仍不失为蓄电池中的重要产品。但这种蓄电池也有明显缺点，例如质量大，质量比能量低，虽然铅酸蓄电池的理论比能量为 240W·h/kg，但实际只有 10 ~ 50W·h/kg，普通铅酸蓄电池需要维护，充电速度慢。

4. 常用蓄电池的应用和维护

电池作为离网光伏发电系统中的储能设备处于充电—放电的反复循中，而且会经常发生过度充电或放电等不利的工作情况。因此，电的工作性能和循环寿命成为受关注的问题。鉴于光伏发电系统用蓄电池的运行特点，其安装的标准性和维护的程序性尤为重要。

（1）蓄电池组的安装：单体蓄电池的容量和电压是有限的，因此，需要将若干个蓄电池通过串联或并联方式连接，来满足系统对电压和储电量的需求。

①蓄电池串联：相同蓄电池串联时，串联后的电压等于它们各个蓄电池电压之和。例如 6 个 2V/500A·h 的蓄电池串联后电压是 12V；串联后的输出电流与单个蓄电池一样，其电流强度为倍数 N 乘以容量 C，即 $N \times 500A·h$。

②蓄电池并联：相同蓄电池并联时电压不变，电流为各并联电池之和。例如，6 个 2V/500A·h 的蓄电池并联后，电压还是 2V，而输出电流是单个蓄电池的 6 倍，即 $N \times 6 \times 500A·h$。

③蓄电池组：为了满足系统对储能的要求，往往先把蓄电池进行串联，以满足系统对直流电压的要求，再把串联组并联，以满足总电量的要求。例如，某系统需要直流电压24V，蓄电池能储存电量 24kW·h，用 2V/500A·h 的电池实现。首先，将 12 个

2V/500A·h 的蓄电池串联，组成一个 24V/500A·h 的电池串。然后，将相同的两组串联的蓄电池组并联，就构成了一个蓄电池组，满足系统要求。

蓄电池安装时应严格注意安全和遵守相关规定：

一是加完电解液的电池应该将加液孔的盖子盖紧，以防止杂质进入电池内部。胶塞上的通气孔必须保持畅通。

二是各接线夹头和蓄电池极柱必须保持紧密接触。连接导线接好后，需在各连接点上抹一层薄的凡士林油膜，以防连接点锈蚀。

三是电池应放在室内通风良好、不受阳光直接照射的地方。室内温度应保持在 10 ~ 25℃。

四是电池与地面之间应采取绝缘措施，例如，可以放置模板或其他绝缘物体，以免因为蓄电池与地面短路而放电。

五是放置蓄电池的位置应该选择在离太阳能电池方阵较近的地方，连接导线应该尽量缩短，选择的导线直径不可太小，以尽量减少不必要的线路损耗。

六是不能将酸性蓄电池和碱性蓄电池安置在同一房间内。

七是对安置蓄电池较多的蓄电池室，冷天不允许采用明火取暖，而宜采用火墙、太阳能房等方式提高室内温度，并保持良好的通风条件。

（2）蓄电池组的维护：蓄电池循环寿命主要由电池工艺结构与制造质量决定，但使用过程中维护工作对蓄电池的寿命有很大影响。因而必须加强对蓄电池的维护和管理，严格执行有关蓄电池维护工作的各项规定。

①定期对蓄电池进行外部检查：值班人员或蓄电池工一般每班或每天检查一次。蓄电池专职技术人员或电站负责人要和蓄电池工每月进行一次详细检查。

②蓄电池日常维护：包括清扫灰尘，保持室内清洁；及时检修不合格的蓄电池；清除漏出的电解液；定期给连接端点涂抹凡士林油；定期进行充放电；调整电解液的液面高度和密度等。

③主要从以下方面检查蓄电池是否完好：运行正常、供电可靠、构件无损、质量符合要求、主体完整、附件齐全和技术资料齐全准确等。

在维护过程中应严格遵守维护要求：

一是维护蓄电池工作时，严禁携带金属饰品。

二是蓄电池室门窗应密封完好，要保持室内清爽，清扫时严禁将水洒在蓄电池上，应保持室内干燥和通风良好，光线充足，但不应使阳光直射到电池上。

三是蓄电池室内严禁烟火，尤其在蓄电池处于充电状态时，不得将任何火焰或有火花发生的器械带入室内。

四是除工作需要外，不得随意挪开蓄电池上的盖，以免杂物掉入电解液内，尤其不要使金属物落入蓄电池内。

五是在配电解液时，应将硫酸徐徐注入水中并用玻璃棒不断搅拌均匀，严禁将水注入硫酸内，以免发生剧烈爆炸和硫酸飞溅伤人的事故。

六是维护蓄电池时，要防止触电、电池短路或断路，清扫时应使用绝缘工具。

七是在对蓄电池进行维护时，维护人员应佩戴防护眼镜、穿防护服和戴橡胶手套。当有电解液溅洒到身上时，应立即用50%苏打水擦洗，再用清水冲洗。

　　储能行业正在经历储能技术逐步成熟和储能市场逐步建立的关键时期，在这一时期机遇与挑战并存。随着国家双碳战略和能源革命的深入实施，中国储能技术领域将有望继续加速发展，基础研究、关键技术和集成示范有望继续保持国际最活跃地位，发表论文数、申请专利数、装机规模有望继续保持世界第一，百兆瓦级大规模储能项目将成为常态，储能领域大概率将迎来又一个快速发展的十年。

第四章 光伏新能源项目研发要素与建设优化

一、纵横交错织天网：光伏新能源项目类型与架构

（一）光伏新能源项目的定义与类型

随着现代工业的发展，在常规一次性能源匮乏、经济高速发展以及全球环境日益恶化的三重压力下，太阳能资源优势已得到全世界的高度重视，光伏行业正在迅速成长。面对全球范围内的能源危机和环境压力，人们渴望用可再生能源来代替资源有限、污染环境的常规能源。

研究和实践表明，太阳能是资源较丰富的可再生能源之一，它分布广泛，不破坏或污染环境，是国际公认的理想替代能源。在长期能源战略中，太阳能光伏发电将成为人类社会未来能源的基石、世界能源舞台的主角。它在太阳能热发电、风力发电、海洋发电、生物质能发电等许多可再生能源中具有更重要的地位。而太阳能光伏发电是太阳能利用的一种重要形式。利用太阳能电池方阵和其他辅助设备将太阳能转换为电能的发电项目称为光伏新能源项目。

光伏新能源项目种类繁多，从不同角度可进行不同分类，大致如下：

从装机地点和规模角度，光伏新能源项目大体可分为集中式光伏项目和分布式光伏项目两类，其中分布式光伏项目可根据投资主体的不同，分为自然人分布式和非自然人分布式，或户用分布式和工商业分布式；可根据装机地点的不同，分为屋顶分布式和地面分布式；又可根据上网模式的不同，分为"全部自发自用"项目、"自发自用、余电上网"项目和"全额上网"项目。

从是否享有国家补贴角度，光伏新能源项目可分为平价上网项目、低价上网项目和需要国家补贴的项目，其中后者还包括竞价项目。随着平价上网时代的到来，需要国家补贴的项目的数量和规模将逐渐固定（户用光伏项目或可持续）。

从是否与公共电网相连接，光伏新能源项目可分为独立/离网光伏项目和并网光伏项目，其中独立/离网光伏项目开始时主要为解决无电地区用电问题而出现，现并网光伏项目已占据行业主流。

从用地监管政策角度，光伏新能源项目可分为光伏扶贫项目、光伏复合项目和其他光伏发电站项目。

从并网条件的不同，光伏新能源项目可分为保障性并网项目和市场化并网项目。

从是否存在与其他能源形式相互补充的角度，光伏新能源项目可分为单一光伏项目和多能互补光伏项目（如风光互补项目、水光互补项目、光储一体化项目、源网荷储一体化项目等）。

所有的人工智能都需要依靠电力，而光伏正是提供电力的最佳解决方案。随着科技的进步，或许一个工厂的人员配置不会超过三人，人工智能代替人脑决策，加上全自动化的机械手段，只要提供一个想法，就能将其实现，而光伏也正是这所有一切的基石。

（二）光伏新能源项目的发展历程

光伏是新能源的重要形式之一。近年来，国家陆续出台一系列政策文件规范光伏行业发展，其中涉及多种项目类型，各种类型的项目关系较为复杂。光伏项目的发展大致可分为以下三个阶段，在不同阶段有不同特点。

1. 黎明之前：行业爆发的前夕（2012 年之前）

（1）独立光伏电站、分散型和集中型兆瓦级联网光伏示范性电站。

1995 年 1 月 5 日，《国家计委办公厅、国家科委办公厅、国家经贸委办公厅关于印发〈新能源和可再生能源发展纲要〉的通知》提到，目前西藏的 9 个无水力无电县中，已建成 2 个功率分别为 10 千瓦和 20 千瓦的光伏电站，其余 7 个已纳入国家计划正在兴建之中。在 2000 年前完成西藏 9 个无电县独立光伏电站的建设，大力推广应用小功率光伏系统，建立分散型和集中型兆瓦级联网光伏示范性电站，太阳能开发利用总量到 2000 年和 2010 年分别达到 123 万吨和 467 万吨标准煤。

（2）中小型光伏发电系统、太阳能风能互补发电系统。

1996 年 5 月 13 日，《国家计委、国家经贸委、国家科委关于印发〈中国节能技术政策大纲〉的通知》提出，推广使用高效、低成本的中小型光伏发电系统和太阳能风能互补发电系统。在沿海和西北、内蒙古等省（区）推广光伏发电、风力发电。国家在 1996 年提出在沿海和西北、内蒙古等省（区）推广光伏发电，将光伏项目的建设范围从西藏无电县扩大至其他省份，同时提出了推广太阳能风能互补发电系统的构想。

（3）太阳能光伏发电。

《国民经济和社会发展第十个五年计划能源发展重点专项规划》（国家计委 2001 年 5 月 26 日发布计规划〔2001〕711 号）指出，把新能源开发当作实施能源工业可持续发展的长远战略，在资源条件好、具备并网条件的地区，发展大型并网风力发电、太阳能热利用、太阳能光伏发电等。继续加快农村能源商品化进程，在资源条件具备的地区，特别是偏远地区，大力推广太阳能光伏发电、风光柴蓄独立供电系统和生物质能转化、地热、小水电、薪炭林等。

（4）离网型太阳能光伏发电、并网型太阳能光伏发电、工业用光伏电源、零能耗太阳能综合建筑。

2005 年 11 月 29 日，《国家发展改革委关于印发〈可再生能源产业发展指导目录〉的通知》（发改能源〔2005〕2517 号）对太阳能发电的类型进行了说明，其中离网型太阳能光伏发电用于为电网不能覆盖地区的居民供电，包括独立户用系统和集中村落电站两种形式；并网型太阳能光伏发电用于为电网供电，包括建筑集成太阳能光伏发电；工业用光伏电源用于为分散的气象台站、地震台站、公路道班、广播电视、卫星地面站、水文观测、太阳能航标、公路铁路信号及太阳能阴极保护系统等提供电力；零能耗太阳能综合建筑指通过在建筑结构（屋顶和外墙）中集成太阳能集热器（实现太阳能采暖系统和空调系统）和太阳能电池来满足建筑的所有能源需求。

（5）户用光伏发电系统、小型光伏电站。

2007 年 6 月 3 日，《国务院关于印发中国应对气候变化国家方案的通知》（国发〔2007〕17 号）在"中国减缓气候变化的努力与成就"部分提到，到 2005 年年底，光伏发电的总容量约为 7 万千瓦，主要为偏远地区居民供电。在"中国应对气候变化的相关政策和措施"部分提到，在偏远地区推广户用光伏发电系统或建设小型光伏电站。

（6）大型并网光伏示范电站。

2007 年 11 月 22 日，国家发展改革委办公厅向内蒙古、云南、西藏、新疆、甘肃、青海、宁夏、陕西 8 个省（区）发展改革委下发《国家发展改革委办公厅关于开展大型并网光伏示范电站建设有关要求的通知》（发改办能源〔2007〕2898 号），决定开展大型并网光伏示范电站建设，并提出了较为明确的建设要求，主要包括电站建设规模应不小于 5 兆瓦；电站建设占地应主要是沙漠、戈壁、荒地等非耕用土地；电站应靠近电网，易于接入，并可考虑与大型风电场配合建设；电站投资者通过公开招标方式，以上网电价为主要条件进行选择，高出当地平均上网电价的部分通过可再生能源电价附加收入在全国进行分摊。

（7）光伏发电城市应用工程。

2008 年 3 月 3 日，《国家发展改革委关于印发可再生能源发展"十一五"规划的通知》（发改能源〔2008〕610 号）在"开发利用现状"部分提到，为了解决无电地区用电问题，国家组织实施了"送电到乡"工程，有力地推动了太阳能光伏发电的应用。在"太阳能光伏发电规划布局和建设重点"部分提到，开展无电地区电力建设。因地制宜，利用户用光伏发电系统和小型光伏电站，积极解决西藏、青海、内蒙古、新疆等边远地区无电户的基本生活用电问题，建设光伏发电系统 10 万千瓦。启动光伏发电城市应用工程。在太阳能资源较好的大中城市开展光伏屋顶、阳光照明等光伏发电应用；在新建别墅等高档住宅区和城市标志性建筑上安装光伏发电系统；在封闭管理的住宅区、旅游景区以及城市交通照明和景观亮化工程，提倡应用光伏发电照明。在"北京奥运会""上海世博会""广州亚运会"的主要标志性建筑区和建筑物上成规模地安装光伏发电系统。到 2010 年，城市太阳能光伏系统应用达到 5 万千瓦。开展光伏电站试点。在西藏、甘肃、内蒙古、宁夏、新疆、青海等太阳能资源丰富、利用条件好的地区，建设大型并网光伏电站，总容量达到 5 万千瓦。

（8）太阳能光电建筑应用示范项目。

2009 年 3 月 23 日，《财政部　住房城乡建设部关于加快推进太阳能光电建筑应用的实施意见》（财建〔2009〕128 号）提出，在条件适宜的地区，组织支持开展一批光电建筑应用示范工程，实施"太阳能屋顶计划"。综合考虑经济性和社会效益等因素，现阶段在经济发达、产业基础较好的大中城市积极推进太阳能屋顶、光伏幕墙等光电建筑一体化示范；积极支持在农村与偏远地区发展离网式发电，实施送电下乡，落实国家惠民政策。

2009 年 4 月 16 日，财政部办公厅和住房城乡建设部办公厅联合下发的《关于印发太阳能光电建筑应用示范项目申报指南的通知》（财办建〔2009〕34 号）提出，太阳能光电建筑一体化主要安装类型包括：①建材型，指太阳能电池与瓦、砖、卷材、玻璃等建筑材料复合成为不可分割的建筑构件或建筑材料，如光伏瓦、光伏砖、光伏屋面卷材、玻璃光伏幕墙、光伏采光顶等；②构件型，指太阳能电池与建筑构件组合在一起或独立成为建筑构件的光伏构件，如以标准普通光伏组件或根据建筑要求定制的光伏组件构成雨篷构件、遮阳构件、栏板构件等；③与屋顶、墙面结合安装型，指在平屋顶上安装、坡屋面上顺坡架空安装以及在墙面上与墙面平行安装等形式。

太阳能光电建筑应用示范项目的推出与发改能源〔2008〕610 号文提出的"启动光伏发电城市应用工程"一脉相承，为今后分布式光伏项目的发展打下了基础。

（9）金太阳示范工程。

2009 年 7 月 16 日，《财政部　科技部　国家能源局关于实施金太阳示范工程的通知》（财建〔2009〕397 号）的发布拉开了"金太阳示范工程"的序幕。通知指出，为促进光伏发电产业技术进步和规模化发展，培育战略性新兴产业，根据《可再生能源法》、《国家中长期科学和技术发展规划纲要（2006—2020 年）》（国发〔2005〕44 号）、《可再生能源中长期发展规划》（发改能源〔2007〕2174 号）和《可再生能源发展专项资金管理办法》（财建〔2006〕237 号），中央财政从可再生能源专项资金中安排一定资金，支持光伏发电技术在各类领域的示范应用及关键技术产业化（以下简称金太阳示范工程）。

财建〔2009〕397 号文的附件《金太阳示范工程财政补助资金管理暂行办法》第四条规定："财政补助资金的支持范围包括：（一）利用大型工矿、商业企业以及公益性事业单位现有条件建设的用户侧并网光伏发电示范项目。（二）提高偏远地区供电能力和解决无电人口用电问题的光伏、风光互补、水光互补发电示范项目。（三）在太阳能资源丰富地区建设的大型并网光伏发电示范项目。（四）光伏发电关键技术产业化示范项目，包括硅材料提纯、控制逆变器、并网运行等关键技术产业化。（五）光伏发电基础能力建设，包括太阳能资源评价、光伏发电产品及并网技术标准、规范制定和检测认证体系建设等。（六）太阳能光电建筑应用示范推广按照《太阳能光电建筑应用财政补助资金管理暂行办法》（财建〔2009〕129 号）执行，享受该项财政补贴的项目不在本办法支持范围，但要纳入金太阳示范工程实施方案汇总上报。（七）已享受国家可再生能源电价分摊政策支持的光伏发电应用项目不纳入本办法支持范围。"

（10）分布式光伏发电。

2012 年 9 月 14 日，《国家能源局关于申报分布式光伏发电规模化应用示范区的通知》（国能新能〔2012〕298 号）提出，光伏发电适合结合电力用户用电需要，在广大城镇和农村的各种建筑物和公共设施上推广分布式光伏发电系统。示范区的分布式光伏发电项目应具备长期稳定的用电负荷需求和安装条件，所发电量主要满足自发自用。该文件是国家推广分布式光伏发电项目的政策之一。

2. 火热之中：行业高速发展（2013 年到 2018 年）

（1）分布式光伏发电和光伏电站。

2013 年 7 月 4 日，《国务院关于促进光伏产业健康发展的若干意见》（国发〔2013〕24 号）印发，该文件是国务院首次就光伏产业发展问题专门发文，其中提出了"分布式光伏发电"和"光伏电站"的二分法，并分类制定电价和补贴政策，意义重大。之后，国家能源局分别于同年 8 月 29 日和 11 月 18 日印发了《光伏电站项目管理暂行办法》和《分布式光伏发电项目管理暂行办法》，与国发〔2013〕24 号文一同构成此后一段时期光伏项目管理领域的指导性、基础性文件。《光伏电站项目管理暂行办法》未对"光伏电站"的含义进行界定，仅在第二条规定了"本办法适用于作为公共电源建设及运行管理的光伏电站项目"；《分布式光伏发电项目管理暂行办法》首次对"分布式光伏发电"的含义进行了明确，根据该办法第二条规定，分布式光伏发电是指在用户所在场地或附近建设运行，以用户侧自发自用为主、多余电量上网且在配电网系统平衡调节为特征的光伏发电设施。

（2）自然人分布式光伏发电项目、非自然人分布式光伏发电项目。

2013 年 12 月 31 日，《国家电网公司关于可再生能源电价附加补助资金管理有关意见的通知》（国家电网财〔2013〕2044 号）首次提出自然人分布式光伏发电项目和非自然人分布式光伏发电项目的概念，并对两类项目纳入补助目录的申请程序、发票开具和补贴标准问题作了区别对待。如非自然人分布式光伏发电项目单位需要自行填报《可再生能源电价附加资金补助目录申报表（分布式光伏发电项目）》，而自然人分布式光伏发电项目由电网企业集中代理按月上报备案；在国家税务总局批复意见出具之前，公司所属电网企业对无法开具增值税发票的自然人分布式光伏发电项目，通过往来账户支付补助资金和购电费，而其他非自然人分布式光伏发电项目需提供增值税专用发票，电网企业按照税票金额分别计列购电成本和进项税金。

（3）光伏基地、屋顶分布式光伏发电。

2014 年 6 月 7 日，《国务院办公厅关于印发〈能源发展战略行动计划（2014—2020 年）〉的通知》（国办发〔2014〕31 号）要求加快发展太阳能发电。有序推进光伏基地建设，同步做好就地消纳利用和集中送出通道建设。加快建设分布式光伏发电应用示范区，稳步实施太阳能热发电示范工程。加强太阳能发电并网服务。鼓励大型公共建筑及公用设施、工业园区等建设屋顶分布式光伏发电。到 2020 年，光伏装机达 1 亿千瓦左右，光伏发电与电网销售电价相当。该文件首次提出了光伏基地和屋顶分布式光伏发电的概念。

（4）"自发自用、余电上网"分布式光伏发电项目、"全额上网"分布式光伏发电项目和"纳入分布式光伏发电规模指标管理"的光伏电站项目。

2014 年 9 月 2 日，《国家能源局关于进一步落实分布式光伏发电有关政策的通知》（国能新能〔2014〕406 号）要求完善分布式光伏发电发展模式。对于利用建筑屋顶及附属场地建设的分布式光伏发电项目，在项目备案时可选择"自发自用、余电上网"或"全额上网"中的一种模式，且采取"自发自用、余电上网"模式上网的项目可在符合规定条件时转成"全额上网"模式。此外，国能新能〔2014〕406 号文还创设了一种特殊的项目类型，即"纳入分布式光伏发电规模指标管理"的光伏电站项目，指的是在地面或利用农业大棚等无电力消费设施建设、以 35 千伏及以下电压等级接入电网（东北地区 66 千伏及以下）、单个项目容量不超过 2 万千瓦且所发电量主要在并网点变电台区消纳的光伏电站项目。该类项目纳入分布式光伏发电规模指标管理，电网企业按照简化程序办理电网接入并提供相应并网服务，但其实质上仍属于光伏电站项目。

（5）光伏扶贫项目。

2014 年 10 月 11 日，《国家能源局　国务院扶贫办关于印发〈实施光伏扶贫工程工作方案〉的通知》（国能新能〔2014〕447 号）开启了光伏扶贫工程的大幕。光伏扶贫工程的目标是：利用 6 年时间，到 2020 年，开展光伏发电产业扶贫工程。一是实施分布式光伏扶贫，支持片区县和国家扶贫开发工作重点县（以下简称贫困县）内已建档立卡贫困户安装分布式光伏发电系统，增加贫困人口基本生活收入。二是片区县和贫困县因地制宜开展光伏农业扶贫，利用贫困地区荒山荒坡、农业大棚或设施农业等建设光伏电站，使贫困人口能直接增加收入。

2016 年 3 月 23 日，国家发展改革委、国务院扶贫办、国家能源局、国家开发银行和中国农业发展银行联合印发的《关于实施光伏发电扶贫工作的意见》（发改能源〔2016〕621 号）对光伏扶贫的模式提出了具体指导意见。意见指出，根据扶贫对象数量、分布及光伏发电建设条件，在保障扶贫对象每年获得稳定收益的前提下，因地制宜选择光伏扶贫建设模式和建设场址，中东部土地资源缺乏的地区，可以村级光伏电站为主（含户用）；西部和中部土地资源丰富的地区，可建设适度规模集中式光伏电站。同年 5 月 5 日，《国家能源局综合司　国务院扶贫办行政人事司关于印发〈光伏扶贫实施方案编制大纲〉的通知》（国能综新能〔2016〕280 号）又细化了光伏扶贫项目的分类，具体包括屋顶光伏扶贫项目/户用系统、村级光伏扶贫项目/村级光伏电站和集中式光伏扶贫电站。

（6）集中式光伏电站和分布式光伏电站、全部自发自用的地面分布式光伏发电项目。

2015 年 3 月 16 日，《国家能源局关于下达 2015 年光伏发电建设实施方案的通知》（国能新能〔2015〕73 号）首次提出"集中式光伏电站"和"分布式光伏电站"的区分方法〔注：《国家能源局关于下达 2014 年光伏发电年度新增建设规模的通知》（国能新能〔2014〕33 号）采用的还是"分布式光伏"和"光伏电站"的表述〕，并首次提出"全部自发自用的地面分布式光伏发电项目"的概念。此外，国能新能〔2015〕73 号文还规定，鼓励各地区优先建设以 35 千伏及以下电压等级（东北地区 66 千伏及以下）接入电网、单个项目容量不超过 2 万千瓦且所发电量主要在并网点变电台区消纳的分布式光伏电站项目。与国能新能〔2014〕406 号文不同的是，其将该类项目从原来"分布式光伏"和"光伏电站"二分法下的"光伏电站"项目划为新的"集中式光伏电站"和"分布式光伏电站"二分法下的"分布式光伏电站"项目。

（7）个人分布式光伏发电项目和企业分布式光伏发电项目。

2015 年 9 月 28 日，《国家能源局关于实行可再生能源发电项目信息化管理的通知》（国能新能〔2015〕358 号）首次也是唯一一次提出个人分布式光伏发电项目和企业分布式光伏发电项目的概念，二者主要区别是个人分布式光伏发电项目原则上由电网企业按月代为填报项目备案信息，并打包报送至信息平台；企业分布式光伏发电项目在项目备案前，由项目单位登录信息平台填报相关信息。

（8）自然人分布式光伏项目和非自然人分布式光伏项目。

2016 年 1 月 25 日，财政部办公厅、国家发展和改革委员会办公厅和国家能源局综合司联合印发《关于组织申报可再生能源电价附加资金补助目录的通知》（财办建〔2016〕9 号），其中提到分布式光伏发电项目按照该文件有关要求一并申报，并注明自然人分布式光伏项目和非自然人分布式光伏项目。该文件摒弃了国能新能〔2015〕358 号文中个人分布式光伏发电项目和企业分布式光伏发电项目的提法，而采用国家电网财〔2013〕2044号文中自然人分布式光伏项目和非自然人分布式光伏项目的表述。

（9）不限规模的光伏发电类型和地区的项目、普通光伏电站项目和光伏发电领跑技术基地项目。

2016 年 5 月 30 日，《国家发展改革委　国家能源局关于完善光伏发电规模管理和实施竞争方式配置项目的指导意见》（发改能源〔2016〕1163 号）发布，从建设规模管理角度将光伏项目分为三类：一是不限规模的光伏发电类型和地区的项目；二是普通光伏电站项目；三是光伏发电领跑技术基地项目。其中不限规模的光伏发电类型和地区的项目又包括三种，分别是利用固定建筑物屋顶、墙面及附属场所建设的光伏发电项目以及全部自发自用的地面光伏电站项目（不受年度规模限制），光伏发电市场交易等改革创新试点项目（在明确试点相关政策的同时，对试点地区光伏电站建设规模专门作出安排），以及光伏扶贫中的村级电站和集中式电站项目（国家能源局专项下达建设规模）。

根据《国家能源局关于推进光伏发电"领跑者"计划实施和 2017 年领跑基地建设有关要求的通知》（国能发新能〔2017〕54 号），光伏发电领跑基地包括应用领跑基地和技术领跑基地，其中应用领跑基地通过为已实现批量制造且在市场上处于技术领先水平的光伏产品提供市场支持，以加速市场应用推广、整体产业水平提升和发电成本下降，提高光伏发电市场竞争力；技术领跑基地通过为光伏制造企业自主创新研发、可推广应用但尚未批量制造的前沿技术和突破性技术产品提供试验示范和依托工程，以加速科技研发成果应用转化，带动和引领光伏发电技术进步和市场应用。由此，光伏发电领跑基地项目又分为光伏发电技术领跑基地项目和光伏发电应用领跑基地项目。

（10）光伏扶贫项目、光伏复合项目和其他光伏发电站项目。

2017 年 9 月 25 日，《国土资源部　国务院扶贫办　国家能源局关于支持光伏扶贫和规范光伏发电产业用地的意见》（国土资规〔2017〕8 号）从项目用地管理角度，将光伏项目分为光伏扶贫项目、光伏复合项目和其他光伏发电站项目三类。

（11）户用自然人分布式光伏发电项目。

2018 年 10 月 9 日，《国家发展改革委　财政部和国家能源局关于 2018 年光伏发电有关事项说明的通知》（发改能源〔2018〕1459 号）规定，今年 5 月 31 日（含）之前已备案、开工建设，且在今年 6 月 30 日（含）之前并网投运的合法合规的户用自然人分布式光伏发电项目，纳入国家认可规模管理范围，标杆上网电价和度电补贴标准保持不变。

3. 繁荣依旧：平价上网时代（2019 年至今）

（1）平价上网和低价上网试点项目。

2019 年 1 月 7 日，《国家发展改革委　国家能源局关于积极推进风电、光伏发电无补贴平价上网有关工作的通知》（发改能源〔2019〕19 号）拉开了光伏项目平价上网时代的大幕。通知要求，开展平价上网项目和低价上网试点项目建设。各地区要认真总结本地区风电、光伏发电开发建设经验，结合资源、消纳和新技术应用等条件，推进建设不需要国家补贴的执行燃煤标杆上网电价的风电、光伏发电平价上网试点项目。在资源条件优良和市场消纳条件保障度高的地区，引导建设一批上网电价低于燃煤标杆上网电价的低价上网试点项目。

（2）工商业分布式和户用分布式。

2019 年 4 月 28 日，《国家发展改革委关于完善光伏发电上网电价机制有关问题的通知》（发改价格〔2019〕761 号）首次提出工商业分布式和户用分布式的概念，工商业分布式即除户用以外的分布式，大体相当于之前的"非自然人分布式光伏项目"或"企业分布式光伏发电项目"。

（3）光伏扶贫项目、户用光伏、普通光伏电站、工商业分布式光伏发电项目、国家组织实施的专项工程或示范项目。

2019 年 5 月 28 日，《国家能源局关于 2019 年风电、光伏发电项目建设有关事项的通知》（国能发新能〔2019〕49 号）要求，积极推进平价上网项目建设，严格规范补贴项目竞争配置。该文件的附件 2《2019 年光伏发电项目建设工作方案》表示："自 2019 年起，对需要国家补贴的新建光伏发电项目分以下五类：①光伏扶贫项目，包括已列入国家光伏扶贫目录和国家下达计划的光伏扶贫项目；②户用光伏：业主自建的户用自然人分布式光伏项目；③普通光伏电站：装机容量 6 兆瓦及以上的光伏电站；④工商业分布式光伏发电项目：就地开发、就近利用且单点并网装机容量小于 6 兆瓦的户用光伏以外的各类分布式光伏发电项目；⑤国家组织实施的专项工程或示范项目，包括国家明确建设规模的示范省、示范区、示范城市内的光伏发电项目，以及跨省跨区输电通道配套光伏发电项目等。"其中户用光伏根据切块的补贴额度确定的年度装机总量和固定补贴标准进行单独管理；除国家有明确政策规定外，普通光伏电站、工商业分布式光伏发电项目以及国家组织实施的专项工程或示范项目（以下简称普通光伏项目），原则上均由地方通过招标等竞争性配置方式组织项目，国家根据补贴额度通过排序确定补贴名单。

（4）智能光伏示范项目。

2019 年 8 月 29 日，《工业和信息化部办公厅　住房和城乡建设部办公厅　交通运输部办公厅　农业农村部办公厅　国家能源局综合司　国务院扶贫办综合司关于开展智能光伏试点示范的通知》（工信厅联电子〔2019〕200 号）提出，支持建设一批智能光伏示范项目，包括应用智能光伏产品，融合大数据、互联网和人工智能，为用户提供智能光伏服务的项目；优先支持国家新型工业化产业示范基地、光伏"领跑者"基地所在地的企业和项目、光伏储能应用项目、建筑光伏一体化应用项目。该文件系首次提出智能光伏示范项目的概念。

（5）光伏竞价转平价上网项目。

2020 年 9 月 30 日，《国家能源局综合司关于公布光伏竞价转平价上网项目的通知》（国能综通新能〔2020〕107 号）中，共有 1 229 个项目列入光伏竞价转平价上网项目，装机规模 799.89 万千瓦。

（6）保障性并网项目和市场化并网项目。

2021 年 5 月 11 日，《国家能源局关于 2021 年风电、光伏发电开发建设有关事项的通知》（国能发新能〔2021〕25 号）要求，建立保障性并网、市场化并网等并网多元保障机制，并首次提出保障性并网项目和市场化并网项目的概念。其中，各省（区、市）完成年度非水电最低消纳责任权重所必需的新增并网项目，由电网企业实行保障性并网，保障性并网项目由各省级能源主管部门通过竞争性配置统一组织；对于保障性并网范围以外仍有意愿并网的项目，可通过自建、合建共享或购买服务等市场化方式落实并网条件，由电网企业予以并网，并网条件主要包括配套新增的抽水蓄能、储热型光热发电、火电调峰、新型储能、可调节负荷等灵活调节能力。

（7）整县（市、区）屋顶分布式光伏开发试点项目。

2021 年 6 月，《国家能源局综合司关于报送整县（市、区）屋顶分布式光伏开发试点方案的通知》表示，根据各地报送的试点方案，国家能源局综合司于同年 9 月 8 日下发《国家能源局综合司关于公布整县（市、区）屋顶分布式光伏开发试点名单的通知》（国能综通新能〔2021〕84 号），将各省（自治区、直辖市）及新疆生产建设兵团报送的 676 个试点县（市、区）全部列入整县（市、区）屋顶分布式光伏开发试点。在该试点工作项下开展建设的光伏项目即为整县（市、区）屋顶分布式光伏开发试点项目。

（8）大型光伏发电基地项目。

2022 年 1 月 30 日，《国家发展改革委　国家能源局关于完善能源绿色低碳转型体制机制和政策措施的意见》（发改能源〔2022〕206 号）提出，以沙漠、戈壁、荒漠地区为重点，加快推进大型风电、光伏发电基地建设。于 2022 年 3 月 17 日印发的《国家能源局关于印发〈2022 年能源工作指导意见〉的通知》（国能发规划〔2022〕31 号）提出，大力发展风电光伏，加大力度规划建设以大型风光基地为基础、以其周边清洁高效先进节能的煤电为支撑、以稳定安全可靠的特高压输变电线路为载体的新能源供给消纳体系。此外，于 2022 年 5 月 24 日印发的《国务院关于印发扎实稳住经济一揽子政策措施的通知》（国发〔2022〕12 号）亦要求加快推动以沙漠、戈壁、荒漠地区为重点的大型风电光伏基地建设，近期抓紧启动第二批项目。

2022 年 7 月 27 日，国家能源局新能源和可再生能源司司长李创军在国新办就"加快建设能源强国全力保障能源安全"有关情况举行的发布会上表示，在沙漠、戈壁、荒漠地区建设大型风光电基地，是贯彻习近平总书记重要指示精神、支撑如期实现碳达峰碳中和目标、推进能源清洁低碳转型、提高能源安全保供能力、扩投资稳增长的重要举措。国家能源局认真贯彻落实习近平总书记的重要讲话和指示批示精神，把以沙漠、戈壁、荒漠地区为重点的大型风电光伏基地的建设作为"十四五"新能源发展的重中之重。

目前，随着技术水平的不断发展和进步，一些新的光伏项目类型已经出现，如海上光伏等。展望未来，光伏项目将在国家"3060"双碳目标的实现过程中承担重要角色，项目类型有望在实践中不断创新。

（三）光伏新能源项目的系统架构与组成

尽管光伏新能源项目应用形式多种多样，应用规模跨度也很大，从不足一瓦的太阳能草坪灯，到几百千瓦甚至几兆瓦的大型光伏发电站都属于其应用形式，但光伏新能源项目的组成结构和工作原理却基本相同。其主要由太阳能电池组件（或方阵）、蓄电池（组）、光伏控制器、交流逆变器（在有需要输出交流电的情况下使用）以及一些测试、监控、防护等附属设施构成。

1. 太阳能电池组件

太阳能电池组件也叫太阳能电池板，是光伏新能源项目中的核心部分，也是光伏新能源项目中价值最高的部分。其作用是将太阳光的辐射能量转换为电能，并将其送往蓄电池中存储起来，也可以直接用于推动负载工作。当发电容量较大时，就需要用多块电池组件串、并联后构成太阳能电池方阵。目前应用的太阳能电池主要是晶体硅太阳能电池，分为单晶硅太阳能电池、多晶硅太阳能电池和非晶硅太阳能电池等。

2. 蓄电池

蓄电池的作用主要是存储太阳能电池发出的电能，并可随时向负载供电。光伏新能源项目对蓄电池的基本要求是：自放电率低，使用寿命长，充电效率高，深放电能力强，工作温度范围宽，少维护或免维护以及价格低廉。目前与光伏项目配套使用的主要是免维护铅酸蓄电池，在小型、微型项目中，也可用镍氢蓄电池、镍镉蓄电池、锂离子电池或超级电容器等。当有大容量电能存储时，就需要将多个蓄电池串、并联起来，构成蓄电池组。

3. 光伏控制器

光伏控制器的作用是控制整个项目的工作状态，其功能主要有防止蓄电池过充电保护、防止蓄电池过放电保护、系统短路电子保护、系统极性反接保护、夜间防反充保护等。在温差较大的地方，光伏控制器还具有温度补偿的功能。另外，光伏控制器还有光控开关、时控开关等工作模式，以及充电状态、蓄电池电量等各种工作状态的显示功能。光伏控制器一般分为小功率、中功率、大功率和风光互补控制器等。

4. 交流逆变器

交流逆变器是把太阳能电池组件或者蓄电池输出的直流电转换成交流电，供应给电网或者交流负载使用的设备。交流逆变器按运行方式不同，可分为独立运行逆变器和并网逆变器。独立运行逆变器用于独立运行的光伏新能源项目，为独立负载供电。并网逆变器用于并网运行的光伏新能源项目。

5. 光伏新能源项目附属设施

光伏新能源项目的附属设施包括直流汇流（配线）系统、交流配电系统、运行监控和检测系统、防雷和接地系统等。

二、百炼千锤铸新器：光伏新能源项目研发要素

光伏新能源项目研发是一项复杂而关键的任务，涉及目标设定、团队协作、资源调配、方法选择、工具应用和成果评价等多个方面。其目标与过程旨在提高效率、降低成本、增强可靠性，实现可持续发展；研发团队需跨学科协作，合理调配内外资源，确保项目顺利进行；研发方法应注重数据驱动与技术创新，利用先进工具提升研发效率和精度；最终成果的价值与影响应通过综合评价体系来衡量，以指导后续研发方向和策略。光伏新能源项目研发的成功需要各要素的优化配合，从而推动光伏技术不断向前发展，为实现清洁能源转型和应对气候变化提供有力支撑。

（一）光伏新能源项目研发的目标与过程

光伏新能源项目研发的目标与过程是实现清洁能源转型的关键。在全球范围内，随着气候变化和能源需求日益严重，光伏新能源作为一种可再生、环保的能源形式，越来越受到广泛关注。通过项目研发，我们可以不断优化光伏系统的设计、提高设备的可靠性、降低成本，为实现大规模应用和可持续发展奠定基础。

1. **光伏新能源项目研发目标**

光伏新能源项目研发的目标可以通过具体的研发工作和策略来实现。这些目标旨在提高光伏发电效率、降低成本、提高可靠性、实现可持续发展，为推动清洁能源转型和应对气候变化做出重要贡献。

（1）提高发电效率：研发团队可以研发新型的太阳能电池板材料和结构，以捕获更多的阳光并提高光电转换效率。例如，研发人员可以探索使用薄膜太阳能电池板，这种电池板可以降低成本，同时提高光电转换效率。此外，研发人员还可以研究如何通过系统设计优化提高光伏系统的发电效率。例如，可以在系统中加入智能控制系统，根据天气和时间自动调整太阳能电池板的倾斜角度和朝向，以最大限度地捕获阳光并提高发电效率。

（2）降低成本：在设备采购方面，研发团队可以选择采购性价比高的设备型号和数量。例如，可以选用价格适中但性能良好的太阳能电池板和逆变器等设备。在系统设计方面，研发团队可以优化系统布局以减少线路损耗。例如，可以合理安排太阳能电池板的排列方式，缩短线路长度并减少损耗。此外，研发团队还可以采用更高效的施工方法来降低项目的建设和运营成本。例如，可以研究使用自动化施工技术和机器人安装太阳能电池板等设备的方法，以提高施工效率和降低成本。

（3）提高可靠性：研发团队可以通过改进设备和系统的设计、材料选择及质量控制等手段来提高项目的可靠性和稳定性。例如，选用高质量的设备材料和零部件，如耐用的太阳能电池板和可靠的逆变器等。此外，研发团队可以进行严格的质量控制和测试，确保设

备和系统的正常运行和稳定性。例如，可以对设备进行长时间的测试和验证，以确保其在各种环境和条件下能够稳定运行。同时，设计备份系统也是一种提高可靠性的有效手段。例如，可以设计备用逆变器和蓄电池等设备来应对可能的设备故障和停电情况。

（4）实现可持续发展：在选择材料和设备方面，研发团队可以优先考虑环保的材料和设备。例如，可以选择使用低挥发性有机化合物（VOC）的涂料和无毒的太阳能电池板材料等。此外，研发团队还可以研究如何将光伏系统与可再生能源供电相结合，如风能、水能等。例如，可以将光伏系统和风力发电系统相结合，使之形成综合的可再生能源供电系统。同时，进行废旧设备的回收和再利用也是实现可持续发展的重要手段之一。例如，可以探索建立回收体系和再利用标准，促进废旧设备的回收和循环利用。

2. 光伏新能源项目研发过程

光伏新能源项目研发的过程是一个多阶段、多环节的复杂任务，涵盖了从项目规划、技术研发、详细设计、设备采购和安装到运营维护和持续改进的一系列活动。每个阶段都有其特定的目标和要求，需要精心组织和协调，以确保项目的顺利进行和高质量完成。深入了解和掌握这个过程，可以更好地应对挑战、优化资源配置，推动光伏新能源技术的不断创新和提升。

（1）项目规划阶段：在这个阶段，研发团队需要明确项目的定位、目标及资源配置。具体来说，需要考虑项目的规模、建设地点、投资预算、建设周期、发电量预测等因素。同时，研发团队还需要对当地的气候条件、地理环境、政策环境、市场情况等进行深入调研和分析，以制订一个切实可行的项目计划。在这个阶段，研发团队还需要确定项目的技术路线和方案，以及项目的经济性和社会效益评估。

（2）技术研发阶段：在这个阶段，研发团队需要进行光伏系统的设计和设备选型。具体来说，需要根据项目的实际需求和条件，选择合适的太阳能电池板、逆变器、储能设备等关键设备，并确定其型号和参数。同时，研发团队还需要进行系统的设计和优化，以提高光伏系统的发电效率和可靠性。此外，研发团队还可以考虑采用智能电网技术和其他创新技术来提高电力系统的稳定性和安全性。

（3）详细设计阶段：在这个阶段，研发团队需要根据项目规划和实际条件进行光伏系统的详细设计。具体来说，需要进行设备的布置和线路设计、控制系统的设计和优化、安全防护系统的设计等。同时，研发团队还需要进行设备的采购和调试，以及施工现场的规划和准备等工作。在这个阶段，研发团队需要注重细节和精度，确保设计的合理性和可行性。

（4）设备采购和安装阶段：在这个阶段，研发团队需要根据设计要求进行设备的采购和安装调试。具体来说，需要选择合适的设备供应商和品牌，并进行设备的验收和测试。同时，研发团队还需要进行设备的安装和调试工作，确保设备的正常运行和稳定性。在这个阶段，研发团队需要注重质量控制和施工安全，确保设备的可靠性和安全性。

（5）运营维护阶段：在项目投入运营后，研发团队需要进行日常维护和管理。具体来说，需要定期检查太阳能电池板的清洁度和运行状态、逆变器和储能设备的运行状态等关键设备的情况，并进行必要的维修保养工作，确保设备的正常运行和稳定性。同时，研发团队还需要进行电力市场的分析和预测，以制定合理的电价策略等。此外，研发团队还需要对项目进行经济性和社会效益评估，以不断改进和完善项目的运营和管理。

（6）持续改进阶段：对项目的实际运行情况进行监测和评估，能够及时发现和解决问题，并进行持续改进和优化。例如，改进设备的运行维护策略可以提高设备的运行效率，降低运营成本；改进电力市场的分析和预测策略，可以提高电价策略的准确性和收益水平等。此外，研发团队还可以对项目的经济效益和社会效益进行综合评估，以不断优化项目的投资回报和社会效益等指标，为项目的可持续发展提供有力的支持和保障。

光伏新能源项目研发的各个阶段都需要注重细节和精度，需要进行深入调研和分析，以制订切实可行的计划和方案，并进行严格的质量控制和运营管理，来确保项目的顺利实施和取得良好的经济和社会效益。

（二）光伏新能源项目研发的团队与资源

光伏新能源项目研发的团队与资源是项目成功的关键因素，需要在项目规划阶段就进行充分的考虑和准备，以确保项目的顺利实施并取得良好的经济和社会效益。

1. 光伏新能源项目团队构成

光伏新能源项目的团队主要分为研发团队、工程团队和运营团队等。

（1）研发团队。

太阳能电池板研发人员：负责研发和优化太阳能电池板，包括材料选择、结构设计、制造工艺等方面的研究和改进。

光伏系统设计人员：负责设计光伏系统，包括系统布局、设备选型、控制系统设计等方面的工作。

创新技术研究人员：负责研究和引入新的光伏技术并不断创新，如新型太阳能电池板材料、智能电网技术等。

（2）工程团队。

设计师：负责光伏电站的详细设计，包括设备布置、线路设计、控制系统设计等方面的工作。

采购人员：负责设备的采购，包括供应商选择、合同签订、设备验收等方面的工作。

安装人员：负责设备的安装和调试，包括支架安装、太阳能电池板安装、逆变器安装和调试等方面的工作。

项目经理：负责项目的整体规划、进度控制、质量管理等方面的工作，确保项目的顺利实施。

（3）运营团队。

运维人员：负责光伏电站的日常运营和维护，包括设备的检查、维修和保养等方面的工作。

市场营销人员：负责电力市场的分析和预测，制定合理的电价策略，提高项目的收益水平。

数据分析师：负责对光伏电站的运行数据进行分析和挖掘，为决策提供数据支持和优化建议。

客户服务人员：负责与客户沟通，解答疑问，处理投诉，提高客户满意度。

2. 光伏新能源项目资源

光伏新能源项目的资源主要分为资金、技术、政策、合作伙伴、培训学习等。

（1）资金来源。

政府资助：政府提供资金支持，包括科研项目资助、创业基金等，以推动光伏新能源项目研发。

企业投资：企业提供资金支持，通常以股权投资、合作开发等方式参与项目研发。

金融机构贷款：金融机构提供贷款资金，支持项目研发和建设。

众筹平台：通过众筹平台筹集资金，吸引更多人参与项目研发和建设。

（2）技术支持。

科研机构合作：与相关科研机构合作，共同进行光伏新能源技术的研发和创新。

企业技术转让：与企业合作，获取其拥有的先进光伏技术，并将之应用于项目研发。

技术咨询：聘请专业技术人员或咨询公司，提供技术咨询和支持。

学术会议和研讨会：参加学术会议和研讨会，了解最新的光伏新能源技术和趋势。

（3）政策支持。

光伏发电补贴政策：政府提供光伏发电补贴，降低项目的投资成本，提高项目的经济性。

税收优惠政策：政府提供税收优惠政策，如减免增值税、所得税等，降低项目的运营成本。

政府采购政策：政府优先采购本国产品，支持国内光伏产业的发展。

绿色能源政策：政府推动绿色能源发展，鼓励光伏新能源项目的建设和研发。

（4）合作伙伴。

技术合作伙伴：与拥有先进光伏技术的企业或机构合作，共同进行技术研发和创新。

资金合作伙伴：与金融机构、企业等合作，共同提供资金支持，推动项目的实施和发展。

市场合作伙伴：与电力公司、能源企业等合作，共同开拓市场，推广光伏新能源项目。

当地政府和社区：与当地政府和社区建立合作关系，争取当地的支持和资源，推动项目的实施和发展。

（5）培训学习。

培训课程：参加光伏新能源相关的培训课程，提高团队成员的技术水平和增加其专业知识。

学术会议：参加光伏新能源相关的学术会议和研讨会，了解最新的科研成果和技术趋势。

研究项目：参与光伏新能源相关的研究项目，通过实践提高团队成员的技术水平和增加其专业知识。

网络学习平台：利用网络学习平台，学习最新的光伏新能源技术和知识，提高团队成员的素质和能力。

外部专家讲座：邀请外部专家举办讲座和培训，提高团队成员的技术水平和增加其专业知识。

光伏新能源项目研发在项目规划阶段就进行充分的考虑和准备，组建专业的团队、寻求资金支持、建立合作伙伴关系等措施可以有效地推动项目的实施和发展，并取得成功。

（三）光伏新能源项目研发的方法与工具

光伏新能源项目研发是一项综合性工作，涉及多个学科和领域的知识和技能。为了提高项目研发的效率和成功率，需要综合运用各种方法和工具。

1. 设计方法

光伏系统的设计是光伏新能源项目研发的核心环节之一。设计师需要根据项目需求，综合考虑光伏电池板的布置、电缆设计、逆变器选型等因素，进行系统设计。在这个过程中，选择适合项目需求的设计软件非常重要。设计师可以利用 AutoCAD 等软件进行光伏电池板的布置和电缆设计。这些软件具有强大的绘图和建模功能，可以帮助设计师快速准确地完成设计任务。同时，PVsyst、SolarCAD 等软件可以进行光伏系统的模拟和计算，帮助设计师评估和优化光伏系统的性能。

2. 系统仿真

系统仿真是评估和优化光伏系统性能的重要手段之一。通过使用 HOMER 等系统仿真工具，工程师可以在系统层面对光伏系统进行仿真和敏感性分析。这些工具可以帮助工程师评估不同设计方案的效果，发现潜在问题，并提出优化建议。这对于提高光伏系统的发电效率和可靠性非常有帮助。

3. 数据分析与可视化

数据分析是光伏新能源项目研发中不可或缺的一环。对光伏系统的运行数据进行分析和挖掘，可以为决策提供数据支持和优化建议。在这个过程中，Excel、Python 等数据分析工具发挥着重要作用。这些工具可以帮助工程师对数据进行清洗、处理和分析，并以图表等形式进行可视化展示，使得数据更加易于理解和使用。

4. 科研合作与技术创新

光伏新能源项目研发需要不断的技术创新和支持，通过与科研机构和企业建立合作关系，可以共同进行技术研发和创新，获取先进的技术支持和资源共享。这种合作模式不仅可以推动光伏新能源项目的技术进步和应用，还可以降低成本和风险，提高项目的可行性。

5. 实验与测试平台

实验和测试是验证光伏组件与逆变器的性能和可靠性的重要手段。通过建立实验平台和测试系统，可以对关键设备进行实验和测试，以确保其符合设计要求和质量标准。同时，对整个光伏系统进行实地测试和运行评估也是非常必要的，可以确保系统在实际运行中稳定可靠地发电。

6. 标准化与认证体系

遵循国际和国内的光伏标准和认证要求对于确保光伏系统的质量和安全性能至关重要。获得相关认证和资质，可以提高光伏系统的市场竞争力和信誉度。因此，在光伏新能源项目研发中，需要注重标准化和认证工作，确保项目符合相关法规和标准要求。

7. 智能监控与运维系统

利用物联网、云计算等先进技术建立智能监控和运维系统对于提高光伏电站的运营效率和发电量具有重要意义。对电站进行实时监测、故障诊断和预防性维护可以及时发现并解决问题、降低故障率、延长设备使用寿命，从而降低成本和风险，提高收益水平。

光伏新能源项目研发需要综合运用各种方法和工具，以提高设计准确性、优化系统性能、降低成本和风险，并推动项目的成功实施和发展。通过选择适合项目需求的设计软件、进行系统仿真、利用数据分析工具、开展科研合作与技术创新、建立实验与测试平台、遵循标准化与认证要求以及搭建智能监控与运维系统，项目团队可以有效地应对各种挑战，提升光伏系统的效率和可靠性，推动光伏新能源技术的持续进步和广泛应用。

（四）光伏新能源项目研发的成果与评价

光伏新能源项目研发的成果与评价是对一个光伏新能源项目研发成功与否的检验，也是对项目研发价值和贡献的评估。成果与评价的检验可以判断项目研发是否达到了预期的目标和效果，是否具有创新性、实用性、经济性和环境友好性等，从而为项目的研发提供反馈和指导，促进光伏新能源技术的持续发展和提升。同时，对于投资者和决策者来说，成果与评价也是衡量项目投资价值和可持续发展的重要依据。因此，对于光伏新能源项目的研发团队和相关机构来说，成果与评价的检验和评估是至关重要的。

1. 光伏新能源项目研发成果

光伏新能源项目研发的成果应该体现在以下四个方面：

（1）提高光伏电池转换效率。不断研究和尝试新的材料和结构可以提高光伏电池的转换效率。例如，使用新型的半导体材料和改变电池的结构设计，可以更有效地吸收和转换太阳能。同时，对于多晶硅、单晶硅等材料，持续的优化工艺可以提高其纯度和结晶质量，进而提升光伏电池的转换效率。这些创新使得光伏电池能够更高效地将太阳能转化为电能，提高能源的利用效率。

（2）降低光伏电池制造成本。规模化生产和自动化工艺的应用，可以大大降低光伏电池的制造成本。例如，引入自动化生产线和先进的生产设备，可以提高生产效率并降低生产成本。同时，对于材料的选择和利用，可以通过科研和技术创新，发掘新的低成本、高性能的材料，替代传统的昂贵材料，进一步降低光伏电池的制造成本。

（3）创新光伏技术应用领域。除了传统的光伏电站应用外，光伏技术还可以拓展到分布式发电、储能系统、智能微电网等领域。例如，在分布式发电方面，利用光伏技术建设屋顶电站、建筑一体化光伏幕墙等，实现电力就地消纳和自给自足。这些新的应用领域不仅扩大了光伏技术的应用范围，还为人们的生活和生产提供了更多样化的清洁能源选择。

（4）提升光伏电力可靠性。改进光伏电池的设计和制造工艺，可以提高光伏电力供应的可靠性和稳定性。例如，优化电池的故障检测和修复机制，提高电池的寿命和稳定性；对于大型光伏电站，引入智能监控和运维系统，实时监测设备的运行状态和及时修复故障，确保电力供应的可靠性。这些措施有助于消除光伏电力供应的不稳定因素，提高人们对清洁能源的信任度。

2. 光伏新能源项目评价

评价光伏新能源项目应该从以下五个方面进行：

（1）技术先进性：评价光伏新能源项目的研发成果是否在技术上具有先进性。例如，项目是否采用了最新的光伏电池技术和最优化的工艺流程；是否能够提高光伏电池的转换效率和降低制造成本；是否在创新应用领域方面取得了突破等。这些技术先进性评价有助于判断项目在行业中的竞争力和发展潜力。

（2）经济性：评价光伏新能源项目的经济性是衡量其可行性和市场竞争力的重要方面。例如，项目是否能够降低能源成本和提高能源利用效率；是否具有市场竞争力，能够在能源市场中获得一席之地；对于投资者来说，是否具有可观的投资回报等。这些经济性评价有助于判断项目的投资价值和市场前景。

（3）环境友好性：评价光伏新能源项目是否具有环境友好性是衡量其社会效益的重要方面。例如，项目是否能够减少对传统能源的依赖，降低碳排放和环境污染；对于生态环境是否有不良影响；对于气候变化的减缓和适应是否有积极作用等。这些环境友好性评价有助于判断项目在社会中的价值和贡献。

（4）社会效益：评价光伏新能源项目是否具有社会效益也是衡量其可持续发展的重要方面。例如，项目是否能够促进就业和地区经济发展；对于能源结构的转型和能源安全性的提高是否有积极作用；对于公众的健康和生活是否有改善作用等。这些社会效益评价有助于判断项目在社会发展中的价值和作用。

（5）可持续性：评价光伏新能源项目是否具有可持续性是衡量其长期发展潜力的关键方面。例如，项目是否能够在未来继续满足人们对清洁、可再生能源的需求；其技术路线和发展方向是否符合可持续发展的原则；对于未来能源结构的转型和发展是否有推动作用等。这些可持续性评价有助于判断项目在未来发展中的潜力和前景。

光伏新能源项目研发的成果与评价是衡量一个项目成功与否的关键因素。通过提高光伏电池的转换效率、降低制造成本、拓展应用领域以及提升电力可靠性等方面的创新，光伏新能源项目在技术上取得了重大突破。同时，通过对项目的技术先进性、经济性、环境友好性、社会效益以及可持续性的评价，我们可以全面评估项目的价值和贡献。这些成果与评价不仅有助于推动光伏技术的进步和发展，还能够为社会的可持续发展提供强大动力。

三、精雕细琢筑高楼：光伏新能源项目建设与优化

太阳能的利用可以实现就地取材，是自然界中取之不尽、用之不竭的绿色能源，当前被广泛应用到光伏新能源项目建设中，为绿色电能发展提供了有利条件。我国针对光伏新能源推出诸多优惠政策，并加大光伏新能源工程项目建设力度，达到节约资源的目的。随着我国光伏电站装机量的增多，光伏新能源项目方案的设计问题逐渐暴露，影响光伏新能源项目的开展。因此需要结合光伏新能源项目问题探究科学的优化策略，促进光伏新能源项目健康发展。

就光伏新能源项目（光伏电站）而言，在主要部件型号、容量都已设计选择好的前提下，要把各个部件安装到位，并连接成为一个有机的工作系统并持续高效运行，这仍然是一项复杂的系统工程。其中，科学的施工流程、正确的导线选择、合理的连接器及保护元件（如开关、保险等）的选用、合适的工具选取等环节均非常重要。实践经验表明，光伏电站性能好坏及可靠性高低依赖于在实际光伏电站的建设与运行维护中的每一个施工环节，必须精心组织，严格规程，确保光伏新能源项目20年左右的设计使用寿命。

（一）光伏新能源项目的建设与实践

光伏新能源项目的建设在实现可持续发展、减缓气候变化、促进经济发展等方面具有重要意义。通过利用太阳能资源，光伏技术为人类提供了一种可再生、环保、清洁的能源供应方式，减少了化石能源的消耗和环境污染。同时，光伏新能源项目的发展也带动了相关产业的发展，创造了就业机会，促进了经济增长。未来，随着技术的进步和产业规模的扩大，光伏新能源将在全球能源结构中发挥越来越重要的作用。光伏新能源的建设与实践主要包括以下四部分：

1. 光伏新能源项目选址

光伏资源位置的选择直接影响光伏电站的投资效果，光资源的获取质量同样会影响发电水平。影响光资源质量的因素比较多，各因素结构复杂，影响效果难以通过量化的方式进行计算和估量。总体来说，海拔高、纬度低的位置，光伏资源更优质。因此在光伏新能源项目的选址中，需要保证选址的科学性。

2. 光伏新能源项目组件选型

光伏新能源项目需要应用大量的光伏组件，也就是太阳能发电需要应用各种装备，装

备的选择直接影响光伏电厂的运行效果以及最终的发电收益。因此在光伏新能源项目中，需要先做好市场调研保证发电设备选择的科学性。在设备选择中，应对项目进行实地考察，并对项目设计进行论证，保证设备选择方案的科学性。

3. 光伏新能源项目电气设计

光伏新能源项目中，电气设计可以分为两个系统模式，分别为一次系统以及二次系统。系统设计需要根据光伏新能源项目的场区大小、结构以及光伏组件数量等进行设计。设计单位需要先分析 35 千瓦集电线路以及升压站电气结构，如果前期调查不深入、不细致将会影响设计效果。

4. 光伏新能源项目土建设计

光伏新能源项目设计中，光伏组件和施工难度都与当地的地质和地形条件有关，场地的平整度影响土建成本。设计阶段主要的工作内容为以项目组件为基础，检修发电项目的道路情况。光伏组件支架工程是光伏新能源的关键，要根据当时的地址情况进行论证对比。光伏组件的基础工程是土建项目中的重点内容，必须先做好地质情况的对比和论证，优化光伏组件设计方案。

光伏新能源项目的建设需要综合考虑多个方面，包括选址、组件选型、电气设计和土建设计等。科学的选址和组件选择是保证项目投资效果和发电水平的关键，而合理的电气设计和土建设计则直接影响项目的运行效果和收益。因此，在光伏新能源项目的建设中，需要充分考虑各种因素，进行科学规划和设计，以确保项目的成功建设和运营。

（二）光伏新能源项目的运行与维护

从光伏电站运行管理工作的实际经验看，要保证其安全、经济、高效运行，必须建立起规范、有效的运行维护管理机制。归纳起来主要包括以下五个方面：建立严格的管理制度、构建完善的技术体系、树立"安全第一"的用电意识、提高运行维护人员的业务技能、构建高效的应急处理机制等。

1. 建立严格的管理制度

每个电站都应建立全面完整的技术文件资料档案，并设立专人负责电站技术文件的管理，为电站的安全可靠运行提供强有力的技术基础数据支持。

（1）建立电站设备技术档案和设计施工图纸档案。

（2）建立电站信息化管理系统。利用计算机管理系统建立电站信息资料，每个电站建立一个数据库，数据库内容主要包括电站的基本信息和动态信息两个方面。

（3）建立电站运行档案。建立电站运行档案是分析电站运行状况和制订电站维护方案的重要依据之一。

（4）建立运行分析制度。根据光伏电站运行期的档案资料，组织相关部门和技术人员对电站运行状况进行综合分析，及时发现光伏系统存在的问题和事故隐患，提出切实可行的解决方案。建立运行分析制度可以提高技术人员的业务能力以及电站运行的可靠性。

2. 构建完善的技术体系

在光伏电站的日常运行维护中，管理人员要不断总结经验，制定详细的巡检维护项目，以保证巡检维护时不会出现漏项检查的现象，不断提高维护管理水平。

（1）光伏阵列。

光伏系统设计寿命能达 20 年以上，其故障率较低。光伏系统使用与维护的好坏直接影响着系统的使用寿命，同时也影响着系统的运行效率和运行成本。做好光伏发电系统的维护工作是维持系统良好运行状态的最佳手段。一般情况下，无需对太阳能电池组件进行表面清洁处理，但对暴露在外的接线接点要进行定期检查维护。维护主要内容如下：

①保持光伏阵列采光面的清洁。在少雨且风沙较大的地区，应每月清洗一次，清洗时应先用清水冲洗，然后用干净、柔软的布将水迹擦干，切勿用有腐蚀性的溶剂冲洗或用硬物擦拭。清洗时应选在没有阳光的时间进行，应避免在白天光伏组件被阳光晒热的情况下用冷水清洗组件，冷水可能会使光伏组件的玻璃盖板破裂。

②遇有大风、暴雨、冰雹、大雪等特殊天气情况，应采取相应措施保护太阳能电池方阵，以免其遭到损坏。

③组件的接线盒应定期检查，以防风化。定期检查光伏组件板间连线以及方阵汇线盒内的连线是否牢固，并按需要紧固；检查光伏组件是否有损坏或异常现象，如破损、栅线消失、出现热斑等；检查光伏组件接线盒内的旁路二极管是否正常工作。当光伏组件出现问题时，应及时更换，并详细记录故障组件在光伏阵列内具体的安装分布位置。

④每季度检查一次各太阳能电池组件的封装及接线接头，如发现有封装开胶、进水、电池变色及接头松动、脱线、腐蚀等情况，应及时处理。

⑤检查方阵支架间的连接、支架与接地系统的连接以及电缆金属外皮与接地系统的连接是否可靠，并按需可靠连接；检查方阵汇线盒内的防雷保护器是否失效，并根据实际情况进行维修或更换。

⑥每年要检查一次太阳能电池方阵的金属支架有无腐蚀，并根据当地天气气候条件定期进行喷漆处理。

⑦定期检查方阵周边植物的生长情况，查看是否遮挡了方阵太阳光的照射通道，并根据实际情况做相应处理。

（2）蓄电池组。

蓄电池的维护是光伏系统维护工作中的重中之重。由于光伏电站是利用太阳能进行发电的，而太阳能是一种不连续、不稳定的能源，因此容易使得蓄电池组出现过充、过放和欠充电等现象。实践经验表明，蓄电池组是光伏电站中较容易被忽视的环节之一，应对蓄电池进行定期检查和科学维护。

①蓄电池荷电出厂，安装使用前应检查各单体开路电压，若低于 2.18V 或储存期超过三个月，应首先进行均衡补充电。

②正确使用电缆、铜排、连接线，蓄电池组输出终端以后的连接，由用户根据与负载的实际距离考虑；蓄电池组安装完毕后，应保证各连接部位接触良好，且极性正确。

③每半年应至少进行一次电池单体间连接螺栓的拧紧工作，以防连接螺栓松动造成蓄电池接触不良，引发其他故障。

④在维护或更换蓄电池时，使用的工具（如扳手等）必须带绝缘套，以防极间短路。

⑤蓄电池系统应尽量靠近负载，以免增加线路压降。

⑥当蓄电池组需要并联使用时，应尽量使各电池组线路损耗压降大致相同，每组电池配保险装置。

⑦观察蓄电池表面是否清洁、有无腐蚀漏液现象，若外壳污物较多，用潮湿布沾洗衣粉擦拭即可。

⑧观察蓄电池外观是否有凹瘪或鼓胀现象。

⑨蓄电池放电后应及时进行充电。若遇连续多日阴雨天，造成蓄电池充电不足，应停止或缩短电站的供电时间，以免造成蓄电池过度放电。

（3）控制器及逆变器。

控制器、逆变器通常较为可靠，可以连续使用多年。但有时因设计问题，电子元器件经过长期运行可能会被损坏。此外，雷击因素也可能导致元器件损坏。因此，就光伏发电系统而言，也需要加强对控制器和逆变器的运行维护。

①定期检查控制器、逆变器与其他设备的连线以及控制器、逆变器的接地连线是否牢固，按需要固紧。

②检查控制器、逆变器内电路板上的元器件有无虚焊现象、有无损坏元器件，按需要进行焊接或更换。如发生不易排除的事故，或事故的原因不清，应做好事故的详细记录，并及时通知生产厂家给予解决。

③检查控制器显示值与实际测量值是否一致，以判断控制器是否正常。

④检查控制器的运行工作参数点与设计值是否一致，如不一致按要求进行调整。需要注意的是，控制器控制蓄电池充放电的预置电压阈值不得任意调整，以防调乱，使控制器失灵。只有在出现蓄电池充放电状态失常时，方可请有关生产厂家进行检查和调整。

（4）防雷接地装置。

防雷接地装置事关电站光伏系统的安全运行，必须加强巡视和维护。

①定期测量接地装置的接地电阻，检测其是否满足设计要求，否则应查明原因。另外，每半年应测量一次控制柜的接地电阻。

②定期检查各设备部件与接地系统是否连接可靠，若出现连接不牢靠的现象，应及时排查，并焊接牢固。

③在雷雨过后或雷雨季到来之前，重点检查方阵汇线盒以及各设备内安装的防雷保护器是否失效，并根据需要及时更换。

3. 树立"安全第一"的用电意识

在光伏系统设计、安装、维护或使用的全过程中，确保安全始终是光伏系统工作人员的首要责任。光伏电站无论大小，工作时都包含许多电的、非电的潜在危险。光伏工程绝大多数在户外、野外施工。人们用手或动力工具作业时，更多的是同金属和电气线路接触。此外，还要从事与蓄电池有关的工作，因此有可能引起人身的外伤、灼伤、触电等，与此同时，还有太阳暴晒、虫蛇叮咬、撞击、扭伤、坠落、烫伤等危险。为了工作安全，工作人员必须树立强烈的"安全第一"的用电意识，养成良好的工作习惯，维持清洁和有序的工作环境，配备合理的设备，接受科学使用光伏发电系统的良好培训，了解潜在的危险和规避措施，定期回顾安全操作规程，掌握人工急救的基本知识，能够进行人工呼吸、心肺复苏等现场急救。上述内容是光伏工程人员应该遵守的安全行为规范，严格照此执行将会大大减少工作中潜在的危险和事故。

4. 提高运行维护人员的业务技能

培训工作主要是针对两方面的人员进行的：一是对专业技术人员进行培训，针对运行维护管理存在的重点和难点问题，组织专业技术人员开展各种专题的内部培训工作。条件允许时，将技术人员送到设备生产厂家或相关院校进行系统的相关知识培训，提高专业技术人员的专业技能。二是对电站一线执勤维护人员的培训，这部分人员工作在第一线，主要承担电站基本的执勤维护工作，相对而言文化水平较低，因此培训工作应从最基础的电工基础知识讲起，并开展光伏发电的理论知识培训、特种作业培训、实际操作培训和电站操作规程的学习。经培训后，这些人员应了解和掌握光伏发电系统的基本工作原理和各设备的基本功能，能够按要求进行电站的日常维护工作，具有判断、分析、处理一般故障的能力。

5. 构建高效的应急处理机制

为了确保光伏发电系统运行稳定可靠，加强全网统一协调合作与调度，各光伏电站均应设立专人负责与电站操作人员和有关设备厂家的联系工作。当电站出现故障时，操作人员应能及时将问题提交给相关部门，同时也能在最短的时间内通知设备厂家和维修人员及时赶到现场进行修理。各光伏电站必须结合自身实际拟定故障应急处理保障预案，并定期演练，作为处理突发事件及重大供电障碍的具体实施计划之一。其目的是统一领导、统一指挥、分级负责，争取时间，严密组织，密切协同，保障有力，力争科学、有效地在最短时限内安全稳妥地处理突发事件，保证电站系统和设备的安全。

光伏新能源项目的维护与运行需要严格的管理制度、完善的技术体系、安全的用电意识以及高效应急处理机制的支撑。通过这些措施，我们可以确保光伏设备的正常运行，提高能源利用效率，降低环境污染，并推动可持续发展。未来，随着技术的不断创新和进步，光伏新能源的维护与运行将变得更加智能化和高效化，为绿色能源的未来和可持续发展做出更大的贡献。

（三）光伏新能源项目的优化与升级

光伏新能源项目的优化与升级是提高项目运行效率、降低成本、增强可持续发展的关键。通过对光伏新能源项目进行优化与升级，可以实现能源的高效利用、降低环境污染、提高能源供给的稳定性和可靠性。光伏新能源项目的优化与升级可从下面八个方面开展：

1. 保证光伏新能源项目选址的科学性

光伏新能源项目方案的优化中，选址对光伏发电效果影响程度比较大。为了优化选址，在项目开始前需要组织工程、造价等专业人员携带测量设备对选址位置进行实地考察，详细测量光伏新能源项目安装组件。在总体布局方面需要保证以人为本、节能环保，保证选址布局与周边环境的协调性，同时还需要考虑经济适应问题；通过对子方阵的调整，保证土地利用的最大化，总平面的设计和布局要保证间距的合理性，尽可能减小倾角，排除坡度超过40°的场地区域，选择太阳辐射范围广、辐射量大的区域进行项目开发；通过对光伏新能源项目选址的优化，保证太阳辐射量和装机连续性，最大化光伏发电效果。

2. 保证光伏发电组件的科学配置

光伏发电方案的设计中，组件的布置和设置对光伏发电效果的发展具有重要作用。因此在光伏组件布置开始前，要先对光伏发电实施地点进行实地调研，避免光伏组件布置和选型的单一性。应组织光伏发电设计小组，对场地进行调研，特别是针对土地坡度、地形起伏以及山体距离等方面做好调查工作，并对周围的障碍物以及遮蔽角等进行科学计算。设计小组应综合考量发电量的问题，有效控制工程造价，降低工程施工难度，还应对组件市场、价格进行综合考量，设计最合理的安装方式。

3. 保证光伏发电系统设计的质量

为了保证光伏发电系统设计的有效性，首先，对太阳能资源进行优化。我们通过数据分析的方式对数据的可靠性、有效性等进行验证，了解太阳辐射的变化情况，同时了解光伏电站受环境效应影响，确定资源损失系数；通过公式计算的方式，提升太阳位置计算参数，避免单一的参数模式影响计算结果准确性；以实际电站的阵列面作为研究基础，确定辐射量。其次，注重光伏组件串、并联的设计优化，项目所处地区的太阳辐射和气象情况会影响光伏发电效果。因此需要结合逆变器以及组件等规格参数等，对气象观测数据进行测量，并通过复核计算的方式，保证串、并联的合理性。串、并联计算需要结合光伏电站的气候和地理特点，分析上述数量关系。为了有效控制直流损耗，太阳能电池串联后，电压的取值要在能够满足接线条件的同时，尽可能取最高值。太阳能电池组的串联数量需要综合考量环境、地理、气象等综合条件，以及直流损耗等。相同逆变器的子阵要保证组件功率的一致性，保证性能参数相近，近距离的组件需要连接到同一台逆变器。

4. 加强对土建部分光伏发电的优化

对光伏新能源项目地质情况的分析，如果需要利用灌注桩作为施工技术，需要综合考虑成桩难度问题。如果难度大则无法应用到工程中，要根据工程地质条件以及各项基础的优缺点等，综合考量工程施工情况，以及桩基距离等。一般两个桩基间的距离设置为2.7米，一个光伏阵列需要设置五个条基，桩基的埋深顶部要高于地面。发电站的内部以及周围道路需要采用混凝土材料路面，对于临时施工道路，以四级道路标准进行施工砂石路面即可，道路的转弯半径要控制在 6 米以上。此外，土建工作还需要考虑到建筑的通风问题，设计遮阳隔热保温节能方案，提升通风系统运行水平。

5. 加强光伏电站规划优化

从我国当前的光伏电站建设情况来看，建设速度快，但是模式比较单一，缺乏创新，因此需要结合国家政策、光伏电站规划等加强对施工理念的创新。我们应采用因地制宜的方式，在光伏发电中与环境和生态等结合，形成立体化的开发模式；构建光伏电站的集群、集约式发展框架，形成可持续性发展道路。首先，光伏电站建设和应用中，各地区要充分对当地的滩涂、矿区、废物堆砌场等进行综合治理，并鼓励生态治理工作与光伏新能源项目结合，引导现代农业、电网等与光伏电站综合发展，实现生态环境的循环利用。其次，虽然地球获取太阳能的方式简便，辐射能量大，但是由于太阳能流的密度低，为了提升资源开发效果，需要根据光伏特点和建设条件，促进发电系统转化。规范电站建设，加大成本投入，创设更多的经济效益和社会效益。

6. 打造先进管理体系

推进项目质量管理的信息化与标准化。光伏新能源项目在建设过程中，要充分引入与应用现代信息技术、智能化控制技术等，推进项目质量管理的信息化与标准化，真正达到高效管控光伏新能源项目质量的目标。例如，可在光伏新能源项目实施现场搭建网络监控系统，对材料进场、人员操作、工艺实施等过程进行远程监控，全天候、全天时管控项目现场作业状况；为光伏新能源项目搭建线上质量管控平台，将日常监督检查以及抽查发现的质量问题全部录入系统中，以便施工单位对标销号，完成对全部质量问题的整改，防止质量监督检查发现问题后出现未整改、遗漏现象；面向光伏新能源项目，依托项目管理纲要与达标投产标准，优化项目标准化建设流程，提高项目质量管理的标准化程度。

7. 实行个性化与多元化的项目管理方法

针对光伏新能源项目的特殊性，建立个性化的项目质量管理体系，例如，完善项目经理责任制，由项目经理全过程把控光伏新能源项目实施质量，采取扁平化管理方式，切实推动项目实施、质量标准执行、质量检查与验收等落实到具体责任人。在光伏新能源项目建设中，实行前后协同与监管、动态全过程监管等多元化项目质量管理方法；考虑到光伏新能源项目不同分部、分项的专业性，面向不同专业与技术要点，实行具体的质量管控模式，并通过资源共享与信息交互提高项目的实际质量管理水平。

8. 夯实项目，建设优质人才资源库

优质的人才与优秀的团队是光伏新能源项目质量管理的重要保障，项目方应做好从业人员资质过筛工作，综合考虑光伏新能源项目的专业性需求，遴选专业人才从事相关工作。同时，要健全团队内部培训机制与绩效考核机制，利用内部培训机制加强对项目实施人员的专业技能培养与职业综合素养提升，利用绩效考核机制激发实施人员主动作为、创新创造，积极参与光伏新能源项目质量管理中，为项目质量监督与管理添砖加瓦。此外，

光伏新能源项目施工单位应以人员为抓手，协同推进材料采购、工序实施、设备操控以及质量监督检查，确保光伏新能源项目实施各要素的均衡及有效推进。

光伏新能源项目的优化与升级是当前能源领域发展的重要方向，其意义不仅在于提高能源利用效率、降低环境污染，还在于推动可持续发展和绿色能源的未来。通过科学选址，我们可以最大化利用太阳能资源，提高项目的发电量和经济效益。同时，我们合理配置光伏组件，选择高效、可靠的产品，可以进一步增强光伏系统的性能和稳定性。优化电气设计，关注系统的稳定性和可靠性，能够降低系统故障率和维护成本。在土建设计方面，因地制宜地进行设计和施工，注重土地资源的合理利用和生态环境的保护，可以提高建筑物的能源利用效率和舒适度。

未来，随着技术的不断进步和创新，光伏新能源将会有更多的优化与升级空间。例如，新型的光伏材料和电池技术将不断涌现，进一步提高光伏组件的转换效率和寿命。同时，智能电网和储能技术的快速发展，将为光伏发电提供更加稳定、可靠的电力输出。

展望未来，光伏新能源将在全球能源结构转型中扮演更加重要的角色。随着市场规模的不断扩大和产业技术的不断成熟，光伏产业将为推动绿色能源发展和可持续发展做出更大的贡献。

第五章　光伏新能源项目市场运营

一、不畏浮云遮望眼：光伏新能源项目 SWOT 分析

光伏新能源行业在当前复杂的商业环境下逐步发展，呈现了一个积极整合资源以提高粘连性的耐寒时代。此外，在内部竞争激烈、外部成本压力加大的情况下，光伏新能源行业的整合步伐加快，进入了竞争与整合的白热化时期。

SWOT 是通过综合评价分析进而分析对象的优势、劣势、机会和威胁得出结论，通过内部资源与外部环境的有机结合，明确分析对象的资源优势和资源的一种战略分析方法，可以以此了解对象面临的机遇和挑战；从战略和战术两个层面调整方法和资源，以确保分析对象的实施，实现所要达到的目标。SWOT 分析法，又称形势分析法，是一种能够客观、准确地分析和研究一个单位实际情况的方法。SWOT 代表 Strengths（优势）、Weaknesses（劣势）、Opportunities（机会）、Threats（威胁）。

（一）扬其所长

光伏新能源项目，汇聚着人类智慧与科技的结晶，正日益展现出其独特的优势与巨大的前景。它象征着清洁、可再生能源的未来，承载着人类对环保与可持续发展的深切期望。无论从经济、环境还是科技角度，光伏新能源都展示出无可比拟的魅力。成本降低、效率提升，使其在全球能源布局中日益凸显。与智能电网、储能技术的融合，更揭示了其未来的无限可能。站在这个新时代的起点，光伏新能源有巨大的潜力与机遇，其中，光伏新能源项目的主要优势如下：

1. 资源丰富

我国属世界上太阳能资源丰富的国家，全年辐射总量 91.7~2 333 千瓦时/平方米。全国总面积三分之二以上地区年日照时数大于 2 000 小时，太阳能理论总储量约 147×10^8 吉瓦时/年；我国荒漠面积 108 万平方公里，主要分布在光照资源丰富的西北地区。如果利用十分之一的荒漠安装并网光伏发电系统，装机容量大约为 1.08×10^{10} 千瓦峰值，折算装机功率为 1 928 吉瓦，相当于 128 座三峡电站。

2. 成本低廉

光伏新能源项目的成本降低得益于规模化生产和技术创新。随着光伏产业规模的扩

大，生产厂家能够通过提高生产效率、优化生产流程来降低生产成本。同时，新材料、新工艺的不断涌现，也进一步推动了光伏组件成本的下降。这使得光伏新能源项目在投资成本上具备了与传统能源项目相竞争的能力。此外，光伏新能源项目在运营过程中几乎无须燃料消耗，从而大大降低了能源成本。相比传统能源项目，光伏新能源项目无须购买和运输燃料，也无须担心燃料价格波动带来的风险。这种无燃料消耗的特性使得光伏新能源项目在长期运营中能够保持稳定的能源成本，为企业带来可观的经济效益。

3. 政策支持财政补贴

我国对新能源发电，特别是光伏发电项目，出台了一系列的鼓励及支持政策。首先，国家出台了对光伏发电实行度电补贴 20 年不变的政策；地方省市区县根据实际情况也出台了不少的补贴政策，补贴年限 1~5 年不等。

其次，创新投融资模式和金融服务。国务院出台了相关政策，鼓励金融机构积极开展绿色信贷业务，并通过财政贴息政策、建立绿色担保机制支持绿色信贷。

最后，实行电网改革。国家积极推进供给侧改革，转变电网职能，向服务型企业转化。加大分布式发电的就地消纳能力，建设微电网、智慧能源网，降低光伏建设门槛，减少光伏并网手续，甚至为居民用光伏发电建设及并网提供一站式服务。

4. 可持续发展

光伏新能源的环保特质是不可或缺的优势之一，通过光伏发电，能够显著减少对化石燃料的依赖，进而大幅度减少温室气体的排放，为地球生态做出积极贡献。这种能源的持久性和稳定性同样值得称赞，长时间稳定供电，维护成本低，使得它成为一种可靠的能源解决方案。而在全球视野中，随着各国对能源需求的持续增长，光伏发电的市场潜力进一步凸显，尤其在发展中国家和新兴市场，光伏产业将迎来更为广阔的空间。

新能源的优势在于它代表了未来可持续发展的方向，具有清洁、可再生、低碳排放等特点。它不仅可以有效减少对传统化石能源的依赖，降低环境污染和生态破坏，还可以提高能源利用效率，促进经济的可持续发展。新能源的技术不断进步，成本不断下降，使得它在全球范围内的应用越来越广泛，成为推动绿色能源转型的重要力量。充分认识新能源的优势，积极推广和应用新能源技术，可以为构建清洁、低碳、可持续的能源体系，保护地球生态环境，实现人类可持续发展做出积极贡献。

（二）避其所短

尽管光伏新能源具有许多优势，如清洁、可再生、低碳排放等，但其也存在一些不可忽视的劣势。这些劣势可能限制其在全球范围内的广泛应用。具体来说，光伏新能源存在受地理位置和天气条件的限制、产能过剩以及产业链不完善等问题。

1. 产能过剩

光伏新能源产能过剩是当前光伏产业面临的一大挑战。随着光伏技术的不断发展和光伏市场的不断扩大，大量的光伏企业纷纷涌入市场，导致产能过剩的问题日益凸显。

首先，光伏新能源产能过剩带来了激烈的市场竞争。由于产能过剩，企业为了争夺市场份额，不得不降低产品价格，进而压缩利润空间。这不仅使得企业的盈利能力下降，还可能导致一些实力较弱的企业面临生存危机。其次，产能过剩也导致了资源的浪费。大量的生产设备因为市场需求不足而闲置，使得企业的投资回报率下降。同时，过度的产能也增加了库存压力，占用了企业大量的资金，影响了企业的正常运营。此外，光伏新能源产能过剩还可能导致技术进步的放缓。在激烈的市场竞争中，企业可能更加注重短期的经济利益，而忽视了长远的技术创新。这不利于光伏产业的可持续发展，也可能使得中国在全球光伏技术竞争中失去优势。

2. 消纳困难

光伏新能源消纳困难是当前光伏产业面临的一大劣势。随着光伏装机容量的快速增长，光伏新能源的消纳问题日益凸显，对产业的健康发展构成了严重挑战。

首先，光伏新能源消纳困难导致了能源利用效率的下降。由于光伏新能源具有间歇性和波动性的特点，其发电出力与用电负荷往往难以匹配，这使得大量的光伏电力无法被及时消纳，造成了能源资源的浪费。其次，消纳困难也限制了光伏产业的进一步发展。由于光伏电力无法被充分利用，企业投资光伏项目的积极性受到打击，进而影响整个产业的投资规模和技术创新。此外，消纳困难还可能引发一系列连锁反应，如电价波动、电力市场失衡等问题，进一步加剧产业的困境。

3. 结构单一

我国的光伏产品结构单一，产业技术创新薄弱。光伏产品以常规的晶体硅太阳能电池为主，且主要集中在常规电池环节，产品结构相对单一，在高效电池和产品可靠性方面，与国外先进水平相比仍存在差距，基础研究亟待提高。虽然我国在光伏制造的大部分关键设备上已经实现本土化，并逐步推行智能制造，在世界上处于领先水平，但在光伏高端电池工艺及装备、材料方面仍有不足，N 型、黑硅、PERC 技术等所需的关键设备仍在一定程度上依赖进口，智能化工厂系统集成能力仍有待提高。

4. 竞争激烈与依赖政策

由于阳光的不稳定性，光伏发电的发电量在不同地区差异较大。一些地区由于日照时间较短、天气条件不佳或地理环境不利，光伏发电效率较低，无法满足当地的能源需求。这不仅影响了这些地区的能源供应稳定性，还限制了光伏新能源在这些地区的推广和应用。光伏市场的竞争激烈也给光伏新能源的发展带来了挑战。随着技术的不断进步和规模效应的显现，光伏发电的成本已经有所降低，但仍然相对较高，这使得光伏新能源在与传统能源形式的竞争中处于劣势地位。同时，光伏产业中的企业数量众多，市场竞争激烈，一些企业面临产品价格下降、利润空间压缩等问题，进而导致经营压力增大。光伏产业的发展还高度依赖于政策支持，政策的差异与变化对光伏产业的影响不可忽视。在国内市场上，光伏产业已经获得了一定程度的政策支持，包括补贴、税收优惠等措施。然而，在国际市场上，各国政策差异较大，导致光伏产业的发展受到一定的影响。依赖政策支持不仅增加了企业的经营成本，还可能使得企业在国际市场上面临更大的不确定性和风险。

尽管存在这些挑战，但光伏新能源的发展仍然具有巨大的潜力和机遇。一方面，随着技术的不断进步和成本的降低，光伏发电的效率和可靠性得到了大幅提升。技术创新和优化布局等方式，可以降低地域限制对光伏发电的影响，提高光伏发电的发电量和利用效率。另一方面，随着全球气候变化问题的日益严重，各国对清洁能源的需求也在不断增加，这为光伏新能源的发展提供了广阔的市场空间和机遇。技术创新、优化布局和政策支持等措施的实施，可以克服这些挑战并推动光伏新能源的广泛应用和可持续发展，这将有助于构建清洁、低碳、可持续的能源体系，促进经济的可持续发展和生态环境的保护。

（三）把握机遇

随着全球对可再生能源需求的日益增长，光伏新能源项目正面临着前所未有的发展机遇。作为一种清洁、高效的能源转换方式，光伏发电能够减少对化石燃料的依赖，降低温室气体排放，为应对气候变化和促进可持续发展提供有效途径。随着技术的不断进步和成本的不断降低，光伏新能源项目正逐渐成为全球能源转型的重要方向。

近年来，提出"碳中和"或"零碳"目标的国家数量已经超过 100 个，各国也陆续出台碳认证机制和碳减排规划，这为我国光伏产业未来发展带来了新的机遇。欧盟的一揽子气候措施提案、美国重返《巴黎协定》、我国开展的碳排放权交易探索均属于其中代表，我国"十四五"规划也对光伏产业发展提出新的要求。基于"双碳"目标，未来我国光伏产业的发展速度将进一步提升，相关投融资环境也会随之优化，结合《关于引导加大金融支持力度　促进风电和光伏发电等行业健康有序发展的通知》，我国希望通过核发绿证、灵活放贷等方式为光伏产业发展提供支持，产业发展活力在优化的投融资环境支持下得以显著提升。此外，受逐步复苏的光伏全行业产能影响，未来几年全球光伏市场装机规模将快速提升，必须设法抓住这一为我国光伏产业发展提供的机遇。

1. 政策引导

国家关于实现能源转型和双碳目标的态度坚决，一方面，通过限电把优势能源集中供应到更高端的产能和业态中，在承受一定阵痛的情况下，来倒逼低效产能的退出。另一方面，国务院常务会议指出要改革完善煤电价格市场化形成机制，电价浮动范围增大到20%，并且明确提出高耗能行业不受 20% 的限制，该做法是利用价格的杠杆去促进电力市场化，引导推进大型风电、光伏基地建设。此外，国家提出整县推进目标，要求 50% 的公共建筑、30% 的商业建筑（工商业建筑）和 20% 的民用建筑参与，并且有 600 多个城市进入了先期示范，体现出国家对光伏产业的大力支持。

2. 企业自发性提高

国家发展改革委印发的《完善能源消费强度和总量双控制度方案》指出，各地方政府完成了非水可再生能源（主要包括风能 + 光伏）激励消纳权重后，超过最低考核指标的部分将全额不再计入能耗双控指标。这一方案激发了高耗能企业的内驱力，促使更多的企业从自发的角度开始积极主动地寻求绿色能源的应用。这一方案的成效在这次限电中已有所展现，尤其珠三角广东地区的企业，在通过清洁能源去实现自己的部分能源供应方面主动作为。

3. 光伏技术更新迭代

技术的进步正在深刻地改变光伏新能源产业的格局。随着光伏技术的日新月异，其成本不断降低，效率不断提升，光伏电力正变得越来越有竞争力。它已经从一种补充能源转变为具有全面替代传统能源潜力的重要选项。智能电网的发展为光伏新能源提供了更广阔的舞台。传统的电力系统正在被智能、灵活、高效的系统所取代。智能电网能够整合各种来源的电力，包括光伏、风能和其他可再生能源，从而优化电力供应，提升系统的稳定性。光伏发电在智能电网的支撑下，可以实现与传统能源以及其他可再生能源的有机结合，从而提升电力系统的整体效能。储能技术的进步也在助推光伏新能源的发展。储能技术能够解决光伏发电的间歇性问题，确保在任何时间都能稳定供电。随着储能技术的不断成熟，光伏发电的稳定性和利用率将得到进一步提升，这将为光伏产业带来新的发展机遇，推动光伏新能源项目向更高水平发展。在技术进步、智能电网发展、储能技术提升等多重力量的驱动下，光伏新能源项目的未来充满无限可能。光伏技术的更新迭代将开启新能源时代的新篇章，走向一个更清洁、更绿色、更可持续的未来。

4. 跨领域融合与巨大市场潜力

在全球能源转型的大背景下，光伏新能源正日益显现出巨大的发展潜力和市场前景。这一转型不仅是对传统能源结构的优化和升级，还是一场对清洁、可再生能源的全面拥抱。太阳能光伏发电，作为光伏新能源的重要组成部分，正受到越来越多国家和地区的青睐。随着全球能源结构转型的深入，太阳能光伏发电市场将持续扩大，为光伏产业提供更为广阔的发展空间。值得一提的是，光伏发电技术具有跨领域应用的巨大潜力。它不仅可以用于大型电站的建设，还可以与建筑、交通、通信等多个领域融合发展，提高综合效益。

比如，在建筑领域，光伏发电可以与建筑设计相结合，形成光伏建筑一体化，既提高建筑的能源效率，又实现电力的自给自足。在交通领域，光伏发电可以应用于电动汽车、无人机等，为它们提供持续的电力供应。在通信领域，光伏发电可以为通信基站等提供可靠的电力保障。随着技术进步和规模效应的显现，光伏发电的成本正在逐步降低，使得它更具市场竞争力。这无疑预示着，未来光伏发电的市场潜力是巨大的。随着成本的进一步降低和应用的进一步推广，光伏发电有望成为全球能源供应的主力军。全球能源转型为光伏新能源发展提供了宏大的背景和支持，而光伏发电技术的跨领域应用则进一步赋予了其发展的可能性。在这种双重利好下，光伏新能源的市场潜力无疑是巨大的，值得期待和关注。

光伏新能源项目面临着前所未有的发展机遇。技术的不断进步、智能电网的发展以及储能技术的提升，都为光伏产业带来了巨大的市场潜力和发展前景。在全球能源转型的背景下，光伏新能源将成为未来能源供应的主力军，为可持续发展和应对气候变化做出重要贡献。

（四）直面挑战

随着光伏新能源项目的快速发展和广泛应用，我们也需要正视其面临的挑战。这些挑战包括技术、市场、政策等多个方面。

1. 规模效应

对我国光伏产业发展现状进行分析可以发现，受投资回报周期长、气候因素、占地面积因素的影响，我国光伏产业未能实现爆发式发展，这主要是由于居民"自发电"项目存在过长的成本回收周期、我国居民无法大面积进行太阳能屋顶发电、项目投资回报率不高的问题，为推动光伏产业发展，必须加强后期指导和监管。在具体的产业发展中，必须聚焦国内市场培育，设法实现用户体验提升、用户习惯建立、规模效益形成，这关系着居民参与积极性的高低。

2. 转型挑战

近年来，信息技术与传统产业的融合趋势不断提升，网络化、智能化的传统制造业便属于其中代表，制造业的数字化改造开始受到广泛关注。对于存在较高自动化程度的我国光伏产业来说，机器人等自动化设备的引入可更好地采集信息并分析生产问题，生产效率及质量提升均可得到保障。近年来，我国光伏产业的低成本优势开始减弱，为更好地提升产业的国际竞争力，必须设法引入智能制造技术，但在智能化升级转型的过程中，受地区、企业发展不均衡，智能制造、关键技术、核心设备标准不统一的影响，我国光伏产业智能制造发展仍存在一定不足。为更好进入国际市场，实现光伏产业向高端制造业发展，必须进一步强化基于数字技术的智能制造探索，产业升级转型、新发展动力培育可由此实现，这一过程还需要关注光伏巨头企业培育、大数据等新型技术应用，以此更好地实现光伏产业的成本、排放控制。

3. 发展挑战

近年来，我国光伏发电补贴标准不断降低，地面集中式光伏已由高补贴时代转入竞价、平价时代。分布式光伏项目补贴在 2013 年为 0.42 元/千瓦时，2023 年下降至 0.03 元/千瓦时，这种补贴的降低主要是由于我国光伏产业开始向质量效益型方向发展，国家希望通过低补贴政策实现对企业的倒逼，保证光伏企业能够具备更高的管理能力和技术水平，这关系着平价上网目标能否实现。对于需要稳定发展空间的光伏产业来说，只有市场前景广阔，光伏企业才能够获得预期盈利并实现技术成长，这同时也关系着良性的产业竞争范围能否形成。近年来，我国光伏产业政策愈发贴合实际，居民骗补、企业骗补等现象得到严厉打击，这使得投机制企业纷纷撤离光伏产业，产业发展因此受到一定负面影响。为更好地推进光伏产业发展，必须设法实施前瞻、稳定、有效政策，聚焦对国内外经验和教训的总结，设法实现对我国光伏产业有序、健康发展的指导。具体可从完善法律法规入手，关注严格管理和金融支持，同时政策扶持力度需要逐步减退，并保证光伏产业研发投入逐年增加，以此保证市场的高效性和稳定性。

4. 供应链产业链管理挑战

现阶段，我国光伏产业存在较为严重的同质化竞争问题，在基础研发、前瞻技术储备、发电消纳、供应链协调方面也存在不足。虽然光伏产业近年来取得令人瞩目的发展成果，但受到阶段性短缺及价格上升的多晶硅、光伏玻璃原料的影响，我国光伏产业有序、健康发展受到一定制约。为应对相关挑战，必须聚焦光伏产业存在的恶性竞争、周期性震荡、全产业链的成本压力等问题。

5. 双边贸易风险挑战

自 2017 年美国政府换届以来，全球政治和经济局势经历了前所未有的动荡。美国政府的一系列政策调整，如宣布退出《巴黎协定》和挑起"贸易大战"，导致全球贸易环境的不稳定性和不确定性增加。这些变化不仅对全球经济产生了深远的影响，还给我国光伏新能源产业带来了巨大的挑战。作为全球最大的光伏发电产品生产和出口国，我国的光伏产业在过去的几年中已经取得了长足的发展。然而，随着美国政府采取贸易保护主义和单边主义政策，我国光伏产品的出口和应用在全球范围内面临着严重的阻碍。这些政策不仅增加了我国光伏产品的出口成本，还可能导致我国在国际贸易中的地位受到削弱。在这样的背景下，我国光伏产业需要采取积极的应对措施。一方面，可以通过加强技术创新和产业升级，提高光伏产品的质量和竞争力，以适应不断变化的国际贸易环境；另一方面，可以寻求多元化的市场策略，开拓更多的出口渠道，降低对特定市场的依赖度。同时，加强与国际社会的沟通和合作，共同推动全球光伏产业的发展和繁荣。

（五）直击痛点

1. 四大痛点

光伏新能源项目在迅速发展的同时，也暴露出一些痛点问题，如天气依赖、初始投资高、技术更新迅速等。然而，随着技术的不断创新和市场策略的优化，我们有望找到解决这些问题的途径，从而进一步推动光伏新能源项目的可持续发展。其中面对的痛点问题主要如下：

（1）产能严重过剩。

据不完全数据统计，目前我国大部分多晶硅企业正处于满产状态，市场供需不平衡，为此多晶硅企业不能盲目扩展，否则就会出现产能过剩问题。不过，我国作为发展中国家，目前正处于工业化进程中，对能源资源的需求巨大，这些新的能源资源在我国总的能源结构比重占比较大，出现产能过剩问题也是相对的。

（2）依赖国家政策。

虽然国家一系列政策的出台正在不断地引导光伏企业降低生产成本，同时一些补贴、光伏利用、税收优惠以及光伏扶贫等的政策在不断地出台中。但是，未来时期内光伏企业的发展依然会由于补贴不到位、税收或者是土地利用等的问题受到影响和阻碍。我国正是因为政府补贴的实施使得光伏企业得到了健康发展，但是光伏企业又过于依赖政府部门拨款，一旦拨款不及时，就十分容易出现缺口而难以健康发展下去。

（3）市场需求萎缩。

欧洲地区各个国家对光伏企业的补贴开始下调。由于光伏企业的发展依然依靠政府部门补贴，因此欧洲各个国家开始下调对光伏企业的补贴。比如自 2011 年以来，德国、意大利逐渐下调了对光伏企业的政策性补贴，欧洲光伏市场需求开始萎缩，国内企业濒临倒闭，而原本占据世界光伏装机 70% 以上的欧洲市场需求开始逐渐下降，也使得中国很多的光伏企业进入了窘境，巨大的产能无法在短时间内消化，只能降价抢占市场先机，经济利润大幅下滑。

光伏企业遭受美国和欧盟双反调查。为了保护本国其他光伏企业发展，美国和欧盟开始对我国光伏企业进行双反调查。2012 年 7 月，美国国际贸易委员会认定从我国进口多晶硅太阳能电池和太阳能电池组件损害了美国光伏企业经济利益，开始对该类产品征收反倾销和反补贴（双反）关税。其中反倾销税率为 18.32% ~ 249.96%，反补贴税率为 14.78% ~ 15.97%，随之欧盟地区也持续跟进。2012 年 8 月，欧盟发布公告称：开始对从我国进口的多晶硅太阳能电池和太阳能电池组件实施反补贴调查，这无疑给我国光伏企业的发展造成了巨大的困境。

国内光伏市场未能全面启动。面对美国和欧盟咄咄逼人的贸易保护主义，中国光伏企业遭受了前所未有的困难和挫折。另有数据表明，我国大量光伏企业的发展有近 90% 及以上的产品出口海外，其中销往美国市场的高达 15% 左右，出口额高达 40%。也就是说，美国和欧盟贸易保护措施的继续实施，让我国光伏企业失去价格竞争力，对于我国光伏企业的发展是致命的。尽管我国光伏企业所生产的产品已经接近全球的一半及以上，但是国内市场仍旧没有全面启动。

（4）业绩全线下滑。

自 2011 年以来，我国光伏企业发展形势开始出现逆转，著名的尚德、天河以及英利等大型光伏企业开始降低生产，艰难地维持经济利润。在市场行情不断变化的背景之下，大部分光伏企业凭借已有的积累可以勉强地支撑下来，但是随着时间的推移，部分光伏企业开始出现资金链断裂的现象，光伏企业真正的挑战才刚刚开始。在光伏行业不景气的大背景之下，光伏企业资金链紧张成为常态问题。正是因为多晶硅太阳能电池和太阳能电池组件价格的不断降低，光伏企业整体经营收入锐减，造成销量逐渐下滑。除了以上这些因素之外，光伏企业业绩的全线下滑还导致贷款难度加大和成本大幅上升，某光伏企业因为无力偿还 80 亿元而正式宣告破产，这令光伏行业领域不寒而栗。

2. 解决方案

光伏新能源项目面临诸多挑战，包括产能过剩、依赖国家政策、市场需求萎缩、绿色贸易壁垒、资金链断裂、技术创新不足、环保和可持续发展问题以及国际合作和竞争问题。为应对这些问题，可以采取以下具体解决方案：

（1）培育国内市场。

聚焦国内市场发展，提升绿色能源领域中光伏发电的地位，设法实现多样化、多领域的光伏产业发展，同时关注不同规模、不同形式的光伏新能源项目。我国拥有丰富的太阳能资源，如西藏、青海、宁夏、新疆等地区，这类地区适合建设大型光伏发电站。东部地区则适合建设分布式光伏发电项目，实现对分散屋顶资源的充分利用，这类项目可建设于居民住宅、学校、写字楼等建筑上。结合实际调研可以发现，我国存在 40 亿平方米的屋顶可利用面积，因此通过对分布式光伏发电项目的推广，即可为光伏产业发展提供机遇，这种具备发展潜力的项目应得到各地政府支持，并设法实现用户端平价上网。

（2）产业智能化转型。

为应对我国光伏产业面临的转型挑战，必须设法推动光伏产业的智能化转型，由此提升光伏产业的核心竞争力。作为战略性新兴产业，我国光伏产业长期得到各级政府的优惠政策扶持，这虽然为产业发展提供了有力支持，但由于长期严重依赖政府补贴，很多光伏企业存在研发能力不强、发展动力不足、核心竞争力缺乏的问题。为保证光伏产业的健康、可持续发展，必须设法提升光伏企业的研发能力，保证企业真正拥有核心技术，这关系着企业的生产管理能力及产品质量，因此光伏产业必须设法实现智能化转型。光伏产业智能化转型应聚焦核心技术，包括发电技术、储能技术、电网技术、控制技术，这一过程需得到互联网的支持，并在客户需求导向下，对数据、信息、技术等光伏全产业链资源进行整合，建设互联、互动、开放、共享的绿色能源生态体系，以此满足行业创新发展需要。智能化转型还需要得到数字化革命支持，光伏产业链中数字经济的渗透属于其中关键，具体应涉及产业的生产、设计、服务、销售等领域，大数据、5G、物联网等技术在光伏企业资源优化配置与高效利用方面的价值也需要充分发挥出来。只有实现落后产能的淘汰，开展智能化生产探索，我国光伏产业才能够真正具备核心竞争力，这一过程需要关注有活力、有实力的创新光伏企业的进一步发展。

（3）开展"光伏＋"应用探索。

为更好地推动光伏产业发展，需关注互联网与光伏产业的融合，设法实现对用户需求的更深入挖掘，基于个性化定制拓展、使用模式创新、用户体验提升需要，需关注光伏云产品的开发，更好地适应新型消费需求，"光伏＋"应用探索属于其中关键。在对国内外市场的开辟中，需要聚焦"互联网＋光伏"平台的建设和利用，实现林业、渔业、农业、交通、金融等领域的"光伏＋"探索，产业链中不同企业的资源共享、优势互补、协同发展作用也需要设法充分发挥出来，进一步摆脱光伏产业对补贴政策的依赖。分布式光伏云网早已在我国投入运行，该国网分布式能源综合服务云平台近年来在我国各地快速推广，依托平台具备的在线交易、发布信息、金融服务、智能管理、大数据分析等功能，平台能够提供电费辅助支付、设计咨询、运行监测、电费结算等服务，人力、设备、数据资源的聚合得以实现，平台同时能够为并网申请、日常运维提供支持，更好地推进产业发展。

（4）优化供应链、产业链管理。

明确"碳达峰、碳中和"指引，设法打造稳定、健康的光伏产业链结构，以此为行业健康、高质量发展奠定基础。在具体实践中，国家能源局需要充分发挥自身的约束和引导作用，对产业布局进行优化，同时提供配套支持政策，并设法实现高比例光伏发电消纳，如开展保障性并网竞争性配置机制、并网多元保障机制、消纳责任权重引导机制的建设。为优化供应链、产业链管理，国家能源局应制订和推行智能光伏产业发展行动计划，强化行业规范管理，引导产业规范发展，增加新兴技术储备。为巩固产业链、供应链，国家能源局需做好低成本高效电池技术布局，电池组件尺寸关键标准的修订及贯彻、知识产权及认证等公共服务平台的建设也需要得到重视。

二、任尔东西南北风：光伏新能源项目市场运营

光伏新能源项目市场运营是一项充满挑战与机遇的工作。随着全球能源结构的转变，光伏新能源正逐渐成为可持续发展的重要方向。通过创新的商业模式、精准的市场分析和高效的运营管理，我国积极推动光伏新能源项目的发展，将为全球能源市场的转型和碳中和目标的实现做出积极贡献。

（一）认清现状，把握趋势

随着全球对可再生能源需求的增加，光伏新能源项目正逐渐成为一种重要的能源供应形式。然而，在光伏新能源项目的市场运营中，我国面临着许多挑战和机遇。了解市场现状、把握发展趋势，对于推动光伏新能源项目的可持续发展具有重要意义。

1. 光伏新能源项目市场发展现状

（1）全球光伏新能源项目市场发展现状。

能源和环境问题是制约世界经济和社会可持续发展的两个突出问题。自工业革命以来，石油、天然气和煤炭等化石能源的消费剧增，生态环境保护压力日趋增大，迫使世界各国必须认真考虑并采取有效的应对措施。社会经济的不断发展使得全球能源需求持续增长，能源和环境问题亟待解决。节能减排、绿色发展、开发利用各种可再生能源已成为世界各国的发展战略。太阳能属于可再生能源的一种，具有储量大、永久性、清洁无污染、可再生、就地可取等特点，因此推动新能源领域尤其是光伏行业的发展，成了世界各国的共识。

在前述背景下，全球光伏产业快速发展，无论是欧美、澳大利亚等发达国家和地区，还是中国、南美、印度、东南亚等发展中国家和地区，主要受以下两个方面因素的影响：一是 2015 年 12 月受到广泛关注的《巴黎协定》在全球第 21 次气候变化大会中通过，195个国家和地区代表联合约定加快可再生能源市场的计划进度，随着众多国家和地区纷纷提出相关产业发展计划，在光伏技术研发和产业化方面不断加大支持力度，全球光伏发电进入规模化发展阶段；二是光伏技术进步使得装机成本不断下行，带动光伏发电性价比提升，全球平价市场正在逐步扩大，光伏发电已经成为越来越多国家成本较低的能源发电方

式之一。

在全球各国"碳中和"目标、清洁能源转型等因素的推动下，预计 2024—2025 年，全球每年平均新增光伏装机量将超过 220 吉瓦。至 2030 年，全球光伏年度新增装机量保守估计将超过 300 吉瓦。根据国际能源署（IEA）发布的《世界能源展望》（2020 年），全球能源结构转型进程不断加速，预计 2020—2030 年全球可再生能源电力需求将增长三分之二，约占全球电力需求增量的 80%，到 2030 年可再生能源将提供全球近 40% 的电力供应。

（2）中国光伏新能源项目市场发展现状。

在政策引导和市场需求双轮驱动下，经过十几年的发展，光伏产业已经成为我国可以同步参与国际竞争并有望达到国际领先水平的战略性新兴产业，也成了我国推动能源变革的重要引擎。目前，我国光伏产业在制造业规模、产业化技术水平、应用市场拓展、产业体系建设等方面均位居全球前列。根据中国光伏行业协会数据，我国多晶硅产量、组件产量连续多年位居全球首位，我国光伏新增装机量、累计装机量亦连续多年位居全球首位。

在"整县推进"政策的引导下，地方政府和社会各界发展分布式光伏的意愿强烈。在光伏行业进入平价时代的背景下，基于"2030 年前碳达峰""2060 年前碳中和"的大背景，光伏行业长期成长空间广阔，"十四五"期间国内装机量高速增长愈发明确，预计到 2030 年，光伏、风能发电在 2019 年 6 295 亿千瓦时的基础上增加到 30 422 亿千瓦时。作为全球光伏发电领跑者，多年来我国的光伏发电新增装机容量位居世界第一。受迅速下降的光伏系统装机成本影响，发展光伏发电项目开始受到越来越多国家的重视，印度、拉美地区均属于其中的代表。在"十四五"时期，我国需要进一步提升环保水平和能源利用率，为满足绿色产业、绿道制造体系发展需要，光伏产业提供的绿色能源将受到更高程度的重视。现阶段，"自发自用，余电上网"模式广泛用于我国分布式光伏发电项目，具备高性价比、安装简单、绿色环保等优势，能够实现社会效益和经济效益的统一。

2. 光伏新能源项目市场发展趋势

（1）光伏产业发展迅速。

从目前的情况来看，我国光伏产业发展十分迅速，在未来时期内我国光伏行业将会逐渐进入"寡头"时代，将会占领市场 80% 的份额。现阶段，我国已经全面掌握了光伏产业各个环节的核心技术，而这些技术也在持续发展的不断创新中，如多晶硅制造电池片和电池组件技术。我国各大电池生产企业普遍拥有专项技术，电池的转换效率也将会达到世界先进水平。比如生产电池所需要的多晶硅为 6 克，而国际水平为 9 克，这样既节约了电池的生产成本，同时又增强了我国光伏产业的核心竞争力。未来，光伏产业将会继续提高转换效率并进入成熟发展时期，降低原材料价格，并减少对政府部门的资助依赖。同时，新兴市场扩大以及平价竞争上网将会成为光伏产业未来发展趋势。

（2）分布式光伏将迅速崛起。

分布式光伏在我国总光伏装机量中的占比很小，不过发展势头迅猛。从产业结构来看，未来 5 年内太阳能光伏将会得到迅速的普及和应用，具有十分广阔的发展前景。仅考虑建筑、铁路、高速公路、水面、农业设施等，太阳能光伏的应用潜力就已超过 8 亿千瓦，如果再加上其他应用，潜力将超过 10 亿千瓦。未来，要想打造中国光伏产业核心竞争力，还需要依靠科学技术、生产规模获得成本优势，制定光伏发电扶持政策，借助市场之手，不断开创我国光伏产业市场，并与其他行业领域融合，引导其他产业进行合理的规划和布局，健全与完善光伏产业质量保证体系，以此解决市场中无法解决的问题，引导中国光伏企业进入良性竞争，获得在质量、品牌、技术以及成本等各方面的优势，将我国建设成为光伏产业大国。

（3）"光伏+储能"将加速发展。

在目前的电力系统中，光伏发电不如煤电稳定可控，限制了光伏对煤电的替代性，解决这一缺陷的主要方式是在发电侧配套储能。储能作为占比最大的可再生能源，是推进绿色能源发展的关键技术，储能已经成为国家能源发展的重点，成为我国重要的产业和一个新的经济增长点。我国实现了储能的多领域融合渗透，初步建立了商业模式。随着《国家发展改革委　国家能源局关于开展"风光水火储一体化""源网荷储一体化"的指导意见》的发布，储能深度融入了电力行业，加快了储能技术的进步，"可再生能源+储能"这一应用模式也将加速发展。

（4）BIPV 产品发展空间巨大。

BIPV 产品是具有光伏发电能力的建材产品，是巨大分布式光伏市场催生的新生代产品，在建筑设计阶段进行一体化设计，在建设中与建筑主体一体成型。我国 BIPV 累计安装使用量较低，多为示范性项目，是一个挖掘程度远远不足的蓝海市场。未来，在绿色节能建筑的背景下，尤其在"新基建"的浪潮下，BIPV 行业将呈现更加多元化的应用前景。据测算，BIPV 存量与年增量市场潜在空间可分别达到 2.2 万亿元、2 200 亿元。另外，BIPV 产品还具有就近发电、并网以及就近使用的特点，既可以有效提升资源利用效率，又能有效解决新增高压线路以及长途运输损耗等的问题，将会成为世界各国发展的主要方向。

发展光伏产业有助于我国健康、可持续发展战略的实施，更有利于我国建设资源节约型社会。与此同时，发展光伏产业还可以切实提升人民的生活质量和幸福指数。近年来，我国经济社会得到了快速发展，对于世界的影响力也在逐渐增强，同时肩负的使命也越来越重，在"双碳"背景下，我国既要承担起建国重任，也需要为"碳中和、碳达峰"目标的实现不断努力。

（二）竞争升级，合作共赢

光伏新能源项目的竞争与合作机会并存。随着全球对可再生能源的关注度提升，光伏产业日益蓬勃发展，众多企业纷纷涌入，使得市场竞争日趋激烈。技术创新、成本控制、品牌影响力等成为企业间竞争的关键。然而，正是这种竞争推动了光伏技术的不断进步和成本的持续降低。与此同时，光伏新能源项目也蕴含着丰富的合作机会。产业链上下游企业可以共同合作，形成完整的解决方案，提高整个系统的效率和可靠性。

1. 行业集中度较高

过去十年间，光伏行业整体呈现快速发展的格局，但是因政策、市场等因素影响，亦出现短期的行业困境，如2011年欧盟补贴削减等对需求市场产生不利影响，进而导致市场明显分化，大量中小企业相继停产，而行业内的龙头企业在保持生产的同时，依然通过研发、技改进行产业升级。行业回暖后，骨干企业凭借技术、规模、品牌等优势进一步提升市场占有率，而部分没有技术研发实力的中小企业则在全行业技术水平不断提升时逐步被市场淘汰，行业集中度不断提升。"531"新政以来，一方面行业技术门槛持续提高，大量无法满足"平价上网"需求的落后产能加速淘汰，行业竞争格局得到重塑；另一方面光伏发电实现不依赖国家补贴的市场化自我持续发展后，将开启更大市场空间，并促进行业资源向优质企业集中，促进行业集中。

2. 行业竞争逐步从低端竞争转向高端竞争

工信部《光伏制造行业规范条件》政策的实施，使得不符合规范条件而未被纳入名单中的企业将无法获取出口退税及银行信贷等方面支持。《国家能源局　工业和信息化部　国家认监委　关于促进先进光伏技术产品应用和产业升级的意见》（国能新能〔2015〕194号）提出，将严格执行光伏产品市场准入标准，并逐步建立光伏产品市场准入标准的循环递进机制。而"领跑者"专项计划的实施，使得光伏产品的技术标准在上述标准基础上进一步提高。行业技术标准的提升将大幅提高行业发展门槛，行业竞争也正逐步从低端竞争转向高端竞争，行业技术属性愈发成为竞争的焦点。新技术、新装备推动光伏产品向高转换效率、高产品品质、低制造成本的趋势发展。随着技术升级加快，不具备技术和成本优势的企业将逐步退出市场，大量低端产能将被市场淘汰，市场份额将向有技术、资金、管理优势，能够持续投入新技术和新装备的企业集中。

（1）光伏新能源项目竞争。

光伏新能源项目的竞争主要存在于以下四个方面：

①技术创新竞争。随着光伏技术的不断发展，各企业持续研究和开发新的光伏技术，以提升光电转换效率、降低生产成本、提高产品的性能稳定性等。比如，有些企业正在研发新型的太阳能电池板结构，以更好地吸收和转化太阳光，提高光电转换效率。

②成本竞争。在光伏新能源项目中，成本是一个非常重要的因素。各企业通过降低生产成本、提高生产效率等方式来争夺市场份额。例如，一些企业通过采用更廉价的原材料、优化生产流程等手段来降低太阳能电池板的制造成本，从而在市场中获得成本优势。

③品牌竞争。品牌的影响力不可忽视。一些拥有良好品牌形象的企业能够获得更多的客户信任和认可，从而在市场中占据更大的份额。例如，一些光伏组件制造商通过提供优质的产品和服务、加强品牌宣传等手段，树立了良好的品牌形象，从而在市场中占据主导地位。

④渠道竞争。渠道的覆盖和掌控能力是企业竞争的关键因素之一。拥有广泛销售网络和渠道的企业能够更好地满足客户需求、拓展市场份额。例如，一些光伏产品制造商通过建立自己的销售渠道和网络，以及与电力公司和开发商等合作伙伴建立合作关系，扩大产品的销售渠道和市场覆盖面。

除了这些具体的竞争因素外，光伏新能源项目还面临着其他形式的竞争，如传统能源产业和新兴的可再生能源产业之间的竞争、不同国家和地区的政策差异导致的市场竞争等。这些竞争因素相互作用、相互影响，使得光伏新能源项目的市场竞争更加复杂和多样化。

光伏新能源项目市场运营的发展呈现出一种动态平衡。随着市场竞争的日益激烈，企业间需要不断提升自身的竞争力以适应市场的变化。同时，在面对诸多挑战和机遇时，合作也成为一种必要的方式，以实现资源的共享和优势的互补。

（2）光伏新能源项目合作机会。

光伏新能源项目的合作机会主要包括以下五个方面：

①技术合作。随着光伏技术的不断发展和进步，企业之间可以通过技术合作共同研发和改进光伏技术，提高产品的性能和降低成本。例如，一些企业可以与科研机构和高校合作，共同研发新型的太阳能电池板材料和制造工艺，以获得更高效、更低成本的产品。

②产业链合作。光伏新能源项目涉及多个产业链环节，包括太阳能电池板生产、逆变器制造、支架设计等。企业之间可以通过产业链合作，形成完整的解决方案，提高整个系统的效率和可靠性。例如，太阳能电池板制造商可以与逆变器制造商合作，共同为客户提供一体化的解决方案，降低客户的采购成本和风险。

③金融合作。光伏新能源项目需要大量的资金投入，包括设备采购、项目建设等。企业可以通过与金融机构合作，获得融资支持，降低项目的融资成本。例如，一些金融机构可以为光伏项目提供贷款和担保服务，帮助项目开发商获得更多的资金支持。

④政策合作。各国政府在推动光伏新能源发展方面存在政策差异，但也有许多共同的目标和需求。企业可以与不同国家和地区的政府合作，共同推动光伏产业的发展和国际合作。例如，一些国家和地区的政府可以为企业提供税收优惠、补贴等政策支持，鼓励企业投资和开发光伏新能源项目。

⑤跨国合作。随着全球化的发展，跨国企业之间的合作变得越来越重要。光伏企业可以与国际合作伙伴合作，共同开拓海外市场和技术创新。例如，一些国内光伏企业可以与国际知名品牌合作，共同推广品牌和服务，提高企业在全球市场的竞争力。

这些合作机会为企业提供了更多的发展机遇和资源支持。通过合作，企业可以共同应对市场挑战、分享资源和技术成果，实现共赢和发展。同时，合作也有助于推动整个产业的可持续发展和创新进步。

竞争与合作并不是相互排斥的，而是可以相互促进的。通过竞争，企业可以不断提高自身实力和市场适应能力；通过合作，企业可以共同开拓市场、分享资源和技术成果，实现共赢。因此，在光伏新能源项目的发展中，企业既要敢于竞争，也要善于合作，从竞争到合作，不仅是市场发展的必然趋势，还是实现可持续发展的关键所在。

（三）抵御风险，管控到位

2024年1月26日，国家能源局发布《2023年全国电力工业统计数据》，数据显示，2023年风电、光伏新增装机容量292.78吉瓦。其中，光伏新增装机容量216.88吉瓦，12月新增装机容量53吉瓦，同比增长144%。截至2023年12月底，全国累计发电装机容量约29.2亿千瓦，同比增长13.9%。其中，太阳能发电装机容量约6.1亿千瓦，同比增长55.2%；风电装机容量约4.4亿千瓦，同比增长20.7%。

但伴随着光伏电站的大规模应用，光伏新能源项目的风险日益凸显，引起投资者对未来收益的担忧，甚至降低了对光伏电站的投资力度。光伏新能源项目具有一次性投入大、建设周期短、收益周期长、运行维护复杂的特点。光伏新能源项目的风险主要包括：政策变动风险、市场变化风险、技术风险等。

1. 政策变动风险及应对对策

（1）地方补贴获取风险。

电站开发人员需第一时间获取地方政府关于补贴的实施细则，并与政府政策接口人就补贴范围及规模予以二次确认，特别是针对补贴政策存在设备采购限制要求的，需提前提交公司采购部以便指导设备采购计划，确保项目可享受地方补贴。

（2）项目选址风险。

全额上网的屋顶太阳能电站投资，项目开发人员需提前与建筑物所在行政区域的建设局沟通，了解掌握建筑物附近的整体规划，规避可能出现的屋顶遮挡问题。在地面太阳能电站项目开发的前期工作中，开发人员须从地方自然资源局、林草局、水务局、黄河水利委员会等相关部门收集详细的利用现状及发展规划的详细资料，明确太阳能电站厂区用地是否涉及压覆矿、农用地、军事设施与管理区、自然保护区、生态脆弱区、湿地保护区、文物保护区和宗教文化区。如果厂区用地涉及以上不允许利用的区域，需尽快重新进行项目选址。

（3）税费风险。

国内地面光伏电站市场真正大规模启动时间较短，"光伏＋"等新业态更是近几年才大规模发展，国家关于光伏项目土地税费问题还存在许多模糊地带。因而，项目开发人员需在参考其他地区土地使用税的基础上，在项目投资预算及技术经济分析中提前计算。同时可联合相关企业共同向当地政府、税务部门和土地管理机关争取税收优惠政策。

2. 市场变化风险及应对策略

（1）组件价格变动风险。

投资企业采购部应当建立以周为周期的信息采集机制，随时掌握组件的最新报价，并紧密结合每个项目的组件实际需求时间，确保每个项目的组件可以取得最低的采购价格。

（2）电站指标风险。

项目的实施及资金计划需紧密地结合电站指标的确认情况，项目实施之前，电站开发人员需与当地省发展改革委建立有效的信息获取机制，了解项目省级备案规模及年度指标体量，并随时了解同一批备案项目的实时进度，确保项目实施计划及实际进度符合项目取得指标的条件。

（3）电站建设维稳风险。

投资企业应建立"项目稳定建设保障小组"及应急反应机制，针对项目建设过程中出现的稳定性问题，如阻工现象，项目经理需第一时间汇报公司项目稳定建设保障小组，由保障小组会同当地县政府与阻工对象沟通，了解阻工原因。对于合理要求，可尽量满足；对于不合理要求，需紧密依靠政府来协调解决，以防事态升级。

（4）限电风险。

项目前期开发工作中，开发人员与当地电网公司发展策划部积极沟通并收集资料，掌握当地电网供电现状与发展规划，明确当地电网及电力市场是否有足够用电容量可消纳项目发电量，当地已建成的太阳能发电项目是否有弃光现象的发生。基于掌握的当地电网情况，建议适当调整项目的超装规模，使项目的发电容量能被国家电网接纳、发电量能被当地电力市场消纳，减少限电弃光情况的发生。

（5）上网电价风险。

根据项目所在省份出台的太阳能发电实施竞争方式配置指标的办法，投资企业决策人员在项目实施之前，需对项目投资收益仔细测算，按照公司可接受的收益率下限反推出公司可申报的最低上网电价，并与当地市发展改革委及省发展改革委紧密沟通，保证项目申报电价具有优势，可在并网当年取得上网电价。

3. 技术风险及应对策略

（1）项目按时完工风险。

投资人从项目施工及设备招标环节就应严格把关，从当地类似项目实施经验、项目经理素质、垫资能力、设备到货保障等多个环节确保工期可按照既定的里程碑实施，同时对未能按时完工明确违约责任，将部分风险转移至总承包方。

（2）电力接入风险。

开发人员须提前与当地电网公司落实接入间隔使用的可行性，同时，项目前期开发阶段，开发人员应提前与县政府、省及地级市电网公司沟通、协商，尽快取得项目的电力接入系统批复，确保送出线路工程与电站本体工程同步实施。

（3）自然条件评估风险。

一方面，投资人应综合参考多种太阳能发电测算软件来评测项目选址地点的太阳辐射量，并充分结合当地已经并网太阳能电站的实际发电量及当地气象站数据，来确定太阳能电站最终的首年发电量数据。另一方面，技术人员应充分考量近几年不断恶化的雾霾对空气质量及洁净度的影响。同时，技术人员一定要去现场调研，查看附属设施如热电厂排出气体对太阳辐照量的影响。

4. 屋顶或用地相关风险及应对策略

（1）屋顶载荷风险。

按照水泥屋面及彩钢瓦屋面太阳能电站建设桩基基础的不同，设定水泥屋顶活荷载大于等于 2 千牛/平方米，彩钢瓦屋顶活荷载大于等于 0.25 千牛/平方米。投资人在屋面所有人签订屋顶租赁合同之前，一方面需从屋面所有人处获取屋面设计图纸，得到活荷载信息，另一方面需对照屋面实际情况及图纸，对荷载进行二次符合，确保实际荷载与图纸荷载保持一致，能够满足太阳能系统架设条件。

（2）屋顶或地面租赁风险。

明确在屋顶租赁合同中约定租赁周期为 20 年，并同时约定：租赁合同到期之后，双方对租赁合同以补充协议形式续签 5 年，且价格不变。提前与屋面出租人约定对建筑物所有人自身经营不善造成的停产、停业损失及房屋面临征收时的停产停业造成的太阳能电站损失的计算依据及征收补偿的分配比例，以保护投资人的合法权益。在用电人与建筑物所有人不一致的情况下，投资人除与用电人签订前述合同能源管理协议之外，还需要求建筑物所有人出示建设场地所有权证明，并在主合同中明确屋面权属发生变化的责任由用电人承担。

太阳能电站投资人在与屋面所有人签署租赁合同之前，须要求房屋面所有人提供竣工验收证明、建筑工程规划许可证、消防验收证明及房屋产权证明。同时，投资人须安排开发人员前往当地不动产登记部门对屋面所有人提供的房屋、土地等的产权进行尽职调查，确定房屋、土地是否存在抵押情况，并在屋面租赁协议或合同能源管理协议中增加因屋面所有人实行抵押权的赔偿条款；由于地面租赁费用计入沉没成本，风险投资人在项目未取得备案之前须与当地政府签署土地租赁协议，应尽量降低租赁预付款比例及额度，以确保沉没成本最小化。

5. 项目运营相关风险及应对策略

（1）电费结算风险。

投资人与用电方首先确认太阳能电站电表计量装置起始时间和起始读数，在合同能源管理协议中约定以供电部门计量的起始时间和起始读数为参照。同时，为了避免在电站运营期内用电人与电站投资人产生冲突等原因而拒交或拖欠电费等情况的发生，投资人须在项目实施前借助邓白氏等第三方评测机构充分调查用电人的财务状况和信用度，综合评估用电人拖欠电费的可能性，并在合同能源管理协议中明确约定拖欠电费的违约责任。

（2）用电企业运营稳定性风险。

该风险最直观的表现就是太阳能电站的自发自用率。一方面，投资人在屋顶开发时须了解屋顶业主在太阳能发电时段的用电负荷情况，在电站容量设计上保证太阳能功率不超过业主同时段用电负荷，确保自发自用比例达到最高。另一方面，投资人要对屋顶业主所处行业的发展情况及企业自身的经营情况进行充分调研，优先选择行业发展潜力巨大、经营业绩良好、无不良记录的优秀企业，确保自发自用电量需求稳定，从而保障投资人的项目收益率。

光伏新能源项目在运作过程中，不可避免地会面临市场风险、技术风险、资金风险、政策风险和环境风险等多重考验。这些风险不仅源于外部环境的不断变化，还与项目内部的运营和管理密切相关。但值得注意的是，光伏新能源作为绿色、可持续的能源形式，在全球能源结构转型的大背景下，有着无比广阔的发展前景。为实现这一美好愿景，必须对风险保持清醒的认识，通过精准的市场分析、持续的技术创新、稳健的资金管理、与政策的良好互动以及对环境的尊重与保护，构建起一套行之有效的风险管控机制。只有这样，光伏新能源项目才能在挑战与机遇并存的市场环境中立足，并逐步走向成熟和壮大，最终为推动全球能源结构的优化和环境的持续改善做出应有的贡献。

（四）看准商机，投资盈利

近年来，随着国家鼓励开发利用可再生能源和市场推动，工商业光伏发电利用得到了快速和广泛的发展。2023 年，国家密集发布了一系列文件，给予工商业分布式光伏和户用光伏发展大力支持。

国家政策频出，为工商业分布式光伏的发展注入一针强心剂，此外，各地陆续出台相关政策，使得工商业电价持续攀升，也加速了工商业分布式和户用光伏市场的升温。

1. 工商业光伏电站三大投资盈利模式

（1）企业自主投资。

企业可灵活选择合适的投资计划，如收益最大化全资模式；投资少、收益稳定的融资模式；享受清洁能源的同时，电站亦成为企业优质资产。

（2）部分投入、合作投资。

该模式通过融资租赁方式与企业共同建设电站，共享电站的发电收益，后期再通过电站股权转让等形式退出初始投资。帮助企业分担前期电站投资成本，使其尽早享受绿色能源带来的多重价值。

（3）零投入、低价用电。

由符合条件的投资方与企业签订光伏建设、项目运营、分享效益等内容的能源合同，投资方获得发电收益。而企业可享用低价用电，提高企业的经济效益和社会效益。

户用光伏是分布式光伏的一种形式，是指将光伏组件置于家庭住宅顶层，用组串式或者微逆变器进行逆变器发电上网。户用光伏的优点是门槛低，性价比高，就近发电直接消纳；其缺点是用户量大，运营管理较为困难。户用光伏主要存在三种收益模式：标杆上网电价，净电量结算，自发自用、余电上网。对应着四种商业模式：经销商、系统安装商、全国性平台、租赁。因为户用整体偏类消费属性，所以户用光伏相关业务的公司盈利能力较好。

2. 户用光伏收益模式

（1）标杆上网电价。

标杆上网电价政策是 2011 年以前欧洲各国普遍采用的政策。该模式下，并网点设在电网侧，电网根据光伏发电量以标杆上网电价全额收购光伏电量。

（2）净电量结算。

净电量结算政策最初主要在美国执行，美国 50 个州有 42 个州采用"净电量结算法"，以鼓励分布式光伏发电和分布式风力发电。该模式要求全年的用电量要大于光伏发电量。光伏并网点设在用户电表的负载侧，自消费的光伏电量不做计量，以省电方式直接享受电网的零售电价；光伏反送电量推着电表倒转，或双向计量，净电量结算，即用电电量和反送到电网的电量按照差值结算，结算周期为一年。

（3）自发自用、余电上网。

2011 年德国推出了"自消费"政策，鼓励光伏用户自发自用。该模式原则是"自发自用，余电上网"。光伏并网点设在用户电表的负载侧，需要增加一块光伏反送电量的计量电表，或者将电网用电电表设置成双向计量。自消费的光伏电量不做计量，以省电方式直接享受电网的零售电价；反送电量单独计量，并以公布的光伏上网电价进行结算。"自发自用、余电上网"，自发自用部分电价＝用户电价＋国家补贴＋地方补贴；余电上网部分电价＝当地脱硫煤电价＋国家补贴＋地方补贴。国家补贴方面，2021 年 6 月 11 日，国家发展改革委发给国家能源局综合司的函，明确了 2021 年新建户用分布式光伏项目全发电量补贴标准按每千瓦时 0.03 元执行。这种模式类似于国外自消费模式，收益则分成三部分，即自发自用、余电上网及补贴收入这三部分。

3. 户用光伏商业模式

（1）经销商模式。

该模式公司通常是另建户用光伏事业部，以该板块独立上市为目标，引进家电等领域营销人才，下设几大区域中心，再下设省分部，在县、乡镇一级进行招商，经销商和公司为相对独立的合作关系。代表企业有英利、因能、汉能、晶科、协鑫等。

（2）系统安装商模式。

实行该模式的企业常常由经销商转变而来，在学习安装施工技术、掌握拿货渠道、具备质量鉴别能力后，一些公司开始转向系统集成模式。代表企业有晴天科技、维旺合纵、广州硕耐、比高新能源、工民建、江苏杰多新能源、特亿阳光、亚坦新能、浙江埃菲生、光驰新能源、德州宇浩、山东万投、航禹光伏、广东阳光之家、广东光合、广东太阳库等。

（3）全国性平台模式。

平台完成除了市场开发、安装施工之外的所有事情，包括：供应光伏发电系统产品，并且价格具有竞争力；提供贷款、保险等金融服务供代理商提供给用户；代理商不需压货在仓库，平台即仓库，按需发货。代表企业有天合光能、中民新光的中民智荟平台等。

（4）租赁模式。

这种模式下公司在不同地区开展业务时，应首先寻找有实力的市场开发合作伙伴，这类伙伴通常在当地有强大的政府资源、有很好的人际关系网络，合作伙伴负责组织团队，并进行市场开发和安装施工工作。代表企业有正泰新能源、中来民生等。

光伏新能源项目具有广阔的商业前景和盈利能力。随着技术的不断进步和成本的持续降低，光伏新能源将在全球能源结构中占据越来越重要的地位。同时，政府和社会资本的不断投入也为光伏新能源项目的发展提供更多的支持和机遇。

第六章　光伏新能源项目落地实践与案例分享

一、绝知此事要躬行：光伏新能源项目实践方法

（一）光伏新能源项目选址的原则与方法

1. 光伏新能源项目选址原则

随着全球能源结构的转变，光伏新能源项目在可持续发展中扮演着越来越重要的角色。然而，光伏项目的成功实施很大程度上取决于选址的合理性。光伏新能源项目选址的原则主要如下：

（1）整体要求。

第一，与发展规划一致：光伏电站的站址选择应根据国家可再生能源中长期发展规划、地区自然条件、太阳能资源、交通运输、接入电网、地区经济发展规划、其他设施等因素进行全面考虑。

第二，与产业发展的协调：在选址工作中，应从全局出发，正确处理与相邻农业、林业、牧业、渔业、工矿企业、城市规划、国防设施和人民生活等各方面的关系。

第三，总体要求：光伏电站选址时，应研究电网结构、电力负荷、交通、运输、环境保护要求、出线走廊、地质、地震、地形、水文、气象、占地拆迁、施工，以及周围工矿企业对电站的影响等条件，拟订初步方案，通过全面的技术经济比较和经济效益分析，提出论证和评价。当有多个候选站址时，应提出推荐站址的排序。

（2）自然条件。

第一，太阳辐射量：站址选址应考虑该地区太阳能资源分布情况，光伏电站应建在区域日照充足地区。根据我国太阳能资源区划标准，应在 C 类（即太阳能资源可利用区）以上。

第二，地质条件：地质条件也为选址重要的考虑因素之一。地质条件的优劣直接影响电站初始投资额度的大小。同时，恶劣的地质条件也是电站安全问题的隐患之一。根据 GB 18306—2015《中国地震动参数区划图》以及 GB 18306—2015 图 A.1《中国地震动峰值加速度区划图》，光伏电站站址宜建在地震基本烈度为 9 度及以下地区，对于 9 度以上地区建站应进行地震安全性评价。选择站址时应避开地质灾害易发区，如有危岩、泥石

流、岩溶发育、滑坡的地段和发震断裂地带等。当站址选择在采空区影响范围内时，应进行地质灾害危险性评估，综合评价地质灾害危险性的程度，提出建设站址适宜性的评价意见，并采取相应的防范措施。

第三，地势条件：地面光伏电站站址宜选择在地势平坦的地区或北高南低的坡度地区。

坡屋面光伏电站的建筑，其主要朝向宜为南或接近南向，宜避开周边障碍物对光伏电池组件的遮挡。

站址场地标高应满足与光伏电站等级相对应的防洪标准，见表6-1。对于站内地面低于上述高水位的区域，应有防洪设施。防排洪设施宜在首期工程中按规划容量统一规划，分期实施。

表6-1 光伏发电站的等级和防洪标准

光伏电站等级	归纳容纳/MV	防洪标准（重现期）
Ⅰ级	>500	≥100年一遇的高水（潮）位
Ⅱ级	3~500	≥50年一遇的高水（潮）位
Ⅲ级	<30	≥30年一遇的高水（潮）位

对位于海滨的光伏电站，如设防洪堤（或防浪堤），其堤顶标高应按上表给出的防洪标准（重现期）的要求加重现期为50年累积频率1%的浪爬高和0.5m的安全超高确定。

对位于江、河、湖旁的光伏电站，其防洪堤堤顶标高应按上表给出的防洪标准（重现期）的要求加0.5m的安全超高确定；当受风、浪、潮影响较大时，尚应再加重现期为50年的浪爬高。防洪堤的设计还应征得当地水利部门的同意。

在以内涝为主的地区建站时，防涝堤堤顶标高应按50年一遇的设计内涝水位（当难以确定时，可采用历史最高内涝水位）加0.5m的安全超高确定。如有排涝设施时，则按设计内涝水位加0.5m的安全超高确定。

如不设防洪堤，站区设备基础顶标高和建筑物室外地坪标高应不少于上表给出的防洪标准（重现期）或历史最高内涝水位的要求。

对位于山区的光伏电站，应考虑防山洪和排山洪的措施，防排设施应按频率为1%的山洪设计。

第四，气象条件：对于太阳能电站来讲，气象条件直接影响电站的工作效率，因此电站的选择要以多晴少云、多旱少雨的气候特征为选址的基本气象条件。

（3）接入电网条件。

光伏电站站址选择应充分考虑电站达到规划容量时接入电力系统的出线条件。

（4）环境条件。

第一，耕地与水源：光伏电站站址选择应利用非可耕地和劣地，不破坏原有水系，做好植被保护，减少土石方开挖量；应节约用地，减少房屋拆迁和人口迁移。

第二，环境污染：选择站址时，应避开空气经常受悬浮物严重污染的地区。

第三，矿产资源：光伏电站站址应避让重点保护的文化遗址，不应设在有开采价值的露天矿藏或地下浅层矿区上。

若站址地下深层压有文物、矿藏，除应取得文物、矿藏有关部门同意的文件外，还应对站址在文物和矿藏开挖后的安全性进行评估。

（5）交通。

选址时既要考虑施工时设备、材料及变压器等大型设备运输的方便，也要考虑运行、检修时交通运输的方便。

一般情况下，电站站址应尽可能选择在已有或规划的航空、铁路、公路、河流交通线附近，这样可以减少交通运输的困难和投资，加快建设并降低运输成本。

（6）社会经济环境。

根据项目周边环境情况，合理规划项目进度，尽量减少对当地居民和环境的影响。

2. 光伏新能源项目选址方法

光伏新能源项目选址方法主要如下：

（1）收集和分析数据。

第一，数据收集：从当地气象站、国家电网、地质勘察机构等获取相关数据，如日照时间、太阳辐射量、地形地貌、地质条件等；利用卫星图像和 GIS 技术进行空间分析，获取更广泛区域内的数据；从政府部门、社区和其他利益相关者处收集土地使用、规划、环保等政策信息。

第二，数据分析：利用统计软件对收集到的数据进行处理和分析，如日照资源的季节性变化、地形对光照的影响等；建立数学模型，预测不同选址方案下的光伏电站发电量、投资回报率等；利用 GIS 技术进行空间叠加分析，评估不同区域内的适宜性。

（2）现场踏勘。

根据数据分析结果，筛选出几个潜在选址进行现场踏勘。

第一，预备工作：准备现场踏勘工具和资料，如无人机、测量仪器、地图等。

第二，实地考察：对潜在选址进行实地考察，核实数据的准确性，如地形地貌、遮挡物等；调查现场环境条件，如交通状况、周边设施等；与当地居民或利益相关者进行交流，了解他们对选址的意见和关切。

（3）多方案比较。

根据数据分析和现场踏勘结果，制订多个选址方案。对每个方案进行详细描述，包括选址位置、规模、预期效益等。

方案评估：采用多准则决策分析方法，如层次分析法（AHP）、模糊综合评价法等，对不同方案进行评估和排序；邀请专家或利益相关者参与评估过程，提高决策的客观性和公正性。

（4）风险评估。

通过文献回顾、专家咨询等方法，识别光伏新能源项目可能面临的风险，如政策风险、技术风险、市场风险等，并对每个风险进行详细描述和分类。

第一，评估风险：采用定性和定量相结合的方法，如风险矩阵法、蒙特卡罗模拟等，对识别出的风险进行评估和排序；分析风险之间的关联性和影响程度，确定关键风险点。

第二，应对风险：针对关键风险点，制定相应的风险应对措施和预案；建立风险监控机制，定期对项目进行风险评估和更新。

（5）决策与实施。

第一，决策过程：综合考虑多方案比较和风险评估结果，选择最佳选址方案；与利益相关者进行沟通和协商，确保选址方案得到广泛认可和支持。

第二，实施阶段：按照选址方案进行详细规划和设计，包括光伏板布局、基础设施建设等；建立项目管理团队，明确职责和任务，确保项目的顺利推进；与供应商和合作伙伴建立合作关系，确保设备采购和工程建设的顺利进行；建立监测和维护体系，定期对光伏电站进行性能检测和维护保养，确保其长期稳定运行。

光伏新能源项目选址是项目成功的关键一环，应遵循整体要求、自然环境、环境条件、交通、社会经济环境等原则。收集和分析数据、现场踏勘、多方案比较、风险评估以及决策与实施等方法，可以确保选址的科学性和合理性，为光伏新能源项目的顺利推进奠定坚实基础。

（二）光伏新能源项目资源的评估与优化

近年来，我国新能源快速发展，光伏和风电装机容量居世界前列。分布式光伏作为国家重点发展的新能源方向之一，装机规模持续扩大，分布式光伏的合理规划、经济效益等问题备受关注；但与此同时，地区输变电容量出现局部不足、节假日消纳能力不足等难题。因此，我国需要从产业、区域和项目不同层面，采用定量方法对分布式光伏项目的社会、经济、环境等综合效益进行评估和预测。这将为电力企业、项目开发商以及政府部门制定分布式光伏的规划、投资、建设和运维决策提供科学依据。

1. 光伏新能源项目资源的评估

分布式光伏项目具有社会、经济、环境综合效益，涉及多方主体参与，个体差异大。从产业、区域、项目等不同层面开展效益评估（路线图见图 6-1），需注重方法的科学性和普适性，以保证评估的规范性和一致性，为各方决策提供支持。

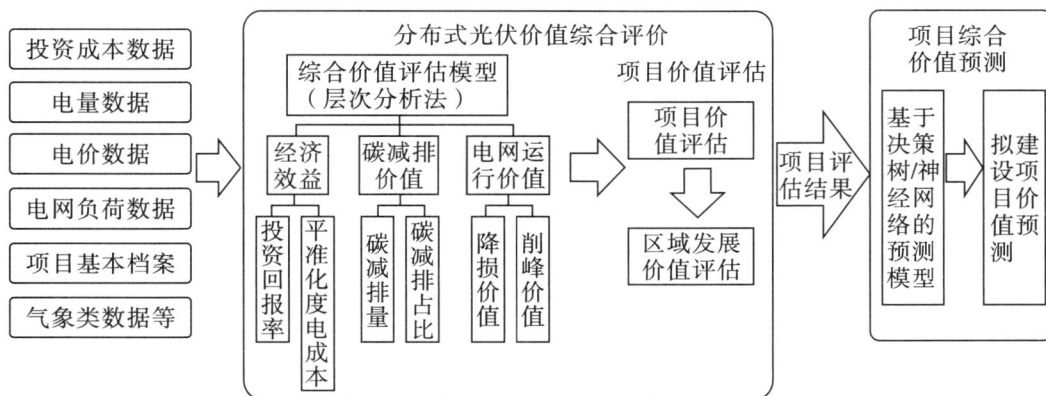

图 6 - 1　构建技术路线

（1）经济效益评价及预测。

第一，已投运项目：综合采用投资回报期和平准化度电成本来评估项目的经济价值（见图 6 - 2）。

第二，未投运项目：基于区域分布式光伏发展、运营历史数据以及分布式光伏项目可装机容量、成本投入数据，开展发电功率、消纳能力预测，最终实现项目经济效益评价及预测（见图 6 - 3）。

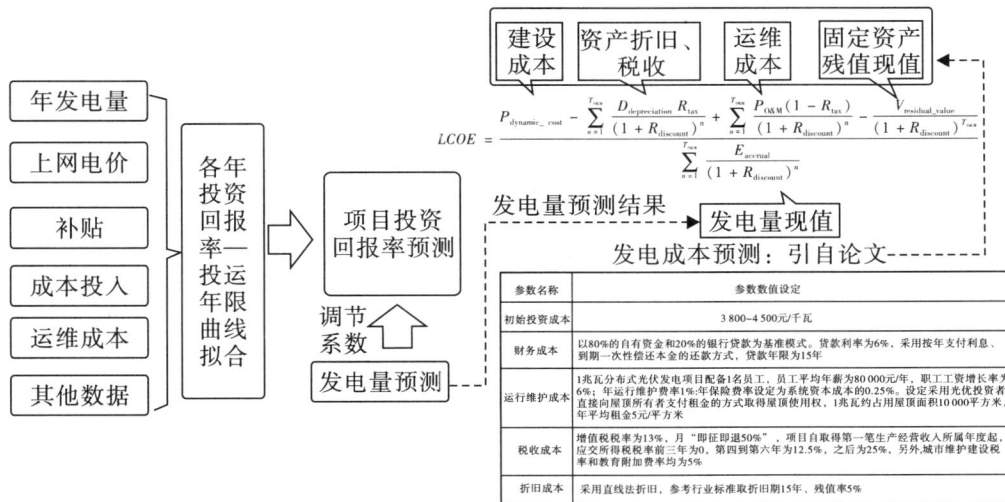

$$LCOE = \frac{P_{dynamic\_cost} - \sum_{n=1}^{T_{xix}} \frac{D_{depreciation} R_{tax}}{(1 + R_{discount})^n} + \sum_{n=1}^{T_{xix}} \frac{P_{O\&M}(1 - R_{tax})}{(1 + R_{discount})^n} - \frac{V_{residual\_value}}{(1 + R_{discount})^{T_{xix}}}}{\sum_{n=1}^{T_{xix}} \frac{E_{acenual}}{(1 + R_{discount})^n}}$$

参数名称	参数数值设定
初始投资成本	3 800～4 500元/千瓦
财务成本	以80%的自有资金和20%的银行贷款为基础模式。贷款利率为6%，采用按年支付利息、到期一次性偿还本金的还款方式，贷款年限为15年
运行维护成本	1兆瓦分布式光伏发电项目配备1名员工，员工平均年薪为80 000元/年，职工工资增长率为6%；年运行维护费率1%;年保险费率设定为系统资本成本的0.25%。设定采用光伏投资者直接向屋顶所有者支付租金的方式取得屋顶使用权，1兆瓦约占用屋顶面积10 000平方米，年平均租金5元/平方米
税收成本	增值税税率为13%，月"即征即退50%"；项目自取得第一笔生产经营收入所属年度起，应交所得税税率前三年为0，第四到第六年为12.5%，之后为25%，另外,城市维护建设税率和教育附加费率均为5%
折旧成本	采用直线法折旧，参考行业标准按折旧期15年、残值率5%

图 6 - 2　已投运电站经济价值评估与预测

基于聚类分析的新建分布式光伏项目经济效益预测

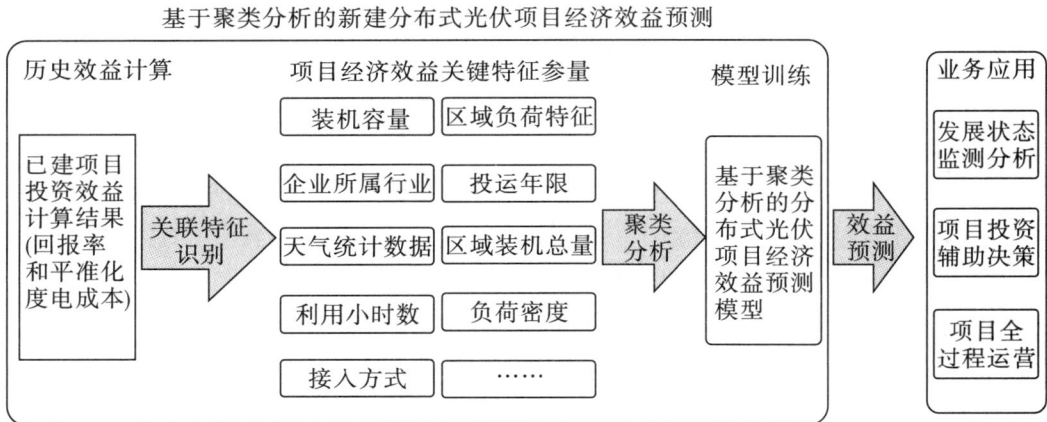

图 6 - 3 经济效益预测

（2）碳减排价值评价模型。

该模型通过建设可再生能源并网发电项目来替代由化石能源占主导的电网产生的同等电量，实现温室气体的减排。在此基础上，后续各年的碳减排量通过考虑光伏组件功率衰减后各年发电量衰减比进行折算。对于待建设分布式光伏项目，根据项目的基本情况，选择聚类分析模型或者项目上网电网/发电量预测模型，对碳减排进行预测（见图 6 - 4）。

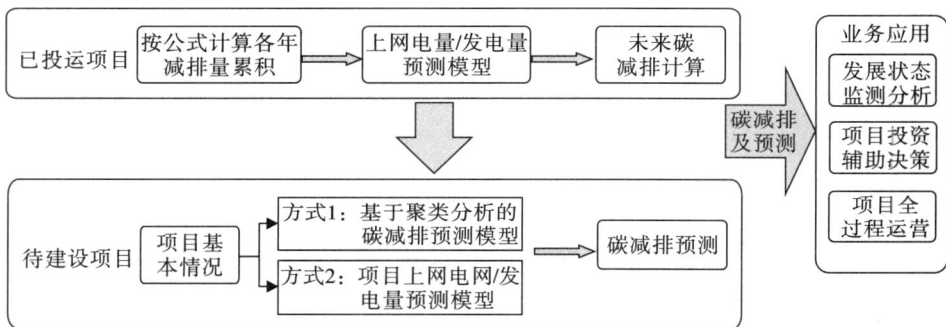

图 6 - 4 电站碳减排价值评估与预测

（3）配电网运行支撑价值评估。

分布式光伏运行对电网运行所产生的支撑价值，主要体现在两个方面，一是削峰价值，即分布式光伏投运，可实现电网峰值负荷的降低，进而节省相关的电网投资；二是降损价值，即分布式光伏发电量本地消纳所减少的电量损耗。

第一，削峰价值：将负荷相关系数修正的边际容量成本（LMCC）作为削峰价值指数（LRV）。其中，LMCC 是指节点增加单位负荷引起的支路扩容或者对供电设备的投资增量。就分布式光伏而言，它指的是分布式光伏所支撑的用电单位负荷所产生的电网投资减少成本。

第二，降损价值：分布式光伏项目所产生的降损效益，主要体现在由于负荷本地消纳所降低的电能传输所引起的损耗，与分布式光伏的接入方式、区域网络结构相关。本书在此采用近似计算方法，即考虑理想情况下，设定分布式光伏的月度发电量为节省的月度电网传输电量，并以区域配网、台区综合线损率为系数，对分布式光伏发电量所减少的损耗进行等效换算。

（4）综合评价模型指标及权重设计。

综合利用熵权法、专家打分法等方法，对分布式光伏项目价值综合评价模型相关指标进行值及权重设计，最终实现归一化评估计算项目综合价值（见图6-5）。

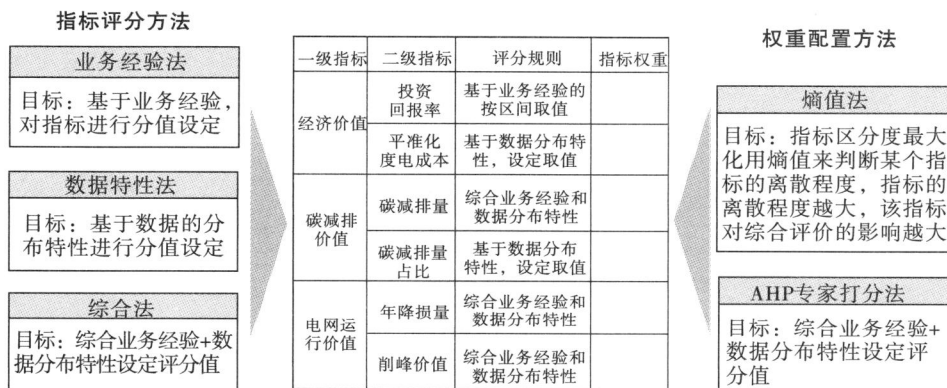

图6-5　综合评价模型指标及权重设计

在评估体系方面，主要有以下要求：

第一，统筹考虑资源开发商、电网企业和政府部门三方主体，从项目、区域、产业等不同维度进行分布式光伏综合效益评价和需求预测，实现评价体系在资源开发商、电网企业和政府部门三方主体间的一致性和规范性。

第二，兼顾指标体系的完整性以及数据获取难度、数据质量等，均衡评价体系的普适性和合理性。

第三，在评价体系的基础上，根据不同指标特性，设计对应的预测模型，实现对分布式光伏综合效益、关键子指标的预测分析，为开展项目投资规划、运营决策等提供更多价值信息支撑，提升相关工作成效。

2. 光伏新能源项目资源的优化

随着全球对可再生能源的关注度不断提高，光伏新能源项目逐渐成为一种重要的能源形式。在光伏新能源项目中，资源的优化配置是提高发电效益和降低成本的关键，有利于实现可持续发展和高效发电的目标。

（1）选址优化：在光伏电站的选址过程中，需要考虑太阳辐射强度、地形地貌、土地利用条件、电网接入条件等因素。科学的选址可以确保光伏电站能够充分利用太阳能资源，降低建设成本，提高发电效益。例如，在土地利用方面，可以选择荒漠、戈壁等闲置土地，以降低土地成本。同时，还需要考虑电站的运维和管理方便性，以降低后期运维成本。

（2）设备选型优化：光伏电站的设备选型也是非常重要的，包括光伏组件、逆变器、支架、电缆等。需要根据电站的规模、地形地貌、气候条件等因素，选择技术成熟、性能稳定、效率高的设备，以确保电站的稳定运行和高效发电。例如，在光伏组件方面，可以选择高效能、高稳定性的单晶硅组件，以提高发电效率和降低故障率。同时，还需要考虑设备的生命周期和可维护性，以降低后期更换和维修成本。

（3）电站设计优化：电站的设计也是影响发电效益的重要因素。我们需要根据电站的实际情况，进行合理的设计，包括组件布局、支架设计、电缆走向等。我们可以通过优化电站设计，降低建设成本，提高发电效益。例如，在组件布局方面，我们可以采用科学的排布方式，如"井"字形或"田"字形等，以提高发电效率和降低遮挡影响。同时，我们还需要考虑电站的美观性和与周围环境的协调性，以降低对环境的影响和减少扰民情况。

（4）运营维护优化：光伏电站的运营维护也是非常重要的。需要建立完善的运营维护体系，包括定期检查、清洗、维修等。通过加强运营维护，可以确保电站的稳定运行，延长设备使用寿命，提高发电效益。例如，可以制订定期检查计划，对电站的各个设备进行检查和维修，及时发现并解决故障问题。同时，还可以引入智能化的运维管理系统，实现远程监控和数据分析等功能，提高运营效率和管理水平。

（5）并网接入优化：光伏电站的并网接入也是影响发电效益的重要因素。需要与电网公司建立良好的合作关系，确保电站的并网接入顺利进行。同时，也需要考虑电站的并网接入方式对电网的影响，进行合理的规划和设计。例如，在并网接入方面，可以选择合适的接入点位和接入方式，以降低对电网的影响和接入成本。同时，还需要考虑电站的并网容量和发电量的计量方式等细节问题。

（6）储能系统优化：光伏电站的发电具有波动性和不确定性，因此需要配备储能系统来平衡电网负荷；需要根据电站的实际情况，选择合适的储能技术和设备建立储能系统以提高电站的稳定性和发电效益，例如选择合适的储能电池类型和容量可以有效地平抑光伏发电的波动性和不确定性；同时，还需要考虑储能系统的充放电效率和循环寿命等问题，以降低后期更换和运维成本。

（7）智能化管理优化：光伏电站的智能化管理也是未来的发展趋势，需要引入先进的技术和设备建立智能化的管理系统，实现电站的自动化运行、远程监控、数据分析等功能。智能化管理可以提高电站的运行效率和管理水平，降低运营成本，提高发电效益，例如可以通过智能化管理系统，实现电站的自动化运行、远程监控、数据分析和故障预警等功能，提高运营效率和管理水平，降低人工干预的成本和错误率。同时，还可以通过数据分析和挖掘实现电站的优化设计和运行，提高发电效益和降低成本。

光伏新能源项目资源的优化是一个多方面的过程，需要从选址、设备选型、电站设计、运营维护、并网接入、储能系统和智能化管理等多个方面考虑和实施。科学的资源配置和优化策略的实施，可以最大程度地提高光伏新能源项目的发电效益和降低成本，为推动全球能源转型和可持续发展做出积极贡献。

（三）光伏新能源项目设备的选择与特点

随着全球能源结构的转型，光伏新能源项目已经成为重要的发展方向。光伏新能源项目主要利用太阳能，通过光伏效应将光能转化为电能。在光伏新能源项目的实施过程中，设备的选择与特点对于项目的成功和效益具有决定性的影响。

1. 光伏新能源项目设备选择

（1）光伏电池板。

光伏电池板是光伏新能源项目的核心设备，其作用是将光能转化为电能。在选择光伏电池板时，需要考虑以下因素：

第一，转换效率：转换效率越高，光能转化为电能的效率就越高，项目的效益也就越好。目前，多晶硅太阳能电池板和单晶硅太阳能电池板是主流的选择，其中单晶硅太阳能电池板的转换效率较高，但成本也相对较高，而多晶硅太阳能电池板的转换效率略低，且成本较低。

第二，使用寿命：光伏电池板的使用寿命越长，项目的投资回报率就越高。一般来说，单晶硅太阳能电池板的使用寿命较长，可达25年以上，而多晶硅太阳能电池板的使用寿命在15年以上。

第三，耐候性：光伏电池板需要长时间暴露在自然环境中，因此需要具备耐候性。耐候性强的设备可以抵抗风雨侵蚀、高温暴晒等恶劣环境条件，保证长期稳定运行。

第四，成本：成本是选择设备的重要因素之一。在满足性能和质量的前提下，应选择成本较低的设备，以降低项目的总成本。

（2）逆变器。

逆变器是将直流电转化为交流电的设备，是光伏新能源项目必不可少的设备之一。在选择逆变器时，需要考虑以下因素：

第一，功率等级：逆变器的功率等级应与光伏电池板的输出功率相匹配，否则会造成能源浪费或设备损坏。在选择逆变器时，应根据光伏电池板的输出功率选择合适的功率等级。

第二，转换效率：逆变器的转换效率越高，直流电转化为交流电的效率就越高，项目的效益也就越好。目前，主流的逆变器转换效率可达90%以上。

第三，噪声：逆变器的噪声越小，对周围环境的影响就越小。因此，在选择逆变器时，应选择噪声较小的设备。

第四，成本：成本是选择设备的重要因素之一。在满足性能和质量的前提下，应选择成本较低的设备，以降低项目的总成本。

（3）支架系统。

支架系统是支撑光伏电池板和逆变器的结构系统，需要考虑以下因素：

第一，承载能力：支架系统的承载能力应与光伏电池板和逆变器的重量相匹配，以确保结构安全。在选择支架系统时，应考虑其结构强度和稳定性。

第二，抗风能力：支架系统需要抵抗风雨侵蚀等恶劣环境条件，因此需要具备抗风能力。抗风能力强的设备可以保证结构安全和稳定运行。

第三，防腐能力：支架系统需要长时间暴露在自然环境中，因此需要具备防腐能力。防腐能力强的设备可以抵抗风雨侵蚀和腐蚀，保证长期稳定运行。

第四，安装方便性：支架系统的安装方便性也是选择设备的重要因素之一。安装方便的设备可以减少安装时间和成本，提高项目的效率。

2. 光伏新能源项目设备特点

（1）高效性：光伏新能源项目的核心设备，如光伏电池板和逆变器等都具有高效性。光伏电池板是光伏新能源项目的核心设备，其作用是将光能转化为电能。在选择光伏电池板时，需要考虑其转换效率。转换效率越高，光能转化为电能的效率就越高，项目的效益也就越好。目前，主流的硅基光伏电池板的转换效率较高，但成本也相对较高，而薄膜光伏电池板的转换效率略低，但成本较低。

（2）长寿命：光伏新能源项目中的设备通常都具有较长的使用寿命。以光伏电池板为例，主流的硅基光伏电池板的寿命可长达25年以上，而薄膜光伏电池板的寿命也在15年以上。这些长寿命设备可以减少项目的维护成本和更换设备的麻烦，同时提高项目的投资回报率。

（3）可靠性：光伏新能源项目的设备都具有较高的可靠性。这些设备在生产过程中都经过了严格的质量控制和测试，以确保其能够在各种环境条件下稳定运行，减少故障和停机现象的发生。以支架系统为例，支架系统的可靠性对于光伏电池板和逆变器的稳定运行至关重要。应选择具有高可靠性的支架系统，以确保项目的稳定运行。在选择时，应考虑选用具有良好品质保证和口碑的品牌和型号。

（4）适应性：光伏新能源项目的设备具有良好的适应性，能够适应不同的地形、气候和环境条件。无论是沙漠、平原还是山区，光伏新能源项目都能够通过相应的设备和技术手段实现能源的转化和利用。以逆变器为例，逆变器的功率等级应与光伏电池板的输出功率相匹配，否则会造成能源浪费或设备损坏。在选择逆变器时，应根据光伏电池板的输出功率选择合适的功率等级。同时，逆变器的噪声越小，对周围环境的影响就越小。因此，在选择逆变器时，应选择噪声较小的设备。

（5）经济性：随着技术的不断进步和规模化生产的实现，光伏新能源项目的设备价格已经逐渐降低，同时设备的维护成本也较低，使得光伏新能源项目在经济上更具竞争力。在选择设备时，应考虑选用成本较低的设备，以降低项目的总成本。同时，应考虑设备的可靠性和维护成本等因素，以确保项目的长期经济性。

（6）环境友好性：光伏新能源项目的设备不会产生任何有害物质，对环境无污染，是一种真正的清洁能源。相比传统能源，光伏新能源项目有助于减少空气和水污染，保护生态环境。以光伏电池板为例，光伏电池板的生产过程不会产生任何有害物质，而且在使用寿命结束后可以回收再利用。此外，光伏电池板还可以根据需要进行定制化设计，使其更加适合特定的环境和使用需求。

光伏新能源项目的设备具有高效性、长寿命、可靠性、适应性、经济性和环境友好性等特点，这些特点使得光伏新能源项目成为未来能源发展的重要方向之一。在选择和使用设备时，应综合考虑设备的性能和质量、成本、可靠性、适应性、经济性和环境友好性等因素，以确保项目的成功实施和长期稳定运行。

光伏新能源项目是全球能源领域的重要发展方向，设备的选择与特点是项目成功和效益高的关键因素之一。在选择设备时，需要考虑高效性、长寿命、可靠性、适应性、经济性和环境友好性等因素，以确保项目的稳定运行和降低成本。同时，还需要根据项目的实际情况进行合理的配置和布局，以充分发挥设备的性能和效益。

（四）光伏新能源项目技术路线的确定与评估

随着人们对可再生能源的关注度不断提高，光伏新能源项目逐渐成为能源领域的研究热点。在项目实施前，对技术路线的确定与评估是确保项目成功实施和长期稳定运行的关键环节。

1. 光伏新能源项目技术路线的确定

第一代光伏技术以单晶硅太阳能电池为代表，其特点是转换效率高、稳定性强，但生产成本较高。经过多年的发展，第一代光伏技术已经实现了较高的工业化程度，成为全球范围内应用最广泛的光伏技术。在选择第一代光伏技术时，需要综合考虑项目的具体需求和预算。

第二代光伏技术主要包括多晶硅太阳能电池和薄膜太阳能电池两大类。多晶硅太阳能电池具有较高的稳定性和寿命，同时生产成本相对较低，因此在产业应用中得到了广泛应用。薄膜太阳能电池则具有较高的转换效率和较低的成本，但需要良好的环境条件和较高的技术水平。在选择第二代光伏技术时，需要综合考虑项目的实际需求和所在地的环境条件。

第三代光伏技术主要包括聚光光伏、钙钛矿光伏和柔性光伏等新兴技术。这些技术具有更高的转换效率和更低的生产成本，但目前仍处于实验室研究阶段或小规模商业化阶段。在选择第三代光伏技术时，我们需要充分考虑技术的成熟度、成本效益以及市场前景等因素。

光伏新能源项目技术路线的确定是一个复杂而关键的过程，需要从多个方面进行全面分析和评估。

（1）需求分析：首先需要明确项目的需求，包括规模、应用场景、能源产出量、投资预算等方面。这些需求将直接影响技术路线的选择和设备的配置。

（2）技术调研：在确定项目需求后，我们需要对各种光伏技术进行调研，这包括了解各种光伏技术的研发历史、工业化程度、生产成本、效率、稳定性等方面。同时，我们还需要关注新兴技术的动态和发展趋势。

（3）技术评估：根据调研结果，对各种光伏技术进行评估。评估标准包括技术成熟度、成本效益、环境适应性、技术创新性等方面。评估过程中，我们需要充分考虑各种技术的优缺点和适用性，以便选择最适合项目需求的技术路线。

（4）设备选择：根据技术评估结果，选择适合项目的光伏设备。设备选择应考虑效率、可靠性、耐久性、维护成本等因素。同时，我们需要考虑设备的可获得性和技术支持等方面。

（5）系统设计：根据项目需求和所选设备，进行光伏系统的设计。系统设计应考虑地理位置、气候条件、资源状况等因素，以确保系统的高效稳定运行。同时，我们还需要考虑系统的布局、安全性和美观性等方面。

（6）施工方案：在系统设计的基础上，制订详细的施工方案。施工方案应包括施工周期、施工难度、人员配备、安全措施等方面，以确保项目的顺利实施。

（7）运行维护：在项目实施完成后，我们需要对光伏系统进行运行维护。运行维护应包括定期检查、清洁、维修等方面，以确保系统的长期稳定运行。同时，我们还需要对系统进行优化和升级，以提高能源产出量和降低成本。

光伏新能源项目技术路线的确定需要经过需求分析、技术调研、技术评估、设备选择、系统设计、施工方案和运行维护等多个环节。这些环节相互关联、相互影响，最终决定了项目的成功实施和长期稳定运行。因此，我们在确定技术路线时需要充分考虑各种因素，并进行全面评估和比较，以确保项目的可持续发展。

2. 光伏新能源项目技术路线的评估

（1）项目需求评估：在确定光伏新能源项目的技术路线时，我们首先需要对项目的需求进行评估，这包括对项目的规模、地理位置、气候条件、资源状况等因素进行全面分析。例如，对于大型地面光伏电站，可以选择第一代或第二代光伏技术；对于分布式光伏系统，则更适合采用第二代或第三代光伏技术。此外，我们还需要考虑项目的具体应用场景和预期的能源产出量等因素。

（2）技术成熟度评估：在选择光伏新能源项目的技术路线时，我们需要对各种技术的成熟度进行评估，这包括对技术的研发历史、工业化程度、生产成本、稳定性等方面进行综合分析。对于已经实现商业化应用的技术路线，可以优先考虑其成熟度和可靠性；对于新兴技术路线，则需要充分考虑其研发进展和市场前景等因素。

（3）成本效益评估：在确定光伏新能源项目的技术路线时，我们需要对各种技术的成本效益进行评估，这包括对技术的初始投资成本、维护成本、寿命周期成本以及发电成本等方面进行综合分析。对于成本效益较高的技术路线，可以优先考虑其市场竞争力。同时，我们还需要考虑项目的投资回报率和能源产出量等因素。

（4）环境适应性评估：在选择光伏新能源项目的技术路线时，我们需要对各种技术的环境适应性进行评估，这包括对技术的抗风、抗沙、抗冻等性能以及适应不同气候条件的能力进行综合分析。对于环境适应性较强的技术路线，可以优先考虑其在特定环境条件下的适用性。同时，我们还需要考虑项目的具体地理位置和气候条件等因素。

（5）技术创新性评估：在选择光伏新能源项目的技术路线时，我们需要对各种技术的创新性进行评估，这包括对技术的原创性、新颖性和创造性等方面进行综合分析。对于具有创新性的技术路线，可以优先考虑其未来发展潜力。同时，技术创新性也是推动行业发展的重要动力之一，可以为项目的长期稳定运行提供保障。

　　光伏新能源项目技术路线的确定与评估是项目实施前的重要环节。在选择技术路线时，我们需要综合考虑项目的具体需求、预算、实际环境条件和技术水平等因素，并进行全面的评估和比较。同时，我们需要关注新兴技术的发展动态和应用前景，以便在必要时做出相应的调整和决策。科学合理的技术路线确定与评估，可以确保光伏新能源项目的成功实施和长期稳定运行，为能源的可持续发展做出贡献。

（五）光伏新能源项目的设计方案与特点

　　随着人们对可再生能源的关注度不断提高，光伏新能源项目逐渐成为能源领域的研究热点。在项目实施前，对项目的设计方案进行规划和确定是确保项目成功实施和长期稳定运行的关键环节。

1. 光伏新能源项目的需求分析

　　在制订光伏新能源项目设计方案之前，我们需要对项目的需求进行深入分析，以确保项目能够满足实际需求并具备可行性。

　　（1）项目规模：根据项目的实际需求，明确项目的规模大小，这包括对项目所需的光伏电池板数量、逆变器的功率等级、支架系统的结构形式等因素进行评估。

　　（2）地理位置：项目的地理位置对设计方案具有重要的影响，我们需要考虑项目所在地的气候条件、日照时间、风力大小等因素，以便选择适合的设备类型和配置。

　　（3）资源状况：我们需要对项目所在地的太阳能资源情况进行评估，包括日照强度、日照时间等参数。这些参数将直接影响光伏电池板的安装方式和最佳朝向等因素。

　　（4）能源产出量：明确项目的预期能源产出量，以便为后续的设计工作提供基础数据，这需要我们对项目所在地的气候条件、日照时间、光伏电池板的转换效率等因素进行综合考虑。

　　（5）投资预算：在制订设计方案时，我们需要充分考虑项目的投资预算，这包括对光伏电池板、逆变器、支架系统等设备的购置成本以及安装施工成本进行评估。同时，我们还需要考虑项目的运行维护成本和生命周期成本等因素。

　　（6）应用场景：明确项目的具体应用场景，以便选择适合的设备类型和配置。例如，对于户用光伏发电系统，需要考虑家庭用电负荷、电网兼容性等因素；对于大型地面光伏电站，需要考虑设备的耐久性、安全性等因素。

　　（7）技术成熟度：在选择光伏新能源项目的技术路线时，我们需要考虑各种技术的成熟度和可行性。对于已经实现商业化应用的技术路线，可以优先考虑其成熟度和可靠性；对于新兴技术路线，需要充分考虑其研发进展和市场前景等因素。

　　（8）环境适应性：在选择光伏新能源项目的技术路线时，我们需要考虑各种技术的环境适应性。对于环境适应性较强的技术路线，可以优先考虑其在特定环境条件下的适用性。同时，我们还需要考虑项目所在地的环境保护要求等因素。

　　（9）可扩展性：在制订设计方案时，我们需要考虑项目的可扩展性。随着技术的不断进步和市场需求的变化，项目可能需要升级或扩展。因此，设计方案应具备灵活性和可扩展性，以便在未来进行升级和扩展时能够方便地进行改造和扩展。

（10）安全性和可靠性：在制订设计方案时，我们需要考虑项目的安全性和可靠性。光伏新能源项目需要安全稳定地运行，并能够应对自然灾害和其他突发情况。因此，设计方案应具备相应的安全措施和可靠性保障措施。

在进行光伏新能源项目的设计方案制订之前，我们需要对项目的需求进行全面深入的分析和评估。我们应综合分析各种因素对项目的影响，选择最适合的技术路线和设备配置，以确保项目的成功实施和长期稳定运行。同时，我们还需要关注新兴技术的发展动态和应用前景，以便在必要时做出相应的调整和决策。

2. 光伏新能源项目的系统设计

（1）光伏电池板设计。

第一，材料选择：根据项目需求和地理位置，选择适合的光伏电池板材料。目前，常用的光伏电池板材料包括晶体硅、薄膜太阳能电池板等。我们在选择时需要考虑材料的转换效率、耐久性、成本等因素。

第二，尺寸大小：根据项目的能源产出量和投资预算等因素，确定光伏电池板的尺寸大小。在选择尺寸时，我们需要考虑电池板的安装面积、日照吸收率等因素，以确保其能够产生足够的电能。

第三，连接方式：设计电池板的连接方式，以确保其能够最大程度地吸收太阳能，并将其转化为电能。同时，我们还需要考虑电池板的连接距离、线路损耗等因素，以确保其稳定性和寿命。

（2）逆变器设计。

第一，功率等级：根据项目的能源产出量和用电负荷等因素，选择适合的逆变器功率等级。逆变器的功率等级应与电池板的功率相匹配，以确保其能够将直流电转化为交流电。

第二，效率：设计逆变器时，我们需要考虑其效率，以提高能源的转化效率。选择高效的逆变器可以降低能源损失和运营成本。

第三，噪声：考虑逆变器的噪声水平，以确保其不会对周围环境产生过大的噪声污染。

第四，保护功能：设计逆变器的保护功能，以确保其在异常情况下的安全运行。例如，过载保护、短路保护等功能可以防止逆变器损坏和故障。

（3）支架系统设计。

第一，材料选择：选择适合的支架材料，如钢材、铝合金等。考虑材料的强度、耐腐蚀性、成本等因素。

第二，结构形式：设计支架系统的结构形式，以适应不同的地理条件和安装要求。我们需要考虑支架的稳定性、安装难度等因素，以确保其能够安全支撑光伏电池板和其他设备。

第三，防腐处理：对支架进行防腐处理，如镀锌、喷塑等方法，以提高其耐腐蚀性和使用寿命。

第四，安装方式：设计支架的安装方式，以确保其能够方便快捷地安装和拆卸。同时，我们还需要考虑支架的承重能力和安装精度等因素。

（4）控制系统设计。

第一，控制策略：设计控制系统的控制策略，以确保其对光伏新能源项目的稳定控制和优化管理。控制策略应包括对光伏电池板、逆变器等设备的监测和控制，以提高项目的稳定性和安全性。

第二，保护功能：控制系统应具备相应的保护功能，以防止设备故障和异常情况下的损坏。例如，过载保护、短路保护等功能可以防止设备损坏和故障。

第三，数据监测：控制系统应具备数据监测功能，以便实时监测项目的运行状态和数据。数据监测可以帮助管理人员了解项目的运行情况并进行相应的调整和决策。

第四，通信接口：设计控制系统的通信接口，以便实现远程监控和管理。通信接口应具备快速、稳定、可靠等特点，以便实现实时数据传输和控制指令的发送。同时，我们还需要考虑与电网和其他智能设备的兼容性等因素。

第五，可扩展性：控制系统应具备可扩展性，以便在未来进行升级和扩展时能够方便地进行改造和扩展。可以考虑采用模块化设计或开放式架构等方法，实现系统的灵活扩展和升级。

第六，人机界面：设计控制系统的人机界面，以便管理人员进行操作和监控。人机界面应具备直观、易用等特点，以便管理人员能够快速了解项目的运行状态并进行相应的调整和决策。同时，我们还需要考虑界面的美观性和与周围环境的协调性等因素。

3. 光伏新能源项目的特点

（1）清洁能源：光伏新能源项目利用太阳能转化为电能，不会产生废气、废水等污染物，是一种清洁能源。

（2）可再生能源：太阳能是可再生资源，光伏新能源项目能够持续利用太阳能，减少对传统化石能源的依赖。

（3）高效率：光伏电池板和逆变器等设备具有高效率，能够最大程度地吸收和转化太阳能，提高能源产出量。

（4）智能化控制：光伏新能源项目采用智能化控制系统，能够实现对设备的高效监控和管理，提高项目的稳定性和安全性。

（5）环境友好性：光伏新能源项目不会产生噪声和辐射等有害物质，对环境无污染，是一种环境友好型能源。

（6）经济性：随着技术的不断进步和规模化生产的实现，光伏新能源项目的成本逐渐降低，具有较高的经济性。

（7）灵活性：光伏新能源项目具有较高的灵活性，可以根据项目的需求进行灵活配置和扩展，适应不同的应用场景。

总之，光伏新能源项目的设计方案与特点决定了其在实际应用中的性能和效果。在制订设计方案时，我们需要充分考虑项目的需求和各种因素，并进行全面评估和比较，以确保项目的成功实施和长期稳定运行。同时，我们还需要关注新兴技术的发展动态和应用前景，以便在必要时做出相应的调整和决策。

二、功成方显英雄色：方略能源的光伏实践

2022 年 1 月初，国家能源局、农业农村部、国家乡村振兴局印发的《加快农村能源转型发展助力乡村振兴的实施意见》提出，将能源绿色低碳发展作为乡村振兴的重要基础和动力，支持具备资源条件的地区利用农户闲置土地和农房屋顶建设分布式风电和光伏发电，鼓励建设"光伏 + 现代农业"。

拥有土地资源相对较多、日照资源充足的粤东、粤西、粤北乡村抢抓政策"红利"，通过"渔光互补""农光互补"等土地利用更为集约的形式，为乡村振兴注入发展新动力。新能源推动乡村发展，乡村发展为新能源提供新的空间，"双碳"目标下，一块块光伏板"拼出"绿色乡村新图景，也为乡村农户带来了更多获得感和幸福感。

广东方略能源发展有限公司（以下简称"方略能源"）紧随时代的步伐，致力于光伏新能源项目的开发与实践。它是专注于碳中和新乡村全产业链集成服务的专业机构，是全国首个"碳中和新乡村"生态产业运营服务商，是复合型光伏及新能源资产运营的引领者，具备较强的新能源项目开发能力，构建了国内领先的乡村全产业链集成服务运营团队，已经与中国华能集团有限责任公司、中国大唐集团有限公司、国家电力投资集团有限公司等多家央企建立战略合作关系，搭建了可持续的政府、高校、智库、企业多方联动平台，为各地实施乡村振兴战略提供专业技术支持，积极推动乡村新能源一体化、数字乡村发展研究与应用等前沿领域研发和运营实践，和地方共建品牌、共创价值。

华南理工大学乡村振兴与发展研究院联合中国华能集团有限公司于 2021 年整合"碳达峰、碳中和"与"乡村振兴"两大国家战略，首创"碳中和新乡村"理念，旨在贯彻可持续发展理念，以低碳生态的乡村地域综合体为载体，通过乡村低碳经济模式创新、生态治理制度构建、低碳技术研发应用与多能互补综合利用等手段，推动乡村能源、产业、金融、治理、空间低碳化以及生态资源资产化发展，打造全要素振兴的新乡村。"碳中和新乡村"理念受省农业农村厅高度认可，茂名市于同年 4 月被授予"省级碳中和新乡村示范市"，成为全国首个"碳中和新乡村示范市"。同时，方略能源在广州花都赤坭镇构建智慧绿色"碳谷小镇"和全国首个一线城市渔光互补项目，打造"碳中和新乡村"的世界样本。

未来，方略能源将继续打造"碳中和新乡村"全产业链，促进一、二、三产业融合发展，打造绿色产业链聚集区。同时推动创新链和产业链有效对接，提升新能源创新体系整体效能和一体化、数字乡村发展研究与应用等前沿领域研发和运营实践，打造集绿色能源、现代农业、功能绿地、文旅休闲、乡村基础设施于一体的能源资源综合利用项目，和地方共建品牌、共创价值，以科技创新助力能源强国建设。

（一）"碳"趋中和，"新"及乡村

2021 年 2 月，华南理工大学乡村振兴与发展研究院联合中国华能集团有限公司共同在

全国首次提出"碳中和新乡村"的概念及内涵，并携手茂名市人民政府共建全国首个"碳中和新乡村示范市"，协同开展相关科学技术研究，系统推动综合示范基地建设。

2021年3月，华南理工大学、茂名市人民政府和中国华能集团有限公司共同签署了共建"碳中和新乡村"的一系列项目战略合作协议。2021年4月，广东省农业农村厅授予茂名市"省级碳中和新乡村示范市"。

华南理工大学乡村振兴与发展研究院与方略能源创新了农房风貌提升手法，新材料、新技术的应用方式，为乡村风貌"穿衣戴帽"工程赋予更具实用性、生态化、可推广复制的新模式，推出的设计专利产品"农房改造型光伏阳光亭"，成为茂名市推进"碳中和新乡村"建设的先导项目，率先在茂名市高州市分界镇开展农房改造型光伏阳光亭首批试点（见图6-6）。

图6-6　茂名市高州市分界镇612县道提升改造项目建成的农房改造型光伏阳光亭示范样板

位于茂名市高州市的碳中和新乡村屋顶分布式光伏示范项目是作为"碳中和新乡村"发展模式与乡村新能源一体化技术结合的首个落地项目。其中首批碳中和新乡村屋顶分布式光伏示范项目已于2021年5月20日成功并网。

2021年6月20日，《国家能源局综合司关于报送整县（市、区）屋顶分布式光伏开发试点方案的通知》正式下发，拟在全国组织开展整县（市、区）推进屋顶分布式光伏开发试点工作，并提出申报试点的县应满足如下条件：党政机关建筑屋顶总面积可安装光伏发电比例不低于50%；学校、医院、村委会等公共建筑屋顶总面积可安装光伏发电比例不低于40%；工商业厂房屋顶总面积可安装光伏发电比例不低于30%；农村居民屋顶总面积可安装光伏发电比例不低于20%。要求试点县（市、区）政府牵头，会同电网企业和相关投资企业，开展试点方案编制工作。各省能源主管部门在各县试点方案基础上汇总编制本省试点方案。

此后，华能新能源股份有限公司广东分公司和方略能源组建了合资公司——华能方略（茂名）清洁能源有限公司，协同茂名市高州市和化州市开展了试点方案编制工作（见图6-7）。

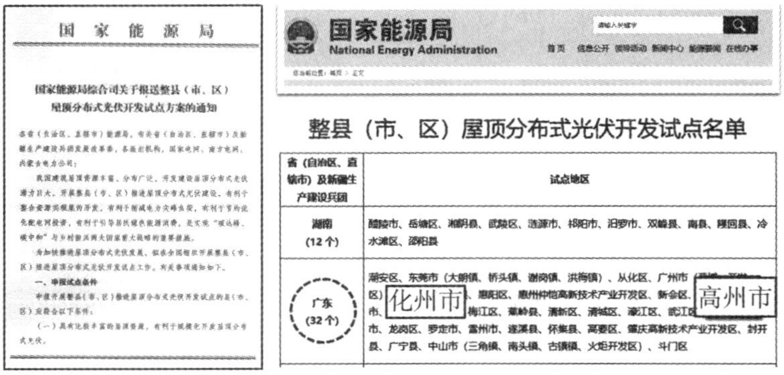

图6-7 茂名市的高州市和化州市入选全国整县推进开发试点名单

2021年,在高州市委、市政府的大力支持下,华能新能源股份有限公司广东分公司、华南理工大学乡村振兴与发展研究院、方略能源与高州市发展和改革局、农业农村局、供电局、教育局、卫生局等有关职能部门及分界镇人民政府组建联合工作组,多次召开专项工作会议,推进碳中和新乡村屋顶分布式光伏示范项目相关工作,旨在以分界镇为试点推动在党政机关、公共建筑、工商业屋顶、农村居民屋顶进行分布式光伏项目综合示范,助力高州市成为全国整县分布式光伏项目开发示范样本,持续推动茂名市高州市塑造"碳中和新乡村"的新形态、新生态(见图6-8、图6-9)。

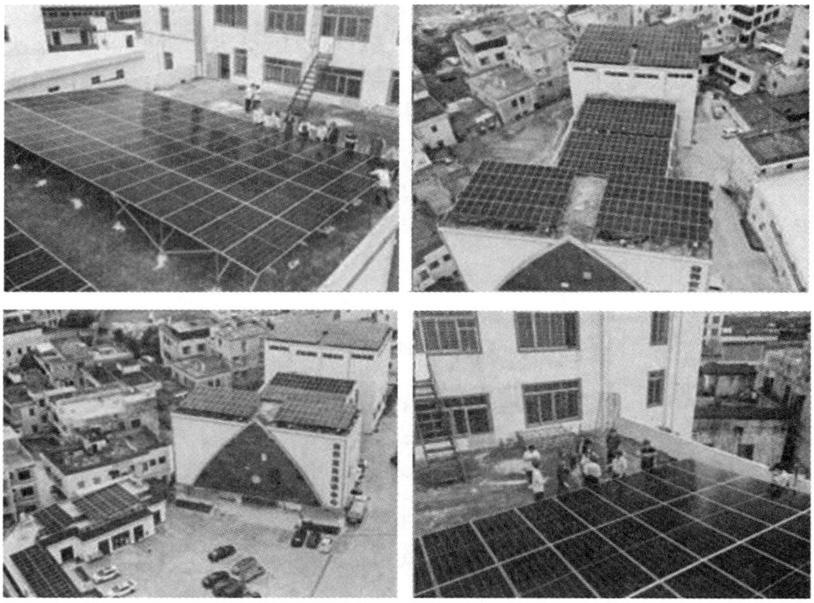

图6-8 广东省茂名市"省级碳中和新乡村示范市"实景图1

图6-9 广东省茂名市"省级碳中和新乡村示范市"实景图2

(二)"渔"戏莲叶,"光"生电花

渔业是一个古老的行业,它由捕捞发轫,经过养殖,再进一步分工分业,衍生出加工、流通、消费等环节,其中养殖是关键。按照品种构成,水产养殖主要由鱼、虾、蟹、贝藻和龟鳖蛙等构成,主导模式是池塘养殖。同时,水产养殖是百搭之业,它能够与其他行业融合,首先是向后退,与种植业结合,例如在稻田、藕塘、菱池养鱼,在鱼塘上栽培蔬菜、花卉;与畜牧业结合,例如猪沼鱼模式、水面养鸭水下养鱼立体养殖。其次是向前走,与工商业结合,例如,集装箱、工程化、工厂化养殖。最后是拓展新领域,参与国家能源安全战略,与新能源行业结合。最为典型的是渔光一体化,主要是指将水产养殖与光伏发电相结合,在鱼塘水面上方架设光伏板阵列,光伏板下方水域可以进行鱼虾鳖养殖,光伏板阵列还可以为养殖提供良好的遮挡作用,形成"上可以发电、下可以养殖、周边休闲"的新模式。该模式最先由通威集团发起,得到了党和政府的高度关注以及全社会的积极响应,正在全国各地积极推广,以期实现一地多用,获得经济、社会和生态效益的集成、叠加和共振。

该模式最突出的特点是在鱼塘水面上方架设光伏板阵列,其中光照会直接影响鱼塘养殖生产。

渔光互补的项目特点是在鱼塘打桩上架设光伏板阵列，在夏季高温酷热时节，该阵列可以遮挡强烈的光热辐射，起到防暑降温之功效，夏天可降低水温 2~3℃，栖息在水体中的水生动物会更加舒适；在冬季寒冷时节，该阵列可缓解大风降温引发的寒潮低温冻害，让水产养殖动物平安越冬；在春秋季节，该阵列能让养殖水体中的水温、水质保持稳定。该阵列还能起到遮蔽和掩护作用，让栖息在水体中的水产养殖动物免遭大风、暴雨、雷电以及鸟类捕食的惊吓。由于光伏板的阻挡，水面太阳辐射较少，水面吸收辐射减少，水面和水体温度较低，特别适合喜阴凉的鱼虾鳖生长。

但是，在鱼塘水面上方架设光伏板阵列会直接影响池塘的光热气，主要是遮挡阳光，而万物生长靠太阳，该影响还会延伸到水温、土质、生物多样性以及植物、动物和微生物之间构成的生态环境。在渔光一体光伏电站运行的过程中，长时间大范围遮挡阳光会一定程度影响水体吸收光热能力，降低水温，让水生动物减少活动，而光热即辐射减少会影响水体中菌藻草等植物类的光合作用的发挥，使浮游生物的数量减少，导致水生动物饵料生物减少，进而影响水体中的溶氧量，甚至影响极为少数鱼类尤其是白鲢等鱼类的正常生长发育。

这就意味着在渔光互补模式下发展水产养殖，要优选养殖品种，标准是优质高档，具有较高的经济价值，市场热销，且适应渔光互补模式下的场地环境和生产条件。例如可养殖虾蟹类，其中澳大利亚淡水龙虾是一种引进的外来虾类品种，属于底栖类爬行动物，喜欢栖息在水体中较为隐蔽的地方，有群居和逆水移动的特性，喜阴怕光，耐低氧能力强，在各种劣质水体中都能生长，气温适应性广，能忍耐高密度养殖。再如可供养殖的鱼类更多，主要可以选择鲫鱼、鲤鱼、泥鳅、黄鳝、鳗鱼、黄颡鱼、笋壳鱼等鱼类，在天然环境中，该类鱼属底栖杂食偏肉食性鱼类，性温顺，对低氧环境适应能力强，即使在恶劣的环境中也可以生存。广东渔光一体项目的成功实践也充分印证了这一点。

1. "渔光互补"的发展历程

谈到"渔光互补"，相信很多人都不陌生。"渔光互补"是近年来光伏电站建设的一种流行形式，它将渔业养殖与光伏发电相结合，在鱼塘水面上方架设光伏板阵列，光伏板下方水域可以进行鱼虾养殖。在确保光伏发电的同时，实现了水耕农业的功能，形成"上可发电、下可养鱼"的发电新模式。光伏板发的电可以供给整个鱼塘，也可以通过集电线路送至变电站并入电网，一举两得。

（1）1.0 版本的渔光互补项目。

早期的渔光互补项目，采用的是传统光伏支架。即在鱼塘中打桩定位，光伏支架的桩柱有序地在水面排开，柱子之间的距离为 5 米左右，一亩大小的水域有约 27 根柱子。

密布的管桩会一定程度影响投喂：在投喂鱼群时，由于光伏支架柱体的遮挡，人们很难将饲料均匀地撒开，导致劳动强度大，费时费力，增加成本。

（2）2.0 版本的渔光互补项目。

为解决传统渔光互补模式的问题，通过不断地探索，渔光互补的 2.0 时代开启。2.0 版本的渔光互补，把光伏系统与养鱼的水域分开，75% 水域铺设了光伏板，仅用 25% 的水域来养鱼，给鱼建立水槽养殖模式，巧妙地避免了光伏组件管桩导致的捕鱼不便利等问题。

但是这种模式采用的依然是传统的光伏支架，75%的水域仍旧需要密布管桩，光伏组件下方水域并没有实质性地利用起来，且光伏组件距离水面高度较低。长期在潮湿、高温环境中如何保障鱼类不触电，光伏组件不受潮，是需要面临的难点要点。

（3）3.0版本的渔光互补项目。

随着光伏支架系统的迭代进步，渔光互补3.0时代到来了。采用索结构柔性光伏支架系统建设渔光互补光伏电站，可以实现10~60米大跨度、3~16米高度，光伏组件距离水面净高可达2米以上。索结构柔性光伏支架系统相对传统支架管桩数量减少75%，也就是可以把一亩27根管桩减少到6根，充分释放光伏组件下方空间。

鱼塘桩基可优化设置在池埂边缘，高净空大跨度的支架系统既不会影响渔产养殖投喂及捕捞作业，又可以为鱼塘遮阴避热，还能保障鱼类不触电、光伏组件不受潮。

索结构柔性光伏支架系统采用的钢材都带镀锌防腐工艺，且主索本身就是带PE护套的无粘结低松弛钢绞线，护套内含有防腐的油脂，在潮湿高温的环境中能够有效保障光伏电站的可靠性及安全性。

索结构柔性光伏支架系统布板率高，组件朝向可调，能够大幅提升发电效率，增加经济收入。在同等电站容量的条件下，采用索结构柔性光伏支架系统可有效节约土地，减少土地占用面积，更好地合理利用土地资源。

水上光伏发电，水下鱼虾成群，深蓝方阵望不尽，翠绿池水粼光灿，真正实现了"渔、电、环保"三丰收。渔光互补项目不但直接推动了我国水产养殖的转型升级，还加快了我国能源结构调整步伐，推进了我国能源革命进程，为我国发展新能源和可持续发展战略开辟了一条新道路。

2. "渔光互补"光伏发电发展前景

（1）渔光互补光伏发电的意义。

渔光互补的模式体现着人与自然和谐共处，这种模式所形成的"上面发电、下面养鱼""一种资源、两个产业"集约发展模式，不需占用农业、工业和住宅用地，大大提高了单位面积土地经济价值，实现了社会效益、经济效益和环境效益的多赢。

渔光互补光伏发电模式的优势是可以大大提高光伏发电的总体效率，减少发电成本；延长了光伏发电系统的使用寿命，降低了维护成本；可以提高电网的稳定性，减少电网不稳定的情况；可以提高普通用户的用电质量，减少停电现象的发生。

（2）渔光互补光伏发电的发展模式。

渔光互补光伏发电是一种可持续发展模式，它将渔业与光伏发电相结合，把渔业和光伏发电结合在一起，共同促进可持续发展。这种模式利用渔业可占用的海洋面积，将其作为光伏发电的安装场所，利用太阳能发电，从而减少对渔业的影响，同时也能为渔业提供可持续的电力能源。

渔光互补光伏发电的发展模式主要包括三种：一是池塘模式，二是连续模式，三是直接模式。池塘模式是指将光伏发电系统和池塘结合在一起，以池塘水面为反射面，使光伏发电效率提高；连续模式是指在水塘内部安装光伏发电系统，利用池塘水面反射的光照来提高光伏发电效率；直接模式是指将光伏发电设备直接安装在池塘内部，利用池塘水面反射的光照来提高光伏发电效率。

（3）渔光互补光伏发电的发展趋势。

渔光互补光伏发电技术具有良好的发展前景，具有节能环保、低成本、可再生等优点。随着政策扶持、技术进步和市场需求的增加，渔光互补光伏发电技术的发展前景将非常广阔。

渔光互补光伏发电的发展趋势主要受到以下几个因素的影响：技术进步，渔光互补光伏发电技术的不断改进和发展；政策驱动，国家和地方政府的政策支持和推动；市场需求，消费者对渔光互补光伏发电的需求和使用；经济效益，渔光互补光伏发电的经济效益及其具体实施。

（4）渔光互补光伏发电的经济效益。

渔光互补光伏发电的经济效益可以体现在以下几个方面：减少对电力系统的负荷，减轻电网负荷峰值，降低电网运营成本；提高光伏发电设备的利用率，延长设备使用寿命，提高发电效率；减少光伏发电企业的发电成本，提高发电效益；减少渔业的能源消耗，减少渔业面临的能源成本，提高渔业的经济效益。

3. "渔光互补"光伏发电发展的挑战与机遇

（1）渔光互补光伏发电发展中存在的挑战。

渔光互补光伏发电发展中存在的挑战主要有：一是技术上的挑战，包括光电转换效率的提升、渔光互补光伏发电系统的可靠性及其成本的降低；二是政策上的挑战，包括渔光互补光伏发电应用的政策不够成熟、市场化定价等；三是社会上的挑战，包括渔民服务的促进、渔光互补光伏发电的社会认可度等。

（2）渔光互补光伏发电发展所带来的机遇。

渔光互补光伏发电技术的发展为企业提供了很多机遇。首先，这种技术的发展可以有效地利用太阳能，改善企业的可再生能源利用效率，为企业节约能耗，提升企业的整体竞争力。其次，渔光互补光伏发电技术可以帮助企业将可再生能源转化为电力，使企业能够更好地实现节能减排，向社会做出更大的贡献。最后，渔光互补光伏发电技术的发展也可以为企业创造更多的商机，提供技术服务，为企业带来更多的收益。

（3）渔光互补光伏发电发展的对策。

改善光伏发电市场营销环境，加强政府政策支持；加快基础设施建设，提高渔光互补光伏发电项目的质量和效率；提高投资者的信心，拓宽投资渠道，建立合理的价格机制；加强政府、企业和社会的沟通合作，推动渔光互补光伏发电项目的规划和管理；加强技术研发，完善光伏发电系统的设计、维护和管理；提高渔光互补光伏发电产品的品牌意识，树立良好的市场形象。

4. "渔光互补"助力花都，打造"碳谷小镇"生态宜居

（1）推进光伏项目，实现价值共赢。

　　花都区水产养殖面积接近7万亩，全产业链基本完备，水域面积104.70平方千米，水资源丰富且适合淡水水生动物生长、繁殖，区渔业水产养殖总面积5 088.50公顷，有水生动物近100种，是多种水生动物的"育幼所"，为花都水产养殖业提供了种质资源保障。而且，花都区渔业基础设施完善，水产养殖技术先进，是广州市重要的鲜活水产品养殖区域。

　　赤坭镇是广州市花都区辖下的8个镇（街道）之一，该镇地处花都区西部。全镇总面积160.03平方千米；辖30个行政村及2个居民社区。全镇属南亚热带气候，平均年气温21.5℃，平均年降水量1 671毫升。境内丘陵、台地、平原、水域广布，全镇有林地6.5万亩、耕地2.9万亩、鱼塘2.9万亩，其中北江支流巴江河自西北向东南斜贯全镇，有三坑水库、集益水库、皇母水库和62个大小山塘以及数千口不同类型的鱼塘。这说明该镇发展水产养殖业优势突出，证明该镇渔业是该镇农业乃至农村经济最具市场竞争力的行业，其表现在品种优化和面积不断增加上，是该镇农村社会经济发展的增长点和农民发展农业生产的增收点。

　　花都区作为广东省第一批"碳中和"试点示范区，当地政府始终坚持打造"生态美区"，辖内自然资源丰富。2021年7月，华能（广东）能源开发有限公司、华能投资管理有限公司、赤坭镇人民政府与方略能源四家一起签署项目合作协议，投资开发的"碳谷小镇"渔光互补光伏发电项目位于广州市花都区赤坭镇，一期和二期项目总规划装机容量为320兆瓦，占地面积约6 000亩。

　　碳谷小镇项目采取"渔光互补"的创新模式，将太阳能电池板架设在水面上阻挡太阳辐射，可使水体温度降低，有利于水产养殖，提升太阳能电池板的发电效率，减少了农业、工业和住宅用地等土地资源的占用，切实提高了土地经济价值。

　　该项目与蓝龙虾规模化养殖有机结合，效益显著。蓝龙虾（学名：红螯螯虾）是一种低污染、绿色、经济效益高的名特优水产新品种，符合我国绿色可持续发展理念。"渔光互补"融合发展模式，为光伏和水产在土地使用上提供了一个突破口，吸引了更多资金来投资水产，可以促进农业经济发展，助力乡村振兴。"渔光互补"项目与蓝龙虾规模化养殖的有机融合，可以实现养殖模式转型升级，降低养殖成本，在提高产品质量和增加收入等方面取得明显进展，经济、社会和生态效益显著。

　　"渔光一体"蓝龙虾养殖项目作为一项新型的科技创新产业，有着巨大的发展潜力。随着蓝龙虾水产养殖关键技术的不断迭代发展，该类技术的提升能为"渔光一体"项目带来更好的经济及社会效益共赢的新局面。

　　浙江福居生物科技有限公司（以下简称"福居生科"）是一家专注于生物科技和农业全产业链综合发展的高科技公司。自创立之始，福居生科积极响应国家"乡村振兴"的战略号召，倡导"创新强农、协调惠农、绿色兴农、开放助农、共享富农"五大发展理念，加快推进国内淡水渔业产业升级和结构转型。公司目前已成为国内覆盖蓝龙虾全产业链的综合服务领军企业，集蓝龙虾科研创新（生物育种）、保种、育苗、外塘养殖（产业园带动集聚养殖区）、供应链、销售和产业链衍生等环节于一体，以科技兴农、产业助农、模式富农为核心，通过全产业链的规模发展，实现蓝龙虾产业的消费升级和农业供给侧改革，成为引领蓝龙虾产业持续健康发展的标杆。

　　福居生科自成立以来，由于蓝龙虾前端市场需求旺盛，供不应求，其苗种数量和下游养殖面积持续增长，目前占据国内工厂化育苗 97% 的市场。"光伏 + 蓝龙虾"在实际推广方面已有成功案例。2022 年，福居生科在安徽省寿县以及海南省定安县、屯昌县签约近 8 000 亩光伏鱼塘，设立育种基地，其中，寿县信义光伏电站采用"公司 + 基地 + 农户"模式，签约 7 000 多亩光伏鱼塘，推广蓝龙虾在光伏条件下的养殖。信义光伏电站项目总占地 8 400 亩，装机容量达 350 兆瓦，是目前华东地区最大的单体光伏电站。

2023 年 8 月 22 日，中国华能集团有限公司南方分公司（以下简称"华能南方"）与福居生科在多家合作方见证下，于广州举行战略合作框架协议签约仪式。

华能南方、福居生科、方略能源与广东和智投资管理有限公司（以下简称"和智投资"）等协同合作方希望在花都区打造"光伏 + 蓝龙虾"示范基地，为"渔光互补"项目的推进营造有利条件，实现清洁能源与水产养殖的跨界融合，助力"渔光"整体协同发展，以渔为先，催生渔光高度融合，实现价值共赢。

项目建成后，将充分利用鱼塘集中式光伏的板下资源，将光伏新能源产业与渔业养殖业相结合，实现水上发电、水下养殖协同增效。发展淡水育种"育、繁、推"一体化，使绿色农业和绿色能源跨界融合，助力节能减排，推动养殖模式由传统粗放型向智能化、规模化、环保化转型，提高养殖效率和水产品质量，使经济效益和社会效益最大化，让更多的乡村和企业实现能源转型、绿色发展，助力合作项目所在区域经济的高质量发展。

花都区赤坭镇"碳谷小镇"渔光互补光伏发电项目建设了大量柔性支架示范性工程，由于其结构的特殊性，相比传统光伏支架项目，其具有高净空、大跨距、高效率三大优势，能够更好地助力土地综合复用，推动渔光综合性光伏项目的应用普及。

为助力打造"绿美花都"，项目部在鱼塘四周区域修建水泥路，铺设绿植、花朵和果树，打造"美丽鱼塘"（见图 6-10），推进全域绿美生态建设持续走深走实。

图 6-10　广东省广州市花都区赤坭镇渔光互补实景图

为"碳"寻绿色经济，助力实现节能减排和价值实现的良性循环，华能南方、福居生科、方略能源与和智投资等协同合作方将强强联合，勠力同心，共同打造"光伏＋蓝龙虾产业"的湾区样本，既实现绿色能源与绿色渔业的高效协同，又有效推动经济发展与生态保护协同共进，助力实现鱼塘增产、农民增收、生态增效三赢局面。

合作各方将持续依托各自在新能源、渔业养殖、乡村振兴等领域的优势，有效融合国家乡村振兴与碳中和两大战略，助力乡村实现全要素振兴，探索畅通绿水青山向金山银山转化的有效路径，以实际行动助力广州市花都区乡村振兴与渔业养殖产业迭代升级发展。

（2）孵化培训学院，共建碳中和新乡村。

为落实广东省"百县千镇万村高质量发展工程"，推动花都区城乡区域协调发展，2024 年 1 月 25 日上午，花都区赤坭镇（下连珠）碳中和新乡村培训学院（见图 6–11）举行开院仪式。花都区委区政府、华南理工大学、中国华能集团有限公司南方分公司、花都区教育局、人社局、农业农村局、退役军人事务局、赤坭镇人民政府、方略能源等有关领导嘉宾出席仪式，共同为学院揭牌。

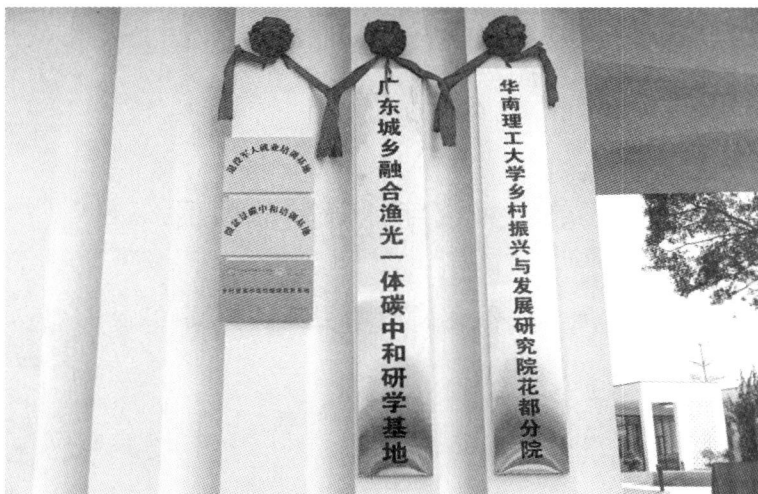

图 6–11　花都区赤坭镇（下连珠）碳中和新乡村培训学院

　　该项目采用"规划—设计—建设—运营"一体化模式推进实施，总投资预计 2 500 万元，分三期完成，首期项目建设已投入 800 万元。教育培训实训基地主要位于原下连珠村小学，占地约 6 000 平方米，建筑总面积 2 000 余平方米。学院通过"绣花"功夫盘活闲置空间，培训学院场所可满足多种功能及活动需要，与旁边的竹洞村等乡村旅游配套设施形成互补，充分利用村中资源进一步提升住宿、餐饮等配套设施，进一步提升乡村振兴示范带的综合旅游商务接待能力。同时，学院将开展形式多样的培训、会议及拓展活动，也会带动周边餐饮住宿需求，形成互为支撑的良性循环，促进"下连珠—瑞岭—竹洞—白坭"四村紧密联动，打造特色产业乡村振兴示范带。

　　碳中和新乡村培训学院是集绿色能源、现代农业、文旅休闲、乡村人才培训于一体的乡村振兴综合学院，是推动碳中和新乡村、数字乡村发展研究、应用和人才培训的重要基地。

　　学院目前已入驻多个投资方，方略能源便是其中之一。在众多投资方的合作下，现在已落户了"华南理工大学乡村振兴与发展研究院花都分院""广东城乡融合渔光一体碳中和研学基地""微盆景碳中和培训基地""退役军人就业培训基地""乡村管家示范性继续教育基地"，并建有"碳中和新乡村展厅""微盆景艺术设计实训基地""微盆景直播间""红螯螯虾（蓝龙虾）研究中心""乡创直播间""下连珠书院"。

　　学院计划开设乡村振兴专题培训班、微小盆景专题培训、"碳中和新乡村"绿色发展与建设培训、碳排放管理师专题培训、乡村建设工匠培训、乡村管家培训、乡村规划与建设培训、农商文旅融合发展培训、现代农业种植养殖技术培训、乡创培训十大类培训。

　　接下来，碳中和新乡村培训学院将在华南理工大学及花都区委区政府领导的支持下，联动镇村和相关企业，做好培训学院的发展运营，并尽快启动二期的住宿餐饮等设施的建设，将培训学院打造为花样年华乡村振兴示范带上的明珠，使之成为在广东乃至全国有影响力的乡村振兴和百千万工程典范。

　　碳中和新乡村培训学院团队将全面支撑赤坭镇的镇域乡村振兴规划与建设，对下连珠村周边资源禀赋相近、环境设施联系紧密的多个村庄进行连片整合，分步结合镇区、周边村庄教学点及沿河碧道建设，打造镇村融合的乡村振兴示范片。同时，培训学院将持续探索可复制的高校服务乡村振兴创新路径，发挥其在数字乡村发展研究、应用和人才培训方面的优势，为实现碳中和新乡村注入强劲动能。

三、案例昭然映眼前：光伏新能源其他项目

（一）广东龙门县水风光一体化发电项目策划方案

1. 项目概况

（1）地理位置。

龙门县位于广东省中部，增江上游，东南与河源市东源县、惠州市博罗县接壤，西南

与广州市从化区、增城区毗邻，北与韶关市新丰县相连。行政区域位于东经113°48′26″至114°24′58″，北纬23°20′06″至23°57′50″。县内土地广阔，地势自西北向东南倾斜，全县总面积2 295平方千米。

抽水蓄能电站地理位置：该电站拟规划于广东省惠州市龙门县龙华镇，距离县城25千米。

风光项目地理位置：拟在抽水蓄能电站周边进行项目选址，打造水风光一体化多能互补示范项目。

2023年，全县常住人口31.94万人，城镇化率46.04%；户籍总人口35.62万人，其中男性18.32万人，女性17.30万人。2020年全县地区生产总值为165.80亿元，同比增长2.10%。其中，第一产业增加值为31.75亿元，同比增长1.20%；第二产业增加值为67.92亿元，同比增长1.90%；第三产业增加值为66.13亿元，同比增长2.70%。三次产业结构调整为19.1：41.0：39.9。2021年，龙门县实现地区生产总值187.87亿元。

（2）项目建设规模及内容。

惠州市龙门县水风光一体化发电项目拟由某国际投资公司投资开发建设，项目规划的抽水蓄能预计装机容量450兆瓦、风电200兆瓦、光伏800兆瓦，预计总投资额超过90亿元。

根据项目当地太阳能资源、风能资源以及开发计划，水风光项目规划装机容量1 000兆瓦，其中光伏总装机容量为800兆瓦，风电总装机容量为200兆瓦，抽水蓄能总容量为450兆瓦，通过对应电压等级接入电网，实现风光能源打捆送出和抽水蓄能调峰。

（3）项目投资方简介。

投资主体单位：某国际投资公司是北京某能源集团国有资本投资公司改革试点单位，也是该集团投资光伏发电、风电、储能、氢能等新能源和综合能源行业的投资平台和海外业务平台。目前，该国际投资公司总资产规模约270亿元，装机容量约300万千瓦，分布在全国18个省、市、自治区，其中包括山西大同、安徽两淮、内蒙古包头等国家级清洁能源领跑者示范项目。作为该集团未来清洁能源产业生态体系的重要载体和海外投资平台，该国际投资公司将进一步加快新能源项目的发展，大力拓展境内外清洁能源市场；同时，将探索氢能、储能、可再生能源融合发展，构筑以绿色为主、多能互补、智慧协同的清洁能源产业生态体系，努力打造国际一流的清洁能源生态投资运营商。

项目公司组建方案：拟在广东省惠州市龙门县设立项目公司作为该项目的落实和推进主体，就业和税收落在当地。在公司股权设置层面，计划由该国际投资公司作为控股股东，并根据实际需要与当地政府平台、电网公司等成立合资公司，发挥各自在资本、规划、技术、人才等方面的优势，共同开发项目，建设民族友好型、资源节约型、电网适应型、效益先进型水风光一体化综合能源基地。

（4）工作重点部署。

搜集项目所在地的太阳能资源实测辐照量数据，选择合适的土地和下水库库区位置作为拟选光伏发电区场址，并深入开展投资建设规划。结合县、市、省及国家规划，避让敏感性因素，在完成满一年测风后，进一步确定风机机位。取得政府相关部门的批复文件，如建设用地预审、环境影响评价、水土保持、地质灾害评价以及涉及压覆矿产、文物、军事、公益林、自然保护区的批复等。根据当前变电情况，尽快确定本项目接入系统最终方案，并取得当地电网公司并网承诺，由于本项目装机规模较大，应分析电站投产后对当地电网的影响。

此外，完成地勘工作和风机、塔筒以及主变压器等大件设备运输条件调查工作。完成抽水蓄能电站的深入论证工作，包括上水库、下水库选址及建设方案编制，县市及自治区、水利、环保、林业等行政审批工作，并编制预可研、可研等。完成抽水蓄能在南方电网、水利部、广东省能源局、国家能源局等建设和行政主管部门的立项和审批。

该国际投资公司充分重视本项目的推进，按照能源基地的建设高度来规划本项目的前期和实施工作。预计的工作计划如下：

第一，成立专项工作领导小组，组建工程技术专家管理团队，并委托专业设计院开展相关前期工作，落实各项建设条件及资金计划。

第二，拟计划 1～2 年内优先进行抽水蓄能前期工作，同期开展光伏和风电的资源确认和建设，尽早实现投资落地，促进地方经济发展。

第三，未来 2～5 年内推进抽水蓄能电站获得批复，并实现抽水蓄能电站的并网投产。

2. 项目建设的必要性

常规能源资源的有限性和环境压力的增加，使世界上许多国家加强了对新能源和可再生能源技术发展的支持。近几年，国际光伏和风力发电发展迅速，已由补充能源向替代能源过渡。

本项目符合国家能源产业发展方向，有利于节能减排。我国能源将近 76% 由煤炭供给，这种过度依赖化石燃料的能源结构已经造成了很大的环境、经济和社会负面影响。因此，大力开发太阳能、风能、抽水蓄能等可再生能源利用技术是保证我国能源供应安全和可持续发展的必然选择。本项目建设符合国家能源发展政策，提供清洁可再生能源，有助于节能减排，在减少燃煤电厂消耗煤炭资源的同时，缓解空气污染物排放对环境和生态造成的不利影响。

本项目有利于改善电网结构，满足电力负荷增长的需求。根据广东地区电力平衡计算结果，随着当地负荷的进一步增长，市内电源远不能满足当地用电需求，电力缺额呈逐年加大趋势。作为本地补充电源，项目的建成有利于实现就近供电，缓解当地供电压力，为当地负荷的进一步增长提供一定保障。

本项目有利于发挥当地水资源、太阳能、风能资源优势，实现资源优势向经济优势转化。充分利用较好的清洁、丰富的太阳能及风能资源进行发电，不仅可以为电网提供清洁能源，还可以带动地区经济发展，同时以电力发展带动农业生产，推动农村经济以及各项事业的发展，具有明显的经济和社会效益。

本项目的建设，符合国家能源产业政策，有利于节能减排，同时光伏电站和风电场作为当地补充电源，可满足地区负荷增长的需求，带动当地经济建设的发展。因此，水风光一体化电站的建设是十分必要的。

3. 项目建设条件

（1）太阳能资源及风能资源。

太阳能资源：本工程推荐采用与实际观测的太阳辐射数据更为接近的 Meteonorm 数据。本阶段暂以 Meteonorm 提供的场址区逐月太阳辐射量作为设计依据。

Meteonorm 气象软件是国际通行的一款气象分析软件，基于全球 8 325 座气象站的实测数据，配合 5 颗同步轨道卫星，通过差值计算模型提供全球任意地区的高精度气象数据。

将项目所在地的经纬度、海拔等信息输入 Meteonorm 软件后，得到项目所在地龙华镇的代表年水平面太阳辐射量（见表 6 - 2）。

表 6 - 2　龙华镇的代表年水平面太阳辐射量

月份	平均气温/℃	水平面总辐射量/（kW·h/m²）	散射水平辐射量/（kW·h/m²）
1	12.9	85.5	51.2
2	15.0	69.9	53.8
3	18.0	79.3	66.2
4	21.7	87.3	71.7
5	25.6	110.6	80
6	27.0	116.7	83.9
7	28.7	143.2	90
8	28.5	135.5	88.2
9	26.9	127.3	76.5
10	24.0	122.6	72.3
11	19.1	98.8	58.1
12	14.4	92.1	54.8
全年	21.8	1 268.8	846.8

根据 QX/T 89—2018《太阳能资源评估方法》，以太阳总辐射为指标，将太阳能的丰富程度划分为 4 个等级，如表 6 - 3 所示。

表 6 - 3　年水平面总辐射量（GHR）等级

等级名称	分级阈值/（MJ/m²）	分级阈值/（kW·h/m²）	等级符号
最丰富	GHR≥6 300	GHR≥1 750	A
很丰富	5 040≤GHR<6 300	1 400≤GHR<1 750	B
丰富	3 780≤GHR<5 040	1 050≤GHR<1 400	C
一般	GHR<3 780	GHR<1 050	D

结合以上分析结果，项目场址代表年水平面总辐射量取值为 1 268.8kW·h/m²（4 567MJ/m²），处于 1 050~1 400kW·h/m² 范围内，年水平面总辐射量属于 C 类"丰富"，具备较好的开发前景。地块周边道路交通条件较好，年平均气温在 14℃以上，区域气温月季变化不显著，适宜建造光伏电站。

拟选址下水库建设水面漂浮电站，并遴选周边一般农业用地、荒山荒坡等作为主要场区（见图 6 - 12）。

图 6 - 12　选址示意图

风能资源：目前阶段本项目采用中尺度数据进行风资源分析。

本项目场址地处 100m 高度，平均风速约为 5.14m/s，平均风功率密度为 150.4W/m²，风资源相对较好（见图 6 - 13）。

图 6 - 13　风能资源示意图

（2）抽水蓄能工程规模。

龙门县抽水蓄能电站拟规划装机容量450MW，抽水蓄能电站建成后在系统中承担调峰、填谷、调频、调相及紧急事故备用任务。

敏感性因素如下：本项目区域内不涉及饮用水水源保护区；本项目区域内未发现国家级和自治区级濒危动物，亦无森林公园、文物古迹等，区域生态环境良好；本项目建设远离居民区，不涉及拆迁等工作。

4. 环境保护与水土保持

本工程对环境的影响主要是施工过程产生的扬尘、施工废污水、施工固体废弃物、施工噪声等。

（1）大气环境影响分析及防治措施。

项目在施工期的主要影响为施工时产生的扬尘对大气环境造成影响。施工作业中场地平整、开挖、回填道路浇筑、建材运输、露天堆放、装卸等过程会产生扬尘，由于项目区地处乡村，建设场地现场均为乡村土路，各种施工车辆排放的废气及行驶扬起的尘土、施工垃圾堆放和清运过程也对局部的大气环境造成一定的不良影响。

运送水泥应采用密闭的槽车运输；运输散货的车辆应配备两边和尾部挡板，用防水布遮盖好；运输石灰等粉状材料的车辆应覆盖篷布，以减少撒落和飞灰；土方回填后的剩余土石方及时清运，尽快恢复植被，减少扬尘；对施工及运输的路面进行硬化和适度频次洒水，限制运输车辆的行驶速度；加强施工管理，做到文明施工，避免在大风天施工，尤其是进行引起地表大面积扰动的作业；建筑材料堆场应定点定位设置。

（2）噪声影响分析及防治措施。

施工期噪声主要源于土建施工及机动车辆行驶等产生的机械噪声，噪声源强为65～75dB（A），本工程施工安排在白天，施工期对周围声环境影响较小。

首先，加强施工噪声的管理，做到以预防为主，文明施工，避免夜间施工，施工中采用低噪声设备。加强对设备的维护保养和分时段的限制车流量及车速，减少噪声污染。

其次，做好施工人员的个人防护，合理安排工作人员轮流操作施工机械，减少接触时间并按要求规范操作，使施工机械的噪声维持在最低水平。要求在高噪声设备附近工作的人员佩戴防护用具、耳罩等。控制车速，进入项目站区禁止鸣笛，尽可能减轻车辆噪声对周围环境的影响。

（3）废污水影响分析与防治措施。

项目施工期的废水污染主要源于施工人员生活污水和施工中产生的废水，其中施工废污水主要产生于混凝土养护及施工机械的清洗等，其主要成分是含泥沙废水，但总量很少，且主要集中在施工前期光电机组基础施工时段，产生时间也是不连续的，经过处理后，可用于冲洗道路等循环利用，基本不会产生污染。

本项目在施工人员临时居住处设置一套生活污水处理设施，用来处理生活污水，减少对当地水环境的影响。

（4）固体废弃物影响及防治措施。

本项目施工期产生的固体废弃物主要是建筑垃圾和生活垃圾，对建筑垃圾进行分类处理，一般的开挖土方用于光伏发电机组地基浇筑后的回填，其他建筑垃圾如石子、混凝土块、砖头瓦块、黄沙、石灰、水泥块和陶瓷碎片等用于升压站建设中的道路建设等。本项目施工期生活垃圾委托当地相关部门统一收集、清运后卫生填埋。

（5）生态保护措施。

站内道路尽可能在现有道路的基础上布置规划，尽量减少对植被的破坏、占用。项目建设投产后，将对工程占地破坏的植被实施生态修复工程，对临时占地破坏的地表按其周边环境进行植被恢复，使本项目对植被的影响降到最低。

要求项目施工和运营后所有运输车辆等必须沿规定的道路行驶，施工机械和设备不得随意堆放；项目建设投产后，对工程破坏的植被实施生态修复补偿工程。以上保护措施可以使项目对区域内生态环境的影响达到最低程度。

本工程为水风光一体化发电工程，运行期无燃料消耗，联合发电系统无工业废气、废水产生。太阳能发电项目主要考虑光污染、工作人员产生生活垃圾和生活污水、太阳能电池板维修产生固体废弃物、电磁环境影响和噪声环境影响。风电场主要考虑风力发电机组在运转过程中产生的噪声，这些噪声来自风轮叶片旋转时产生的空气动力噪声、齿轮箱和发电机等部件发出的机械噪声，其中以机组内部的机械噪声为主。

第一，光污染：本工程采用单晶硅太阳能电池，该电池组件最外层为高透光玻璃。光伏阵列的反射光极少，不会使电站附近公路上正在行驶车辆的驾驶人员产生眩晕感，不会影响交通安全。本站址附近没有厂矿企业及集中居住区，不会产生光污染。

第二，水环境影响分析及措施：风光发电本身不需要消耗水资源，本项目无工业废水产生，仅有少量生活污水，经处理后可用作绿化，可完全实现不排放。

第三，固体废弃物处理：本项目运行时，自然损坏或意外损坏的电池板属一般固体废弃物，其可进行再利用或按环卫部门规定妥善处理；对电池板支架等金属器具，可集中回收利用。运营期生活垃圾委托当地相关部门统一收集、清运后卫生填埋。

第四，噪声环境影响：光伏发电运行期噪声主要源于配电室机械排风扇、主变压器。本工程在设计中应优化站内布局，高噪声源应布置在站区中央，使其远离场界，减小噪声对周围环境的影响。运营期加强对风电场风机的维护，使其处于良好的运行状态，避免风电机组运行对工作人员以及周边居民生活产生干扰。

本工程施工期，只要坚持文明施工、注重做好安全环保工作，可降低对环境的影响。项目进入运营期后，建设单位将按照环评批复文件的要求，认真贯彻落实各项污染防治措施，采取有效的科学管理，本项目不会对周围环境质量造成明显的影响。

5. 工程区域水土流失现状

根据《水利部关于划分国家级水土流失重点防治区的公告》（中华人民共和国水利部公告 2006 年第 2 号），本工程所在地区不属于国家级水土流失重点防治区。项目地势整体呈山地。项目土地利用类型主要为草地、林地和其他用地，侵蚀程度以中度和轻度侵蚀为主。

光伏项目建设过程水土流失主要表现在前期的场地平整，升压站内地基开挖、回填过程造成的地表扰动及太阳能电池阵列单元支架和通信线缆的埋设过程中所产生的水土流失。

本拟建项目建设时应减少地表大量堆放弃土，降低水蚀、风蚀的影响，保护该区域的植被生长，避免因工程建设造成新的水土流失以及植被破坏，本项目的建设使该区域局部水土保持现状及生态环境进一步得到改善。

在土建施工过程中，对于场区内部扰动地表，采取砾石覆盖措施来保护已扰动的裸露地表，减少施工期的水土流失。

为了防止临时堆土由于水蚀（包括降水）、风蚀产生新的水土流失，对堆土场周围进行简易防护，采用彩钢板防护的措施。要求施工时的挖方要及时回填，尽量减少堆土量。

场区内增加植被量能有效防止水土流失。阵列区绿化选择固土能力强的当地低矮植物，让土壤保持适宜的水分，使绿化植被保持良好的生长。

施工结束后，施工单位必须对施工场地及施工生活区进行土地整治，拆除临时建筑物，并将建筑垃圾及时运往当地管理部门规定的垃圾场堆放，避免产生新的水土流失。

风电工程内容主要包括：风机、箱变、施工临时场地、道路及电缆沟等。在施工总体布局上，主体工程根据工程区域地质条件及工程布置，统筹规划，合理布置施工设施与临时设施，尽可能做到永久与临时相结合，充分利用场地周围现有交通设施，最大限度地减少工程的土地占压和破坏，符合水土保持要求。在施工时序上，各分项工程根据线型和点型的不同类型，采取分段或分块施工，土方开挖时间尽量避开汛期。从水土保持角度分析，工程采取的分段和分块施工减少了施工开挖面的裸露时间，非汛期施工也降低了大开挖遭遇大暴雨的概率，降低了发生大量水土流失的可能。在土石方平衡上，工程将开挖的土石方尽量用于基础填筑，减少弃渣量，有利于土地资源的保护。在主体工程设计上，场内道路两侧设置浆砌石排水沟。

水土保持监测是指对水土流失发生、发展、危害及水土保持效益进行长期的调查、观测和分析工作。水土保持监测能摸清水土流失类型、强度与分布特征、危害及其影响情况、发生发展规律、动态变化趋势。

按照"三同时"建设要求，项目建设开始即开展水土保持监测工作，并定期出具监测报告，项目施工要遵守水土保持监测报告的相关意见。

本项目在建设阶段和运营阶段严格执行本篇章中提出的水土保持防治措施，站区内适当的绿化能起到区内的固土作用，水土流失将得到较好的预防。

6. 项目效益分析

围绕"碳达峰、碳中和"的目标，我国能源电力领域承担着减碳重任，能源生产侧要构建以新能源为主体的新型电力系统，未来以风电、光伏为代表的新能源将成为主力能源。当前形势下，加快光伏、风电项目开发，其社会效益和环境效益均十分显著。

风光发电有利于节省不可再生资源，平衡能源的单一供给情况。随着石油和煤炭的大量开发，不可再生能源储量越来越少，国家面临很大的能源枯竭压力，因而新能源的开发已经提高到了战略高度。本水风光一体化工程的建设符合国家环保、节能政策，可有效减少常规能源尤其是煤炭资源的消耗，保护生态环境，平衡能源的单一供给，是国家能源战略的重要体现。

风光发电可以减少温室气体排放，减少温室效应，保护环境。本电站的开发建设可增加清洁能源消纳空间，具有较强的社会示范效应。目前风、光新能源发电参与调峰能力差，电力的上网使用与外送难度大，这些仅是限制当前风、光新能源产业发展的外因，而间歇性、不稳定性是导致风、光新能源发展瓶颈的内因，内外因叠加导致各地普遍存在新能源电力"消纳难"的问题。水风光一体化发电模式为解决这一发展性难题提供了较好的思路，在风电场、光伏电站、抽水蓄能电站，为电网提供削峰填谷中间储能体，实现新能源电力的连续稳定供应，提升参与系统调峰能力，保证绿色能源电力有效输出。

本项目开发抽水蓄能、太阳能、风能资源，大大地提高了土地的利用率和价值，电站的建设可以带动当地的经济增长，为当地创造利税，促进当地的财政增长，同时可以有效促进当地就业，改善能源发展结构，推动地区的发展。

总体来看，本项目的开发建设有利于实现当地可持续发展，符合建设资源节约型、环境友好型社会及构建和谐社会的要求。

（二）广西资源县农牧风光互补项目策划方案

1. 项目概况

（1）地理位置。

资源县位于广西壮族自治区东北部越城岭山脉腹地，是广西的北大门，属桂林市管辖，距桂林市区 98 公里。东面、南面、西南面分别与全州县、兴安县、龙胜各族自治县毗邻，西面、北面分别与湖南省城步苗族自治县、新宁县交界。境内有华南第一高峰——猫儿山，是长江水系和珠江水系的发源地之一。

本光伏项目拟规划于资源县车田湾村黄皮水一带，处于东经 110°69′至 110°75′、北纬 25°95′至 26°01′。

使用土地面积约 10 000 亩（其中土地投资 1 000 亩出让）。

（2）项目建设规模及内容。

农牧部分：建设牛舍 66 000 平方米；养殖 10 000 头改良品种生育母牛和新生牛犊、1 000 头品种肉牛牛犊、3 000 头品种架子牛肉牛。中期规划配套建设 10 万吨生物有机肥厂、肉牛屠宰加工厂及牛肉牛杂制品加工冷链物流和营销基地。

风光发电部分：项目规划光伏装机容量 300 兆瓦、风力发电装机容量 180 兆瓦，风光发电装机总容量 480 兆瓦。

（3）项目投资和资金来源。

项目总投资 30 亿元，其中分布式风力发电投资 15 亿元，光伏集中式发电投资 12 亿元，农牧种养部分投资 3 亿元。资金来源为企业自筹。

（4）建设模式。

光伏发电部分按"农光发电＋牧光发电"的方案进行设计。光伏电站方阵区是农（牧）业光伏集中实施的区域，光伏电站方阵的布置应为方阵区提供农业种植、牧业养殖的基本条件。最根本的条件是太阳能电池方阵支架的布置为农业种植、牧业养殖留有合理的空间，保证农业种植、牧业养殖能够正常进行。分布式风力发电主要安装在项目区域的自然村，初步拟规划一个自然村一座，装机容量 5 兆瓦。据统计，项目周边共 36 个自然村，可装机约 36 台，总发电量预计可达 180 兆瓦，可实现村集体、村民都有收入，巩固扶贫攻坚成果，造福当地村民。

（5）项目投资方简介。

①投资单位：上海某能源公司。

上海某能源公司致力于推动全社会绿色低碳发展，是一家集风电、光伏综合智慧能源、清洁能源、智慧能源科技研发与应用、现代能源供应和服务于一体的现代能源企业，是先进能源技术开发商、清洁低碳能源供应商、能源生态系统集成商，也是上海市主要的电力及综合能源供应商和服务商之一。截至 2023 年年底，该能源公司资产总额超过 1 600 亿元，总装机 2 091.53 万千瓦，清洁能源占比 52.91%，其中，煤电装机 984.8 万千瓦，占比 47.09%；气电装机 287.52 万千瓦，占比 13.75%；光伏装机 430.8 万千瓦，占比 20.60%；风电装机 388.41 万千瓦，占比 18.57%。公司业务分布国内 20 多个省，在土耳其、马耳他、黑山、匈牙利等欧洲国家和日本均有能源项目在运营，充分体现了公司的科技水平和雄厚的资金实力。

②农业公司：广西某农业科技有限公司。

广西某农业科技有限公司的母公司已在农牧养殖、文旅开发、房地产、矿产领域、产业园建设、金融投资、国际贸易等多个行业投资运作。广西某农业科技有限公司以"科技、创新、互联网＋"的思维构筑农牧行业新模式，打造"新农牧、新供应链"的农牧产业互联网平台，以智慧物流、智慧养殖、数字化供应链金融三大业务板块布局农牧全产业链条。该公司致力于农牧产业科技复兴，通过科技赋能打造新农牧智慧供应链服务商。该公司目前投资的在建项目有：东兰县武篆镇农村产业融合发展示范园项目、钦州市北部湾华侨投资区现代农业产业示范园项目、贵州独山县下司镇农村产业融合发展示范园项目、合山市河里镇农村产业融合发展示范园项目、广西河池都安县 5 000 头育肥及母牛全产业链项目。目前公司在广西境内的投资总额已超 17 亿元。

2. 项目建设背景

（1）能源背景。

我国能源供应长期以煤炭等化石能源为主，但随着化石能源的日益枯竭以及对环境造成的破坏，势必要寻求可持续、可替代的新型能源。太阳能发电是目前技术成熟的能源开发种类，不消耗化石能源，也不对环境造成影响，是能源持续发展的重要措施。因此，建设本项目是必要的。

开发新能源是我国能源发展战略的重要组成部分，我国政府对此十分重视，1999 年 1 月 12 日发布的《国家计委、科技部关于进一步支持可再生能源发展有关问题的通知》（计基础〔1999〕44 号）、国家经贸委 1999 年 11 月 25 日发布的《关于优化电力资源配置，促进公开公平调度的若干意见》（国经贸电力〔1999〕1144 号）、1998 年 1 月 1 日起施行的《中华人民共和国节约能源法》、2005 年 2 月 28 日全国人大通过并自 2006 年 1 月 1 日起施行的《中华人民共和国可再生能源法》，都明确鼓励新能源发电和节能项目的发展。

近 20 年来，我国太阳能的开发利用取得了巨大成就，太阳能光伏发电的技术水平与实用化程度有了显著提高，应用范围和规模不断扩大，并网光伏技术也获得了相当大的发展。世界范围内太阳能光伏技术和光伏产业发展很快，光伏发电已经从解决边远地区的用电和特殊用电逐步转向并网发电和建筑结合供电的方向发展，并且发展十分迅速。毋庸置疑，开发太阳能资源已经成为全球解决能源紧张的重要战略性计划之一，因此实施本项目对推广太阳能利用、推进光伏产业发展十分必要。

（2）农业、畜牧业背景。

近年来，广西依托拥有丰富的林地资源和地处低纬度地区，属亚热带气候，年均气温为 16～23℃，降雨量在 1 000～2 800 毫米，雨水多，湿度大的自然资源优势，通过实施惠农政策、开展技术指导等方式，带动群众发展肉牛养殖产业，广西牛羊产业发展增速高于全国平均水平。本项目拟考虑在资源县租用约 10 000 亩土地，通过建设肉牛养殖舍和配套饲草场，提高资源县农业产业化发展水平和经营能力，加速肉牛标准化养殖技术的示范和推广使用，推动资源县畜牧产业结构调整，进一步满足市场对优质肉牛的需求。

公司以市场消费需求为导向，应用标准化养殖技术，建设生产上规范、技术上先进、产业上具有带动性的肉牛饲养场，探索企业建设基地、基地带动农户的肉牛养殖产业化发展模式，提高资源县肉牛养殖产业的规模化、现代化、集约化经营水平，带动资源县农业结构优化，提高周边农户收益，为实现乡村产业振兴助力。

结合以上背景，项目联合体投资方拟在广西资源县车田湾村建设农牧风光互补全产业链项目，着重把农业、牧业、能源发电结合起来，利用农业生产活动、农业生态环境和生态农业经营模式，以最大限度利用资源，充分发挥风光互补，促进当地农业、畜牧业及经济快速发展。

3. 项目建设条件

（1）气候条件。

资源县属于亚热带季风气候，全县平均海拔在 800 米以上，是典型的高寒山区。全县气候温和，四季宜人，年均气温 16.7℃，极端最高温度 38.8℃，极端最低温度 -8.4℃；年均降雨量 1 736mm；光热适宜，年均日照时数为 1 275 小时，是广西壮族自治区霜、雪、冰期较早、较长的县份之一。

（2）太阳能资源分布。

资源县位于广西东北部，是国家重点生态功能区和国家级生态文明建设示范区，境内山地海拔高，风能、太阳能资源丰富，其太阳能资源分布情况 总体上具有较高的太阳辐射强度和辐照时数，尤其是在夏季和秋季，太阳辐射资源更为丰富，这为当地的太阳能利用提供了良好基础。此外，资源县的地势起伏较大，山地和平原交错分布，这为太阳能设备的安装和布局提供了一定的灵活性，有助于促进太阳能技术与其他可再生能源技术的结合，提高能源利用效率。

4. 项目效益分析

（1）牧业效益。

该项目的建设对促进现代农业发展，调整农业产业结构，推动当地乡村振兴产生深远的影响，同时每年增加工、农、牧产值约 1.5 亿元，可解决农村劳动就业人数约 500 人，辐射带动农户 1 000 余户，基地户每年增加纯收入 8 000 余元，并可促进当地育牛、养牛、饲料加工、品种改良、防疫、农业种植、运输等相关产业的发展。

（2）风光发电效益。

该光伏发电工程规划装机容量 300 兆瓦，年均发电量 54 000 万千瓦时。当地标杆电价为 0.427 元/千瓦，实现 25 年卖电总收益 576 450 万元，25 年创造总税收 7.5 亿元。风力发电工程装机容量 180 兆瓦，年均发电量 20 250 万千瓦时。当地标杆电价为 0.427 元/千瓦，实现 25 年卖电总收益 216 168 万元，25 年创造总税收 2.8 亿元。风力发电工程涉及 36 个自然村，每年付给各自然村乡村振兴扶持资金 5 万元，持续 20 年，一个村 20 年获得 100 万元的扶持资金，则 36 个自然村 20 年获得扶持资金总计 3 600 万元，同时为当地提供就业岗位 100 个。

（3）社会效益。

本项目建设可获得发展低碳经济，促进节能减排，缓解能源与环境危机，实现产业结构调整和产业升级，并落实科学发展观，实现资源地区可持续发展的社会效益。

本项目具有扩大光伏产品内需，促进光伏产业及相关产业链健康发展的社会效益，也是对乡村振兴、巩固扶贫攻坚成果的实践，能解决少数民族地区和边远山区经济不发达的现状。

本项目可以加快资源县经济的可持续发展，改善和提高当地村民的生活水平，使当地村民获得该项目带来的经济实惠，拟提供就业岗位约 600 个，增加当地村民经济收入和集体收入，从而获得加强人民团结、保障社会稳定、构建和谐资源的社会效益。

项目还可以结合乡村旅游、特色种植等新兴产业，助力乡村振兴，打造企地合作新标杆，达到示范性作用。

5. 综合结论

该项目的落地对改善当地生态环境、解决当地村民就业有着重要的作用。加速推进新能源和新农业的高度融合，可以推动"农光互补、风光互补、牧光互补"等多种绿色能源产业模式高质量发展，带动乡村振兴，实现生态、经济效益互利共赢。

项目实现了"棚下养殖、棚上发电"的新型生态农业方式，在牛棚上铺设光伏板，不仅能发电，还能起到隔热降温的作用，实现生态、经济效益双赢，为推动实现风光发电、生态保护综合效益起到良好的示范作用。

综上所述，本项目的建成为当地的经济发展注入了新的力量，地方财政收入增加且有了可靠来源，为当地提供了就业岗位，推动了当地村民参与特色养殖和种植，使村民收入和集体收入同步增加，为助力乡村振兴起到了示范作用。

（三）广东英德市政府控制屋顶光伏项目实践案例

1. 项目概况

（1）地理位置。

本项目选址位于广东省英德市，选址屋顶平坦，地理位置为北纬 23°50′31″~24°33′11″，东经 112°45′15″~113°55′38″，全市平均日照时数为 1 357.6~2 210 个小时，属太阳能资源 C 类地区，具备充分的光伏发电自然条件。本项目建设拟利用英德市全市 23 个镇及英城街道办事处政府控制的屋顶布设屋面光伏，根据英德市的测绘结果，项目的屋顶面积为 841 949.71 平方米，可利用面积为 808 318.38 平方米，建于教育建筑、政府单位、医疗建筑、国有企业、事业单位等公共屋面上。本项目在既有屋顶安装光伏设施，不涉及新增建设用地。

①地理区位。

英德市，广东省辖县级市，由清远市代管，位于南岭山脉东南部，广东省中北部，北江中游，土地面积 5 634 平方千米，是广东省所辖面积最大的县级行政区，也是广东省直管县财政改革试点。2021 年年末，英德市户籍总人口 1 206 690 人。英德市土质较肥沃、气候较湿润，形成优质米、油料、甘蔗、蚕桑、茶叶、蔬菜、水果、笋竹等商品生产基地，其中笋竹种植面积 40 万亩，被农业农村部定为全国农业产业化试点市（县）之一。其客家小吃颇具特色，主要有竹制品、豆腐、腐竹。英德市享有"广东水泥之乡""广东石灰岩溶洞之乡""中国英石之乡""中国红茶、绿茶之乡""中国麻竹笋之乡"的美誉。

②行政区划。

2022 年，英德市下辖 23 个镇、1 个街道：英城街道、沙口镇、望埠镇、横石水镇、桥头镇、青塘镇、白沙镇、大站镇、西牛镇、九龙镇、浛洸镇、大湾镇、石灰铺镇、石牯塘镇、下石太镇、波罗镇、横石塘镇、大洞镇、连江口镇、黎溪镇、水边镇、英红镇、东华镇、黄花镇。市政府驻地英城街道。

③经济概况。

2022 年，英德市地区生产总值 405.2 亿元，同比增长 1.7%，增幅在清远市南部地区领跑；农林牧渔业总产值 158.3 亿元，同比增长 12.1%，居清远各县（市、区）第一；规模以上工业增加值 137.7 亿元，同比增长 6.3%，居清远各县（市、区）第二；一般公共预算收入 29.2 亿元，同比增长 15.4%，居清远各县（市、区）第一；固定资产投资总量居清远市前列，社会消费品零售总额 98.5 亿元。新登记市场主体 12 334 户，同比增长 13.8%，新增"小升规" 26 家、"个转企" 31 家，3 家企业入围广东制造业 500 强。

④地貌。

从总体来看，英德市地貌是一个周围山地环绕向南倾斜的盆地——英德盆地。盆地东面以滑水山山脉为界，北面是黄思脑山脉，南面为一群花岗岩和低山、丘陵地区，西面主要是一列呈西北—东南走向的山脉屏障。

（2）项目实施范围。

本项目实施范围为英德市政府控制的屋顶资源，项目涉及的屋顶面积为 841 949.71 平方米，可利用面积为 808 318.38 平方米，分布于项目范围内的政府部门、事业单位以及教育、医疗、国有企业等单位。

（3）项目建设规模及内容。

本项目拟对英德市全市 23 个镇及英城街道办事处控制的屋顶资源新建光伏发电设施，屋顶可利用面积共计 808 318.38 平方米，光伏发电设计总装机容量约 146 兆瓦，标准年发电量约 15 624.56 万千瓦时。

（4）项目建设目标和任务。

本项目利用英德市全市 23 个镇及英城街道办事处控制的 808 318.38 平方米屋顶资源新建光伏发电设施，建设后总装机容量约 146 兆瓦，标准年发电量约 15 624.56 万千瓦时。相关设施符合《建设工程质量管理条例》、《广东省建设工程质量管理条例》、《建筑结构荷载规范》（GB 50009—2012）、《光伏发电站设计规范》（GB 50797—2012）、《光伏发电站施工规范》（GB 50794—2012）、《光伏发电工程验收规范》（GB/T 50796—2012）、《电力工程电缆设计规范》（GB 50217—2007）、《供配电系统设计规范》（GB 50052—2009）、《电测量及电能计算装置设计技术规程》（DL/T 5137—2001）、《电气装置安装工程接地装置施工及验收规范》（GB 50169—2016）、《建筑电气工程施工质量验收规范》（GB 50210—2011）、《光伏并网逆变器技术规范》（NB/T 32004—2018）、《光伏发电并网逆变器检测技术规范》（GB/T 37409—2019）、《光伏发电系统接入配电网技术规定》（GB/T 29319—2012）、《居民分布式光伏发电项目服务规范》（T/GSEA 001—2021）标准。

（5）项目投资。

本项目的总投资为 113 747.02 万元，其中：建设投资 58 971.62 万元（工程费用 50 974.86 万元，工程建设其他费用 5 188.58 万元，预备费用 2 808.18 万元）。

2. 项目建设背景

党的二十大提出要"推动绿色发展，促进人与自然和谐共生""加快发展方式绿色转型、积极稳妥推进碳达峰碳中和"。本项目将践行生态优先理念，加快英德市构建"清洁低碳、安全高效、智能创新"的现代能源保障体系，建设成为全省重要的清洁能源基地，为实现碳排放达峰目标与碳中和愿景做出贡献。2022 年 5 月，《国务院办公厅转发国家发展改革委国家能源局关于促进新时代新能源高质量发展实施方案的通知》（国办函〔2022〕39 号）提出，到 2025 年，公共机构新建建筑屋顶光伏覆盖率力争达到 50%；鼓励公共机构既有建筑等安装光伏或太阳能热利用设施。2022 年 3 月，《广东省人民政府办公厅关于印发广东省能源发展"十四五"规划的通知》（粤府办〔2022〕8 号）指出，要着力推动能源绿色低碳转型。大力提升光伏发电规模，坚持集中式与分布式开发并举，因地制宜建设集中式光伏电站项目，大力支持分布式光伏，积极推进光伏建筑一体化建设，鼓励发展屋顶分布式光伏发电。

2024 年 5 月 28 日，广东省人民政府办公厅印发了《广东省推进分布式光伏高质量发展行动方案》（以下简称"《方案》"），《方案》从多个领域出发，协同推进分布式光伏发展。一方面，要求新建园区、公共机构、交通运输场站等同步规划、配套建设分布式光伏系统，提高光伏覆盖率；另一方面，鼓励城市建筑、农村地区等结合实际情况，因地制宜开展分布式光伏建设。这一举措将构建分布式光伏发展新格局，推动光伏产业与各行各业深度融合。

《方案》强调，推进公共机构、公共设施等宜装尽装。新建建筑应按规定安装太阳能系统，鼓励机关、医院、学校、体育场、图书馆、美术馆等新建建筑，以及新建的污水处理厂、停车场等，设计建设光伏发电系统，力争新建公共机构屋顶光伏覆盖率到 2025 年达到 50%。积极推动上述既有公共机构、设施屋顶资源及其已批国有建设用地范围内地面加装光伏发电系统，做到宜装尽装。

《方案》的发布，为广东乃至全国分布式光伏产业的发展注入了新的动力。未来，广东将继续加大政策扶持力度，推动分布式光伏产业高质量发展，为构建清洁低碳能源体系、实现绿色可持续发展做出更大贡献。

在此背景下，为了落实党中央和广东省的新能源规划部署，推广英德市分布式光伏发电应用，提高企业经营效益和可持续发展能力，绿美能源（英德）有限责任公司首先取得了英德市政府控制的 80 万平方米屋顶光伏的有偿使用，根据英德市的统筹部署，又通过公开拍卖方式转让有偿使用权。2024 年 10 月 21 日，广东科基新能源科技有限公司（以下简称"科基新能源公司"）依法成功竞拍英德市政府控制屋顶光伏项目有偿使用项目。本项目为涵盖英德市全市 23 个镇及英城街道屋顶分布式光伏项目公共屋顶资源，面积共计 808 318.38 平方米，有偿使用年限采取"20 年 + 10 年"的方式。项目建设总装机容量约 146 兆瓦。

科基新能源公司在光伏技术研发方面投入了大量的精力和资源，拥有一支专业的研发团队。他们和国内顶尖的科研团队不断探索和创新，致力于提高光伏电池的转换效率和光伏系统的稳定性。他们采用先进的材料和工艺，能够更有效地将太阳能转化为电能，为项目的高效运行奠定坚实的技术基础。

在项目规划方面，科基新能源公司制订了详细的实施方案。他们对英德市不同类型的公共建筑屋顶进行了全面的勘察和分析，根据屋顶的朝向、面积、结构等因素，制订个性化的光伏板安装方案。例如，对于一些大型公共建筑的屋顶，由于其面积较大且结构稳定，科基新能源公司计划采用高效能的光伏板并合理布局，以实现最大的发电效益；而对于一些学校的小型的公共屋顶，考虑到其面积较小且结构复杂，科基新能源公司将采用灵活的安装方式和小型化的光伏设备，确保实现良好的发电效果。

英德市政府控制屋顶光伏项目有偿使用项目是科基新能源公司的一次重要机遇，也是对其综合实力的一次考验。通过充分发挥自身优势，积极应对挑战，科基新能源公司有望携手合作伙伴将该项目打造成为公共屋顶光伏项目的示范项目，为英德市的能源转型、经济发展和环境改善做出积极贡献。同时，该项目的成功实施也将为其他城市提供宝贵的经验借鉴，推动我国政府控制公共屋顶光伏项目的广泛发展，共同迈向绿色、可持续的未来。

3. 项目建设条件

本项目推进屋顶分布式光伏开发试点建设，计划完成项目范围内党政机关单位建筑屋顶、学校、医院、国企及其他公共机构建筑屋顶的分布式光伏电站建设，屋顶大多为混凝土平面屋顶，光伏阵列建设直接在屋顶采用钢筋混凝土柱墩基础，具有良好的建设硬件条件。在学校建筑物屋顶安装光伏设备，应远离学生运动区域，做好安全防护措施，保持安全距离。此外，经与英德市供电局初步协商拟定，本项目发电可以实现全额接入当地电网，具备完整可实施的消纳条件。项目分布于英德市，交通较为便利；绝大部分屋面周边没有遮挡物，适合安装光伏；项目建设具有良好的经济社会环境条件；项目附近区域的水、电等基础设施配套较为完善，满足项目建设和运营的需要。

（1）要素保障分析。

①土地要素保障。本项目在既有屋顶安装光伏设施，不涉及新增建设用地。

②资源环境要素保障。本项目建设和运营阶段对水资源、能源消耗较小，可忽略不计；不排放任何气体，对大气环境影响可忽略不计，不占用生态资源，对生态影响较小，不存在环境敏感区和环境制约因素。

（2）气候条件。

英德处于南亚热带向中亚热带的过渡地区，属亚热带季风气候，夏季盛行偏南的暖湿气流，冬季盛行干冷的偏北风。广东省气象局对自然季节的划分方法，即以5天平均气温的高低作为划分四季的指标：平均气温稳定在10℃以下，称为冬季；稳定在22℃以上，称为夏季；稳定在10～22℃，就是春季或秋季。英德的自然季节特色为：春季（3—4月）乍暖乍冷，多阴雨；夏季（5—9月）炎热，多雨偶旱；秋季（10—11月）清凉干爽，常旱；冬季（12月至翌年2月）少冷偶寒，云多雨细。

英德气候资源丰富，但天气和气候灾害种类也较多，且出现较频繁，主要有低温阴雨、倒春寒、高温、寒露风、霜冻、雷暴、大风、飑线、冰雹等自然灾害。

多年平均气温21.1℃，每年平均气温在20.1～22℃变化。一年中最冷月在1月，平均气温11.1℃，极端最低气温－3.6℃（1961年1月19日）；最热月在7月，平均气温28.9℃，极端最高气温40.1℃（2003年7月23日）。

年平均霜日6天，平均初霜日为当年12月25日，终日为翌年1月22日。平均气温日较差（一天中最高气温与最低气温之差）8.3℃：一年中，12月平均气温日较差最大，达9.8℃，次大值出现在11月，为9.4℃；平均气温日较差最小为4月。

年平均日照时数1 631.7个小时。每年日照时数为1 357.6～2 210个小时。一年中日照最多是7月，平均218个小时，占同期日照可照时数的52.5%；日照最少是3月，平均64.3个小时，占同期日照可照时数的17.3%。一年中平均有62.2%的白天时间，天空被云、雨、雾遮蔽。

英德市处于季风区，一年中季风的转换主导着大部分风向的变化；另外，高山、丘陵、峡谷等地形影响风向。风向在各地有所差异但主导趋势仍然是冬季以盛行偏北风为主，夏季以盛行偏南风为主。2022年英德市平均日照峰值为3.44kW·h/（m²·day），英德市地区太阳能资源属于丰富（C类）地区，光伏发电具备充分的自然条件。

（3）太阳能资源分析。

NASA是一款太阳能行业制作的辐射数据库，数据源采用气象站数据，在缺少气象站的地区则采用数学模型进行插值计算，并且可以生成逐时辐射数据。由于其覆盖地域广、分辨率高、兼容性好、数据准确性较为可靠，NASA 在世界范围内得到广泛的应用。涵盖了 8 325 个气象站的气象实测数据，包括总辐射量、直接辐射量、温度、降水量、湿度、风速等。

对于没有辐射数据的地点，本软件可以利用项目站址处周边一个或多个具有辐射数据的气象站，采取 1992 年国际能源署公布的谢氏权值插值公式进行推算。谢氏权值插值公式能够根据参考气象站的辐照数据推算代表气象站的辐照数据（还可推算出代表气象站的温度、降水量等其他气象参数），并根据纬度和地形条件对推算出的数据进行修正。

项目场址及其较近没有太阳辐射的长期观测站，本阶段暂利用专业气象软件查取当地辐射数据。根据查取的专业软件，项目场址处水平面年总辐射量为 1 256.4kW・h/m^2。根据《太阳能资源评估方法》中太阳能资源丰富程度的分级评估方法，该区域的太阳能资源丰富程度属 C 类区，即"资源丰富"，能保证项目有较好的开发前景。

4. 项目效益分析

（1）经济效益。

本项目建设主要在英德市公共建筑既有屋顶布设光伏设施，主要表现为扩大英德市有效投资、推动当地就业和税收增加，对区域经济影响较小，项目经济合理。

（2）社会效益。

项目的社会效益分析旨在分析预测项目可能产生的影响。本项目建设社会效益从以下几点进行分析：

①对推进英德市能源供应和电力结构调整的影响。

光能是清洁的、可再生的能源，开发光能符合国家环保、节能政策，光伏发电的开发建设可有效减少常规能源尤其是煤炭资源的消耗，保护生态环境，打造山川秀美的旅游胜地，具有节能和减排的社会效益。

一方面，"十四五"时期是实现碳达峰的关键期、窗口期，广东省能源绿色低碳发展面临更高要求。另一方面，广东省仍处在工业化、新型城镇化快速发展的历史阶段，打造"双循环"发展格局、实现高质量发展、经济运行要保持在合理区间，都需要经济保持较高的增长速度，能源需求也不可避免会持续增加。因此，项目的建设会进一步提升能源互联互通及能源供应保障能力。

随着近几年广东省经济的飞速发展，电力需求不断增加，火电装机比例也逐年增加，造成生态环境的破坏和严重的污染，且火电燃料运输势必增加发电成本。国家要求每个省常规能源和可再生能源必须保持一定的比例，除水电外，相对于其他可再生能源，光伏发电开发已日趋成熟，因此，大力发展光伏发电改善能源结构，有利于增加可再生能源的比例，加快能源电力结构调整。由此可见，项目的社会效益是显著的。

②对英德市能耗"双控"的影响。

广东省人民政府印发的《广东省"十四五"节能减排实施方案》提出，到 2025 年，全省单位地区生产总值能源消耗比 2020 年下降 14.0%，经济社会发展全面绿色低碳转型取得显著成效。

《广东省发展改革委关于加强能耗要素保障支持重大项目建设的通知》（粤发改能源

函〔2022〕855号）提出，落实国家能耗双控政策，各地市"十四五"新增可再生能源电力消费量不纳入能源消费总量考核，原料用能不纳入全省及各地市能耗双控考核。对照国家能耗单列有关规定，推动符合单列条件的重大项目加快建设、尽快投产。发展新能源发电是解决日益增长的电力需求与减少传统火力发电导致的环境污染的一条捷径。光伏是太阳能光伏发电系统的简称，是利用太阳能电池半导体材料的光伏效应，将太阳光的辐射能直接转化为电能的一种新型发电系统，光伏发电是在此技术基础上开发可再生能源。英德市具有丰富的太阳能资源，且拟建项目为分布式光伏发电项目，充分利用了党政机关等公共机构建筑，学校、医院等公共建筑，能够为分布式光伏电站提供充足的光照资源，可有效减少常规能源尤其是煤炭资源的消耗，因此本项目的建设能有效助力英德市实现能耗"双控"、碳达峰的目标。

③对所在地区居民收入的影响。

本项目有利于优化当地的产业结构和提升当地的产业水平，促进当地经济全面发展。本项目还能促进当地居民就业，对所在地区居民提高收入产生积极影响。

④对所在地区居民生活水平和生活质量的影响。

本项目主要涉及屋顶光伏设施建设，项目建设完成后将大幅缓解当地居民用电紧张状况，提升居民生产、生活用电的便利性和可靠性，从而显著提高所在地区居民的生活水平。

⑤对所在地区居民就业的影响。

本项目的建设规模比较大，技术水平高，需要配备一定规模的管理和技术人员队伍，这将直接增加本地劳动就业机会。此外，项目建成后应用范围较广，会吸引大量的相关联企业进驻，产生大量的就业机会；项目的其他功能也会产生相当数量的就业机会。因此，本项目的建设有利于增加当地的就业机会，提高当地的就业率，促进当地经济发展。

⑥对不同利益群体的影响。

本项目的建设会提高从事该项目的相关材料供应商、施工方、运输行业及建设用地周围商家等的收入。

⑦对能源供给、服务容量和城市化进程的影响。

本项目的建成，符合国家现行宏观经济政策，有利于能源结构的优化调整，提高电力供给质量和效率，对优化投资环境有着明显的积极作用，从而产生明显的社会效益。

本项目建设的社会影响表现较为积极，能取得较好的社会效益。本项目还具有良好的示范效应。它将向市民展示清洁能源的魅力和可行性，提高市民对新能源的认知度和接受度。这有助于在全社会形成绿色能源消费的良好氛围，推动更多的人参与到能源转型的行动中来。

5. 综合结论

（1）项目必要性。

项目建设符合国家政策和产业政策，有利于增加可再生能源的比例，优化系统电源结构；是践行生态优先理念，实现"双碳"目标的能源转型战略举措之一；将有效促进英德市能源转型，助力英德市实现高质量发展；加快英德市构建"清洁低碳、安全高效、智能创新"的现代能源保障体系，是建设成为全省重要的清洁能源基地的需要。因此，项目的建设是十分必要和迫切的。

（2）要素保障性。

本项目推进屋顶分布式光伏开发试点建设，计划完成项目范围内党政机关单位建筑屋顶、学校、医院、国企及其他公共机构建筑屋顶的分布式光伏电站建设，屋顶大多为混凝土平面屋顶，光伏阵列建设直接在屋顶采用钢筋混凝土柱墩基础，具有良好的建设硬件条件。此外，经与英德市供电局初步协商拟定，本项目发电可以实现全额接入当地电网，具备完整可实施的消纳条件。

（3）工程可行性。

项目建设拟利用英德市政府控制的屋顶布设屋面光伏，根据英德市提供的测绘资料，项目的屋顶面积为 841 949.71 平方米，可利用面积为 808 318.38 平方米，建筑属性包含教育建筑、政府单位建筑、医疗建筑等。本项目充分开发利用英德市丰富的太阳能资源，建设绿色环保的新能源。从能源资源利用、电力系统供需、项目开发条件以及项目可利用面积和阵列单元排布等方面综合分析，本项目设计总装机容量约 146 兆瓦，标准年发电量约 15 624.56 万千瓦时。项目工程方案是可行性的。

（4）社会效益。

光能是清洁的、可再生的能源，开发光能符合国家环保、节能政策。本项目的建设可有效减少常规能源尤其是煤炭资源的消耗，保护生态环境，打造绿水青山的旅游胜地：本项目的建设能有效助力英德市实现能耗"双控"、碳达峰的目标，进一步提升能源互联互通及能源供应保障能力，改善能源结构，有利于增加可再生能源的比例，加快能源电力结构调整。项目的社会效益是显著的。

（四）光伏新能源项目案例借鉴启示

1. 政策支持

政策支持是推动光伏新能源项目发展的关键。政府可以通过以下措施提供政策支持：

（1）制定长期稳定的政策框架：政府可以出台长期稳定的政策框架，明确对光伏新能源项目的支持方式和力度，为企业和投资者提供稳定的政策预期。

（2）给予财政补贴和税收优惠：政府可以通过给予财政补贴和税收优惠等措施，降低光伏新能源项目的建设和运营成本，提高项目的经济可行性。

（3）建立完善的光伏标准体系和监管机制：政府可以建立完善的光伏标准体系和监管机制，规范光伏产业的发展，保障光伏设备的质量和安全性。

2. 创新技术

创新技术是提升光伏新能源项目竞争力的核心。企业可以采取以下措施加强技术研发和创新：

（1）加大研发投入：企业可以加大研发投入，引进和培养专业的技术人才，提高企业的技术实力和创新能力。

（2）探索新的光伏应用领域：企业可以探索新的光伏应用领域，如智能电网、新能源汽车等，开发新的产品和应用场景，拓展光伏产业的发展空间。

（3）加强与科研机构和高校的合作：企业可以与科研机构和高校合作，共同开展技术研发和创新，提高企业的技术水平和创新能力。

3. 多元化应用

多元化应用是拓展光伏新能源项目市场的有效途径。企业可以采取以下措施推动多元化应用：

（1）拓展应用领域：企业可以将光伏新能源项目应用到更多的领域，如城市基础设施建设、交通设施、建筑等，提高可再生能源的利用效率。

（2）开发新的产品和应用场景：企业可以开发新的光伏产品和应用场景，如光伏储能系统、光伏制氢等，满足不同领域和场景的需求。

（3）加强市场推广和宣传：企业可以通过市场推广和宣传，提高公众对光伏新能源项目的认知度和接受度，扩大市场需求。

4. 智能化管理

智能化管理是提高光伏新能源项目运营效率的重要手段。企业可以采取以下措施实现智能化管理：

（1）采用物联网、大数据和人工智能等技术：企业可以采用物联网、大数据和人工智能等技术，实现光伏设备的远程监控、故障预警和自动调节等功能，提高设备的运行效率和可靠性。

（2）建立智能化的能源管理平台：企业可以建立智能化的能源管理平台，实现能源的集中管理和优化调度，提高能源利用效率和管理水平。

（3）加强运维团队建设和管理：企业可以加强运维团队建设和管理，提高运维人员的专业素质和技术水平，确保设备的正常运行和维护。

5. 循环经济

循环经济是促进光伏新能源项目可持续发展的重要模式。企业可以采取以下措施实现循环经济：

（1）建立废旧光伏设备回收利用机制：企业可以建立废旧光伏设备回收利用机制，实现光伏设备的循环利用，降低对环境的影响。

（2）采用环保材料和工艺：企业可以采用环保材料和工艺，减少对环境的污染和破坏，提高企业的环保意识和社会责任感。

（3）加强资源回收和利用：企业可以加强资源回收和利用，实现资源的最大化利用和节约，提高企业的资源利用效率和经济效益。

6. 国际合作

国际合作是推动光伏新能源项目发展的重要途径。企业可以采取以下措施加强国际合作：

（1）参加国际展览和会议：企业可以参加国际展览和会议，了解国际光伏产业的发展趋势和市场动态，展示企业的技术和产品优势。

（2）与国际先进企业和研究机构合作：企业可以与国际先进企业和研究机构合作，引进技术和经验，提高企业的国际竞争力。

（3）加强人才交流和培养：企业可以加强人才交流和培养，引进国际先进的技术和管理人才，提高企业的研发能力和管理水平。

政策支持、创新技术、多元化应用、智能化管理、循环经济和国际合作等是推动光伏新能源项目发展的关键因素。这些因素的相互促进、相互支撑，是实现光伏新能源项目快速发展和可持续发展的必要条件。

政策支持可以为光伏新能源项目提供稳定的投资环境和公平的市场竞争机会，吸引更多的企业和个人参与投资和发展。同时，政策的稳定性和连续性也可以鼓励企业和个人进行长期投资，促进光伏产业的可持续发展。

创新技术是提升光伏新能源项目竞争力的核心。企业应该注重技术研发和创新，提高设备的转换效率和可靠性，降低生产成本，提高市场竞争力。同时，创新技术还可以为光伏产业带来新的发展机遇和增长点，拓展光伏产业的发展空间。

多元化应用是拓展光伏新能源项目市场的有效途径。除了在偏远地区供电外，企业可以探索光伏在城市基础设施建设、交通设施、建筑等领域的应用。同时，企业还可以开发新的光伏产品和应用场景，如光伏储能系统、光伏制氢等，满足不同领域和场景的需求。

智能化管理是提高光伏新能源项目运营效率的重要手段。采用物联网、大数据和人工智能等技术可以实现远程监控、故障预警和自动调节等功能，提高设备的运行效率和可靠性。同时，智能化管理还可以为企业提供数据支持和优化方案，提高企业的管理水平和经济效益。

循环经济是促进光伏新能源项目可持续发展的重要模式。建立废旧光伏设备回收利用机制可以实现光伏设备的循环利用，减少对环境的影响。同时，采用环保材料和工艺也可以降低对环境的污染和破坏，提高企业的环保意识和社会责任感。

国际合作是推动光伏新能源项目发展的重要途径。参加国际展览和会议可以了解国际光伏产业的发展趋势和市场动态，展示企业的技术和产品优势。与国际先进企业和研究机构合作可以引进技术和经验，提高企业的国际竞争力，同时还可以加强人才交流和培养，引进国际先进的技术和管理人才，提高企业的研发能力和管理水平。

在推动光伏新能源项目发展的过程中还需要注重以下五个方面：一是环境保护和可持续发展，建立完善的环境保护体系和可持续发展模式，在实现经济发展的同时，也要注重环境保护和资源节约；二是人才培养和团队建设，加强教育和培训，提高企业和研究机构的研发能力和管理水平，同时还要建立强大而有凝聚力的团队；三是商业模式创新和产业链协同发展，探索新的商业模式，创新产业链协同发展模式，实现各环节的协同发展和互利共赢；四是风险管理和社会责任，建立完善的风险管理体系和社会责任体系，保障企业的稳定发展和对社会的贡献；五是资本运作和市场融资，利用资本市场和融资渠道优化资源配置，提高企业的资本运作效率和融资能力。

　　综上所述，政策支持、创新技术、多元化应用、智能化管理、循环经济、国际合作、环境保护、可持续发展、人才培养、团队建设、商业模式创新、产业链协同发展、风险管理、社会责任、资本运作、市场融资等因素对推动光伏新能源项目的发展具有重要意义。企业应结合自身实际情况，加强各方面的建设和发展，实现自身的快速发展和可持续发展，同时为社会的可持续发展做出积极贡献。

第七章 光伏新能源项目未来前景

一、光伏新能研未穷，未来趋势展鹏程

在全球化、信息化和工业化的推动下，人类社会对能源的需求日益增长，同时对能源的品质和可持续性也提出了更高的要求。随着科技的不断进步和人们环保意识的增强，光伏新能源项目正逐渐成为全球能源转型的重要方向。作为一种清洁、可再生的能源形式，光伏发电具有许多独特的优势，如无噪声、无污染、可再生等。这些优势使得光伏新能源项目在应对环境问题、保障能源安全和促进经济发展等方面具有重要意义。

近年来，随着政策的支持和市场需求的推动，光伏新能源项目得到了快速发展，各种新技术、新模式不断涌现，为能源结构的优化和可持续发展提供了强大的支撑。光伏新能源项目研发与实践的未来趋势，包括光储一体化、全面数字化与 AI 增效、高密高可靠、组件级电力电子（MLPE）、组串式储能、虚拟电站与综合能源体系等。

1. 光储一体化

光伏与储能的深度结合，可实现发电、储电、供电三位一体的功能。先进的控制策略可以实现光伏与储能设备的协同工作，优化能源管理。引入智能微电网技术，实现局部区域的电力自给自足，减少对主电网的依赖。

光储一体化是指在光伏发电系统中集成储能设备，实现光储充放的一体化运行。这种一体化系统可以通过能量存储和优化配置，实现本地能源生产与用电负荷基本平衡，提高能源利用率，并获取长期可持续的经济效益。

光储一体化的实现需要光伏发电系统、储能设备和充电设施的集成和优化。其中，光伏发电系统包括光伏组件、逆变器、变压器等设备，用于将太阳能转化为电能。储能设备则包括电池、超级电容、飞轮等，用于储存电能并在需要时将电能释放出来。充电设施则是为了满足电动汽车等充电需求而建设的。

光储一体化系统可以实现自发自用、余电上网的运行模式，同时也可以支持分布式电网的运行，提高电力系统的稳定性和可靠性。此外，光储一体化还可以实现能源平移和时间平移，提高能源的利用效率。

在政策方面，国家已经出台了相关政策推动光储一体化的发展。例如，《"十四五"现代能源体系规划》提出，要积极推动光储一体化发展，开展光储一体化示范工程建设。此外，各地也出台了相关政策支持光储一体化的发展，例如给予补贴、优先并网等优惠政策。

　　光储一体化是未来光伏新能源项目发展的重要趋势之一，具有提高能源利用率、实现可持续发展等优点。随着政策的支持和市场需求的推动，光储一体化将会得到更广泛的应用和发展。

2. 全面数字化与 AI 增效

　　数字化监测技术用于实时监控电站的运行状态，包括组件性能、设备健康状况等。利用 AI 技术可以对光伏电站进行预测性维护，提前发现潜在问题，降低故障率。基于大数据的智能调度算法，电站可以实现最优运行策略，提高发电效率。

　　全面数字化与 AI 增效在光伏项目中的应用已经逐渐显现。通过数字化和 AI 技术，光伏项目可以实现更加智能化、高效化的运营和管理，提高能源产出和降低运营成本。

　　数字化技术可以实现光伏组件的实时监测和数据分析，帮助企业快速发现生产线上的问题和瓶颈，提高生产效率和品质。同时，数字化技术也可以实现光伏电站的远程监控和管理，通过智能化的预警和预测系统，及时发现潜在问题并采取措施，避免生产中断和损失。

　　AI 技术可以为光伏项目带来更加精准的优化和管理工具。通过对历史数据的学习和分析，AI 可以预测光伏电站的电力产出和运行状态，帮助企业优化能源管理，降低能源成本和排放。同时，AI 还可以实现智能化的运维和管理，通过自动化的巡检和故障诊断，提高运维效率和管理水平。

　　数字化和 AI 技术的结合还可以实现更加智能化、精准化的光伏电站管理。例如，数字化技术和 AI 算法的结合可以实现光伏电站的优化布局和规划，提高电力产出和降低成本。同时，数字化和 AI 技术的结合也可以实现更加精准的能源调度和负荷预测，提高电力系统的稳定性和可靠性。

　　全面数字化与 AI 增效在光伏项目中的应用可以提高能源产出、降低运营成本、提高管理效率等。随着技术的不断进步和应用场景的不断扩展，数字化和 AI 技术在光伏项目中的应用将会更加广泛和深入。

3. 高密高可靠

　　开发新型高效光伏材料，如多结太阳能电池、钙钛矿太阳能电池等，能提高光伏转换效率。

　　改进散热技术，如使用相变材料、液体冷却等，能确保光伏组件在高温环境下的稳定运行。采用冗余设计和故障隔离技术，能提高光伏系统的可靠性。

　　高密高可靠是光伏新能源项目发展的一个重要趋势，它强调在有限的空间内实现更高的能源产出和更可靠的电力供应。这一趋势的出现主要是由于城市和人口密集区的土地资源有限，需要开发出更加紧凑、高效的光伏系统来满足日益增长的能源需求。

　　高密高可靠的光伏系统通常采用高精度的光伏组件、高效的能源转换技术和智能化的控制系统等。这些系统可以实现能源的高效利用和可靠的电力供应，同时还可以降低环境影响和土地成本。

　　在光伏组件方面，高精度的光伏组件可以更好地利用太阳能资源，提高能源产出。同时，这些组件还可以适应不同的环境条件和安装方式，实现更加灵活和可靠的应用。

在能源转换技术方面，高效的能源转换技术可以将太阳能转化为电能，并尽可能减少能源损失和环境污染。例如，逆变器技术可以将直流电转化为交流电，并实现高效的电力供应。

在智能化控制系统方面，智能化的控制系统可以实现光伏系统的远程监控和管理，及时发现潜在问题，采取有效措施，提高系统的可靠性和稳定性。同时，这些系统还可以根据实时数据和历史数据进行分析和优化，提高能源利用效率和管理水平。

高密高可靠是光伏新能源项目的一个重要趋势，它可以通过高精度的光伏组件、高效的能源转换技术和智能化的控制系统等实现更高的能源产出和更可靠的电力供应。随着城市和人口密集区的能源需求不断增加，高密高可靠的光伏系统将会得到更广泛的应用和发展。

4. 组件级电力电子

MLPE 是指能对单个或几个光伏组件进行精细化控制的电力电子设备。在光伏系统中，MLPE 可以实现逆变、监控、功率优化、关断等功能，对光伏组件进行精细化控制，以实现更高的能源产出和更可靠的电力供应。

MLPE 的主要产品包括微型逆变器、优化器和组件级关断器等。微型逆变器可以实现单个光伏组件的逆变和监控，使每个组件都能独立地实现最大功率输出，从而提高整体能源产出。优化器则可以对多个光伏组件进行功率优化，通过调整每个组件的工作电压和电流，实现更高效的能源利用。组件级关断器则可以在发生故障或危险时，实现对单个或多个光伏组件的快速关断，提高系统的安全性和可靠性。

MLPE 在分布式光伏发电系统中具有显著优势。分布式光伏发电系统通常由多个光伏组件组成，而每个组件的电力输出会受到多种因素的影响，如遮挡、污染、温度等的影响。传统的集中式逆变器很难实现对所有组件的精细化控制，而 MLPE 则可以实现对每个组件的独立控制，提高系统的整体效率和可靠性。

随着光伏发电系统的规模不断扩大，其安全问题也日益突出。光伏组串内整串线路的直流电压累计为 600～1 500V 的高压，导致产生"直流高压风险"与"施救风险"两大安全隐患。而 MLPE 可以通过对每个组件的独立控制和优化，降低线路中的直流电压，从而降低系统的安全风险。

MLPE 是光伏新能源项目的一个重要趋势，它可以实现对单个或多个光伏组件的精细化控制，提高系统的整体效率和可靠性，同时降低系统的安全风险。随着分布式光伏发电系统的广泛应用和安全问题的不断突出，MLPE 将会得到更广泛的应用和发展。

5. 组串式储能

组串式储能是一种将多个储能单元组成一个整体的储能系统，每个储能单元可以独立运行，同时又能够通过智能控制实现集成运行。相比于传统的集中式储能系统，组串式储能系统具有更高的灵活性和可扩展性，可以更好地满足不同场景的能源需求。

在组串式储能系统中，每个储能单元都配备了独立的电池管理系统和能量管理系统，可以根据实际情况进行独立的充放电控制和能量调度。这种分散化的控制方式可以更好地适应不同环境下的能源需求，提高系统的可靠性和稳定性。

相比于传统的集中式储能系统，组串式储能系统还具有更高的安全性。每个储能单元都是独立的，当某个储能单元发生故障时，不会影响到整个系统的运行。同时，每个储能单元都配备了独立的电池管理系统和能量管理系统，可以更好地保护电池的安全性和延长电池的寿命。

组串式储能系统还具有更高的经济性。由于组串式储能系统的结构简单、易于维护和替换，因此其建设和维护成本相对较低。同时，组串式储能系统可以更好地适应不同场景的能源需求，因此可以更好地满足客户的个性化需求，提高市场竞争力。

组串式储能是一种新型的储能技术，具有高效、灵活、安全和经济等优点，可以更好地满足不同场景的能源需求，并提高能源的利用效率。随着技术的不断进步和应用场景的不断扩展，组串式储能将会得到更广泛的应用和发展。

6. 虚拟电站与综合能源体系

虚拟电站和综合能源体系都是基于多能互补的理念，将不同能源的生产、传输、转换和利用进行集成，实现能源系统的优化配置和管理。

虚拟电站是一种智能电网技术，通过分布式电力管理系统参与电网的运行和调度，主要由发电系统、储能设备、通信系统三部分构成。虚拟电站可以将不同空间的可调负荷、储能、微电网、电动汽车、分布式电源等一种或多种可控资源聚合起来，形成一个规模化、多样化、灵活性高的"虚拟"发电单元，从而提高其在市场中的竞争力和议价能力。虚拟电站可以根据实时负荷需求和市场价格信号，对参与者进行优化调度和激励机制设计，从而实现资源利用效率最大化。

综合能源体系则以多能互补为基本原则，将不同能源的生产、传输、转换和利用集成在一起，实现能源系统的优化配置和管理。综合能源体系的目标是实现不同能源的高效利用和优化配置，降低整个能源系统的成本和环境污染。综合能源体系的技术重点包括多能互补、储能技术、能源转化和输配电等多个方面。

虚拟电站和综合能源体系都是通过集成和优化不同能源资源来提高能源利用效率和降低成本。它们的不同之处在于虚拟电站更侧重于通过智能电网技术实现资源的优化配置和调度，而综合能源体系则更侧重于对不同能源的生产、传输、转换和利用进行全面集成和优化。

智能运维与资产管理，如利用无人机、机器人等技术进行自动巡检和维护，降低运维成本；基于区块链技术的数据管理和溯源，确保电站数据的真实性和可信度；引入金融创新和绿色金融机制，优化电站资产的管理和融资方式。

跨界融合与新商业模式，如探索光伏与农业、渔业、建筑等行业的融合发展，形成"光伏＋"的新业态；开发光伏与电动汽车充电设施的结合，推动绿色出行的发展；创新商业模式，如共享光伏、光伏租赁等，降低用户的使用成本。

重视环境友好与社会责任，关注光伏项目的环境影响评价（EIA），确保项目的可持续发展；采用环保材料和工艺进行制造和生产，降低光伏组件的环境影响；参与社会公益事业和扶贫项目，体现光伏产业的社会责任和价值。

国际合作与政策协同，加强与国际组织和其他国家的合作与交流，共同推动光伏技术的进步和发展；倡导和参与国际光伏标准和规范的制定，促进光伏产业的健康发展；与政府政策协同配合，推动光伏新能源项目的落地和实施。

这些趋势将共同推动光伏新能源项目的研发与实践走向更加智能化、高效化、可持续化的方向。随着技术的不断进步和政策的持续支持，我们有理由相信光伏新能源将在未来的能源领域中发挥更加重要的作用。

二、光伏新能技领先，研发实践拓前沿

在当今能源短缺和环境污染的背景下，新能源技术得到了快速发展和广泛应用。作为新能源的重要组成部分，光伏技术也取得了显著的进步。近年来，随着光伏电池效率的提高和成本的降低，光伏发电已成为一种具有竞争力的可再生能源。同时，随着数字化、互联网、人工智能等技术的不断发展，光伏系统的智能化和信息化也成为研究的热点。

1. 高效能太阳能电池

高效能太阳能电池的研究是光伏技术领域的重点之一，它通过改善太阳能电池的材料、结构以及制造工艺等方面来提高其效率。目前，一些新型太阳能电池已经取得了显著的进展，包括钙钛矿太阳能电池和柔性有机太阳能电池等。

钙钛矿太阳能电池具有高转换率和低制造成本的特点，其结构类似于钙钛矿矿物。通过改变材料结构，提高太阳能电池的光吸收和光电转换效率，可以实现更高的能量转换效率。目前，钙钛矿太阳能电池已经取得了很高的光电转换效率，成为研究的热点之一。

柔性有机太阳能电池也是一种新型太阳能电池，采用有机材料制成，具有重量轻、可弯曲、透明度高等特点。优化有机材料和结构的设计，可以提高柔性有机太阳能电池的光电转换效率和稳定性。这种太阳能电池可以应用于可穿戴设备、汽车、航空航天等领域，具有广泛的应用前景。

除了新型太阳能电池的研究，目前还有一些技术可以改善太阳能电池的效率，例如多结太阳能电池、异质结太阳能电池、光子晶体太阳能电池等。这些技术通过优化太阳能电池的结构和材料，可以提高其光电转换效率和稳定性，进一步推动光伏技术的发展。

2. 光伏－储能技术

光伏－储能技术是近年来新兴的技术热点之一，能够解决光伏电站存在的间歇性供电问题，提高太阳能的利用效率和经济效益。

其中，电池储能技术是一种将电能储存起来的技术，可以在需要时将电能释放出来。将电池储能技术与光伏技术相结合，可以在电力需求低峰期储存电能，并在电力需求高峰期将电能释放出来，提高电力系统的能源利用效率和稳定性。此外，超级电容储能技术也具有高功率密度和长寿命等特点，将其与光伏技术相结合，可以提高电力系统的响应速度和可靠性。

在实践方面，一些光伏电站已经开始应用储能技术来提高电力系统的稳定性和效率。例如，在澳大利亚的一家大型光伏电站中，电池储能系统被用于平衡电力系统中的供需关系，确保电力供应的稳定性和可靠性。同时，在我国的一些地区，光伏发电和储能技术也被广泛应用于农村和偏远地区，为当地居民提供可靠的电力供应。

光伏－储能技术的发展和应用能够提高电力系统的能源利用效率和稳定性，进一步推动可再生能源的发展和应用。

3. 智能运维与资产管理

智能运维与资产管理是光伏新能源项目研发与实践的重要方向之一。我们通过数字化、互联网、人工智能等技术的应用，可实现光伏电站的智能监控和管理，提高其利用效率和可靠性。

智能运维与资产管理包括多个方面，例如电站的实时监控、数据采集、故障诊断、预测性维护等。我们通过智能运维与资产管理可以实现对光伏电站的全面掌控和管理，提高其运行效率和维护质量。

在智能运维方面，一些光伏电站已经实现了对设备的远程监控和故障诊断。安装传感器和设备监测系统可以实时监测设备的运行状态和环境参数，并对数据进行采集、分析和处理。通过对数据的监测和分析，我们可以及时发现设备存在的问题和故障，并采取相应的措施进行维修和维护，提高设备的可靠性和延长其使用寿命。

在资产管理方面，一些光伏电站采用了数字化管理系统，实现了对资产的全生命周期管理。数字化管理系统可以实现对资产信息的记录、跟踪和分析，提高资产管理的效率和准确性。同时，数字化管理系统还可以对资产的投资回报率进行分析和预测，为企业的投资决策提供重要的参考依据。

智能运维与资产管理是光伏新能源项目研发与实践的重要方向之一，可以提高光伏电站的运行效率和维护质量，进一步推动可再生能源的发展和应用。

4. 新能源大数据与信息化

新能源大数据与信息化是推动智慧能源发展的重要方向之一。随着新能源在电力系统中的广泛应用，如何实现新能源的高效、安全、可靠运行成为亟待解决的问题，而大数据与信息化的应用为解决这些问题提供了新的解决方案。

在新能源大数据方面，大数据技术可以用于对新能源发电的预测和管理。对历史数据和实时数据的采集、分析和处理，可以实现对新能源发电量的准确预测，为电力系统的调度和管理提供更加准确和及时的决策支持。同时，大数据技术还可以用于对新能源设备的运行状态监测和故障诊断，及时发现设备存在的问题和故障，提高设备的可靠性和延长其使用寿命。

在新能源信息化方面，信息化技术可以用于实现新能源设备的智能化和信息化。例如，物联网技术可以实现对新能源设备的智能监控和管理，提高设备的运行效率和维护质量。同时，云计算和大数据技术可以构建智能化的能源管理系统，实现能源的优化利用和能源设备的智能化管理。

新能源大数据与信息化还可以用于推动能源互联网的发展。能源互联网是一种将互联网技术与能源系统相结合的新型能源模式，可以实现能源的双向流动和优化配置。大数据和信息化技术可以实现对能源互联网的智能化管理和控制，提高能源利用效率和安全性。

新能源大数据与信息化是推动智慧能源发展的重要方向之一，可以为新能源的高效、安全、可靠运行提供新的解决方案，进一步推动能源结构的优化和转型升级。

5. 新能源微电网与分布式能源

新能源微电网与分布式能源是未来能源发展的重要方向之一，也是实现清洁能源转型的关键。新能源微电网是指由可再生能源、储能装置、燃气发电机组等组成的独立或辅助电力网络，通过智能控制和优化运行，实现电力的高效利用和能源的可靠供应。分布式能源则是指将能源系统分散化，实现小型化、模块化、智能化的能源供应方式，具有高效、清洁、灵活等特点。

新能源微电网与分布式能源的发展将促进可再生能源的广泛应用，提高能源利用效率和安全性。同时，新能源微电网与分布式能源的建设也将带动相关产业的发展，创造新的就业机会，促进经济的可持续发展。

在新能源微电网方面，一些地区已经开始建设基于可再生能源的微电网项目，例如海岛、偏远山区等。通过将可再生能源与储能装置相结合，新能源微电网可以实现电力的高效利用和可靠供应，提高当地居民的生活质量。同时，新能源微电网的建设也将促进当地经济的发展和转型。

在分布式能源方面，燃气发电机组、燃料电池等分布式能源技术已经逐渐成熟并得到广泛应用。这些技术具有高效、清洁、灵活等特点，可以满足不同领域的能源需求。例如，在工业领域，燃气发电机组可以为企业提供可靠的电力供应，降低企业运营成本；在城市领域，燃料电池可以作为分布式能源站，为城市提供清洁的电力供应。

新能源微电网与分布式能源的发展将为实现清洁能源转型和促进经济发展提供新的解决方案。同时，我们还需要加强政策支持和技术创新，推动相关产业的发展和优化升级。

6. 新材料与新技术

新材料在新能源领域的应用前景广阔。例如，石墨烯等新型纳米材料具有优异的导电性和化学稳定性，可以用于制造高效能、低成本的太阳能电池和储能器件。

新技术的不断涌现为新能源的发展提供了更多可能性。例如，燃料电池技术可以将化学能转化为电能，具有高能量密度和环保等优点；太阳能热利用技术可以将太阳能转化为热能，用于供暖和热水等领域。

7. 新能源与智能交通

将新能源技术与智能交通技术相结合，可以推动绿色交通的发展。例如，电动汽车可以利用太阳能等可再生能源作为动力源，减少对传统石油资源的依赖；智能交通系统可以通过实时监测交通流量和路况等信息，优化交通路线和管理方案，提高交通效率和安全性。

8. 新能源与智能建筑

将新能源技术与智能建筑技术相结合，可以实现建筑能源的清洁化和智能化。例如，太阳能热水器可以将太阳能转化为热能，提供生活热水和供暖；智能建筑管理系统可以通过实时监测建筑能耗和环境参数等信息，优化建筑能源利用和管理方案，提高建筑能源利用效率和管理水平。

9. 新能源与循环经济

发展循环经济可以实现新能源的循环利用和高效利用。例如，太阳能光热发电可以利用太阳产生的热能进行发电；废弃物资源化利用可以通过生物质能等可再生能源的利用实现废弃物的再利用和减量化处理；绿色制造可以通过采用环保材料和节能设计等手段实现制造过程的绿色化和高效化。

随着科学技术的不断进步和创新，光伏新能源项目研发与实践的前沿技术涉及的领域越来越广泛，这些技术的不断发展和应用将给未来的能源结构和环境保护带来重要影响。

三、光伏新能展宏图，研发方向映未来

随着全球气候变化和能源资源紧张问题的日益严峻，新能源已经成为当今世界各国竞相发展的重点领域。作为新能源领域的重要组成部分，光伏产业在近年来得到了飞速发展，其技术不断创新、成本持续下降、应用领域不断拓展，为人类社会的可持续发展提供了新的动力。然而，光伏新能源项目在研发、生产、应用等方面仍存在诸多问题与挑战。为了推动光伏产业的可持续发展，需要加强政策支持和技术创新，促进产业升级和完善产业链条。接下来，本书将探讨未来光伏新能源项目的研发方向，以期为相关领域的发展提供参考与借鉴。

在未来的研发中，光伏新能源项目将更加注重提高能源利用效率、降低制造成本、保障生产供应、发展循环经济以及推动智能化发展等方面。具体而言，以下五个方面将是未来的研发重点：

1. 提高太阳能电池的转换效率

提高太阳能电池的转换效率是未来光伏新能源项目的重要研发方向之一，以下是一些可能的方法：

（1）选用高性能的光伏材料：不同的材料对于太阳能的吸收和转化效率有着不同的表现。科研人员正在不断探索和开发新的光伏材料，以进一步提高太阳能电池的转换效率。例如，钙钛矿太阳能电池是一种具有高转换效率的新型材料，其成本低且制造工艺简单，是提高太阳能电池效率的重要途径之一。

（2）优化硅材料：硅是太阳能电池中较常用的材料之一，科研人员通过改变硅材料的纯度、晶体结构等因素，提高其对太阳能的吸收和转化效率。例如，提高硅材料的纯度可

以减少由于杂质引起的能量损失，从而提高太阳能电池的效率。

（3）完善多结太阳能电池：多结太阳能电池是一种将不同能隙的材料结合在一起，形成多个"结"的太阳能电池。这种结构可以拓宽太阳能电池的吸收光谱范围，从而提高其转换效率。合理设计各结的能隙和优化结之间的匹配可以实现更高的光电转换效率。

（4）完善倒置太阳能电池：倒置太阳能电池是将传统太阳能电池的结构进行翻转，将电流收集层放在顶部，以提高电流的收集效率。优化倒置太阳能电池的结构和材料可以进一步提高其光电转换效率。

（5）改进太阳能电池板的设计：优化太阳能电池板的设计可以提高太阳能电池板接受光线的能力，从而提高效率。例如，增加太阳能电池板的光反射和透射性能，或者改变太阳能电池板的形状和结构，都可以提高其光电转换效率。

（6）增加太阳能电池板集热面积：增加太阳能电池板的集热面积可以增加其吸收阳光的能力，从而提高效率。开发新型的太阳能集热器和优化太阳能电池板的结构可以提高太阳能电池板的集热能力。

（7）优化太阳能电池板的组合方式：将多个太阳能电池板组合起来使用可以增加太阳能电池板的输出功率，从而提高效率。例如，将多个小型的太阳能电池板组合成一个大型的阵列，可以增加其接收阳光的面积，从而提高光电转换效率。

提高太阳能电池的转换效率是光伏新能源项目的重要研发方向之一。选用高性能的光伏材料、优化硅材料、完善多结太阳能电池、完善倒置太阳能电池、改进太阳能电池板的设计、增加太阳能电池板集热面积以及优化太阳能电池板的组合方式等方法，可以进一步提高太阳能电池的光电转换效率，从而推动光伏产业的可持续发展。

2. 构建智慧光伏生产制造体系

（1）智能化生产设备：研发和采用先进的自动化生产线和智能化设备，如自动硅料提纯设备、自动切割和制备晶片的设备、自动电池片制造设备等。精密传感器和机器视觉技术，可以实现生产设备的智能感知和识别，提高设备的自主控制能力。建立设备与设备、设备与控制系统、控制系统与上层管理系统的信息交互和集成，可以实现生产过程的自动化和智能化。

（2）数字化工厂管理：建立数字化工厂管理系统，实现生产过程的可视化、可控制和优化。物联网技术可以实现设备之间的数据交互和信息共享，提高生产协同效率。利用大数据分析和人工智能技术，对生产数据进行实时分析，可以发现生产过程中的问题和瓶颈，从而提出优化建议。

（3）关键技术攻关：开展关键技术攻关，突破关键设备与零部件国产化技术，解决潜在的生产技术瓶颈。加大研发投入，推动技术创新和产业升级，提高光伏设备的性能和质量。加强企业与高校、研究机构的合作，推动科技成果的转化和应用。

（4）质量管理体系：建立完善的质量管理体系，确保产品质量和安全性。制定严格的质量标准和检测流程，对生产过程中的关键环节进行实时监控和数据记录。建立问题追溯和纠正机制，对出现的质量问题进行及时处理和改进。

（5）供应链协同：加强供应链各环节的协同，实现资源的高效利用和优化配置。与原材料供应商、物流企业等建立紧密的合作关系，确保原材料的稳定供应和产品的及时送达。利用供应链协同平台，实现信息共享和协同作业，降低整体运营成本。

（6）循环经济发展：发展光伏组件回收处理与再利用技术，推动循环经济发展。建立光伏组件回收处理体系，实现光伏组件的分类回收、处理和再利用，提高资源利用效率。鼓励企业开展光伏组件回收业务，提供政策支持和激励措施。

（7）人才培养与科技创新：加强人才培养和科技创新，推动产业升级和完善产业链条。培养专业人才和技术团队，开展光伏产业前沿技术研究和创新，推动产业向高端化、智能化方向发展。加强产学研合作，促进科技成果的转化和应用推广。

3. 发展光伏组件回收处理与再利用技术

发展光伏组件回收处理与再利用技术是构建智慧光伏生产制造体系的重要组成部分，也是实现循环经济发展的必要手段。

（1）建立回收处理体系：建立完善的回收处理体系，包括回收网络、处理设施和再利用技术等，确保光伏组件能够得到及时、高效、环保的处理和再利用。

（2）回收方法选择与优化：针对不同类型的光伏组件，选择合适的回收方法，如物理法、化学法、热处理法等，并不断优化回收工艺，提高回收效率和资源利用率。

（3）关键技术研究：开展关键技术研究，如材料分离技术、性能检测技术、再利用技术等，提高光伏组件回收处理和再利用的技术水平。

（4）政策支持与激励：政府应给予相关企业政策支持和激励措施，鼓励企业开展光伏组件回收业务，推动循环经济的发展。

（5）产业联盟与合作：建立光伏组件回收处理和再利用产业联盟，加强企业之间的合作与信息共享，推动技术创新和产业升级。

（6）加强国际合作：积极参与国际合作，与国际先进企业进行交流和合作，引进先进技术和管理经验，提高我国光伏组件回收处理和再利用的整体水平。

（7）培养专业人才：加强人才培养和科技创新，培养一批具备专业技能和创新精神的人才，为光伏组件回收处理与再利用技术的发展提供人才保障。

发展光伏组件回收处理与再利用技术是构建智慧光伏生产制造体系的重要环节，需要政府、企业和社会各界的共同努力和支持，以推动我国光伏产业的可持续发展。

4. 新能源大数据与信息化

新能源大数据与信息化是指在新能源领域中，利用大数据技术和信息化手段，对新能源数据进行采集、处理、分析和应用，以促进新能源的开发、利用和管理。

在新能源领域中，大数据技术可以应用于各个环节，如：①新能源资源评估：利用大数据技术对新能源资源进行评估，包括太阳能、风能、水能等资源的分布、储量和可利用程度等，为新能源开发提供科学依据；②新能源电力系统：利用大数据技术对新能源电力系统进行优化和管理，包括电力系统的调度、运行、维护和管理等，以提高电力系统的效率和稳定性；③新能源设备制造：利用大数据技术对新能源设备制造过程进行优化和管理，包括材料采购、生产制造、品质控制和产品营销等，以提高设备的质量和效率；④新能源项目管理：利用大数据技术对新能源项目进行管理和优化，包括项目规划、设计、施工和管理等，以提高项目的质量和效率。

同时，信息化手段也可以应用于新能源领域，如：①信息化设计：利用信息化手段进行新能源项目的设计和规划，可以提高设计效率和准确性；②信息化施工：利用信息化手段进行新能源项目的施工和管理，可以提高施工效率和质量；③信息化运营：利用信息化手段进行新能源项目的运营和管理，可以提高运营效率和质量。

新能源大数据与信息化是促进新能源发展的重要手段，可以推动新能源产业的升级和发展，实现能源结构的优化和转型。

5. 新能源微电网与分布式能源

新能源微电网与分布式能源的建设将促进可再生能源的广泛应用，提高能源的利用效率和安全性。同时，也将带动相关产业的发展和优化升级。

新能源微电网与分布式能源是新能源发展的重要方向，它们具有以下特点：新能源微电网是指将新能源发电系统与微电网相结合，形成一个独立的、自我管理的电力系统。微电网内部可以实现对新能源发电的调度、管理和运营，同时也可以与大电网进行交互，实现电力的高效利用和能源的优化配置。新能源微电网的优势在于其具有较高的能源利用效率和环保性。同时，由于微电网的规模较小，其建设周期短，投资成本较低，适合在小型居民区、工业园区和商业中心等场所建设。

分布式能源是指将能源的生成、存储和使用环节分散化，实现能源的分布式管理和运营。分布式能源系统可以包括多种能源类型，如太阳能、风能、燃气等，其规模可大可小，可以根据实际需求进行灵活配置。分布式能源的优势在于其具有高效、可靠、环保等特点，可以满足不同用户的需求，提高能源的利用效率。同时，分布式能源可以减少对传统能源的依赖，降低能源安全风险。

在实际应用中，新能源微电网与分布式能源可以相互结合，形成一种新型的能源管理模式。例如，我们可以在工业园区或商业中心建设新能源微电网，同时引入分布式能源系统，实现电力的高效利用和能源的优化配置。此外，我们也可以在居民区建设新能源微电网与分布式能源系统，实现电力和热力的分布式管理和运营。

新能源微电网与分布式能源是未来能源发展的重要方向，可以促进新能源的发展和能源结构的优化。同时，它们也可以提高能源利用效率和环保性，为可持续发展做出重要贡献。

综上所述，未来光伏新能源项目的研发方向将更加注重提高能源利用效率、降低制造成本、保障生产供应、发展循环经济以及推动智能化发展等方面。同时，我们也需要加强政策支持和技术创新，以推动光伏产业的可持续发展。

四、光伏新能前景广，实践未来耀光芒

光伏新能源，作为绿色、清洁和可持续的能源形式，正日益受到全球的关注和推崇。

在全球气候变暖、环境问题日益突出的背景下，光伏新能源的大规模应用不仅可以减少化石能源的消耗，降低温室气体排放，还可以改善环境质量，提高人民的生活品质。这一领域已经取得了显著的进步，然而，其未来的实践前景更是充满了无限的可能和机遇。

1. 市场规模持续扩大

随着全球能源转型和碳中和目标的推进，光伏新能源市场将持续扩大。尤其是新兴市场，光伏装机规模将快速增长，为全球光伏产业的发展提供巨大机遇。

光伏新能源项目的市场规模将持续扩大。随着全球对可再生能源的需求不断增加，光伏发电作为一种清洁、可持续的能源形式，其市场规模将会进一步扩大。

首先，随着光伏技术的不断进步和成本的不断降低，光伏发电的竞争力越来越强，越来越多的国家开始将光伏发电纳入能源发展规划中。其次，随着全球气候变化和环境问题的日益突出，可再生能源的发展得到了越来越多的关注和支持，光伏发电作为其中的一种重要形式，其市场需求也在不断增长。

未来，随着全球各国对可再生能源的支持力度不断加大，光伏新能源项目的市场规模将会进一步扩大。同时，随着技术的不断进步和应用领域的不断拓宽，光伏新能源项目的应用也将越来越广泛，不仅局限于地面电站和建筑等领域，还将拓展到交通、工业、农业等多个领域。

因此，可以预见，未来光伏新能源项目的市场规模将会持续扩大，成为全球能源发展的重要趋势之一。同时，随着市场规模的扩大，光伏新能源产业也将迎来更多的发展机遇和挑战。

2. 技术创新降低成本

光伏技术的不断创新是推动光伏新能源项目未来实践前景的关键因素之一。随着技术的不断发展，光伏发电的成本不断降低，其效率则不断提高，为光伏新能源的大规模应用提供了更好的基础。

硅材料提纯技术的改进是推动光伏技术发展的重要方向之一。随着硅材料提纯技术的不断提高，光伏电池的转换效率也不断提升。例如，使用先进的硅材料提纯技术可以使得光伏电池的转换效率达到20%以上，相比之下，传统的硅材料提纯技术只能达到15%左右。这种提高转换效率的技术创新，可以使得相同面积的光伏电池能够产生更多的电能，从而降低光伏发电的成本。

新型光伏材料的研发也是推动光伏技术发展的重要方向之一。除了传统的硅材料之外，研究人员还在不断探索其他新型的光伏材料，如有机光伏材料、钙钛矿光伏材料等。这些新型的光伏材料具有更高的光电转换效率和更低的生产成本，可以为光伏新能源项目的发展提供更多的可能性。

光伏技术的不断创新将降低光伏发电成本和提高发电效率，为光伏新能源项目的未来实践提供更好的基础。随着技术的不断发展，光伏新能源产业也将迎来更多的发展机遇和挑战。

3. 政策支持力度加大

政策支持力度对光伏新能源项目的未来实践前景具有重要影响。随着全球各国对可再生能源的重视和支持力度不断加大，光伏新能源项目将迎来更多的发展机遇。各国政府将加大对光伏产业的政策支持力度，包括财政补贴、税收优惠、市场准入等方面的政策措施，以推动光伏新能源项目的快速发展。

政策支持可以降低光伏新能源项目的建设和运营成本。政府通过提供财政补贴、税收优惠等政策措施，可以减少光伏项目的投资成本，提高项目的经济性，从而促进更多企业和个人参与光伏新能源项目的建设。

政策支持可以推动光伏技术的研发和创新。政府通过提供研发资金、税收优惠等政策措施，可以鼓励企业和研究机构加大对光伏技术的研发和创新力度，推动光伏技术的不断提升和进步。

政策支持可以促进光伏新能源项目与其他产业的融合发展。例如，政府通过政策引导和支持，可以将光伏新能源项目与农业、林业、水利等领域相结合，推动可再生能源与生态保护、农业生产的有机结合，实现能源与环境的可持续发展。

政策支持还可以促进国际合作和交流。国际合作和交流可以推动光伏技术的共享和传播，促进全球光伏产业的协同发展。

政策支持力度的加大将为光伏新能源项目的未来实践提供更好的政策环境和机遇。未来，随着政策的不断调整和完善，光伏新能源产业也将迎来更多的发展机遇和挑战。

4. 智慧光伏系统普及

智能光伏系统的应用将成为未来光伏产业的发展趋势，包括光伏电站的数字化管理、智能运维、智能调度等方面的技术创新，将推动光伏新能源项目的高效运行。

智慧光伏系统是指将先进的传感器、数据分析和控制技术应用于光伏系统中，通过智能化管理和优化光伏系统的运行，提高光伏系统的效率和可靠性。随着技术的不断发展，智能光伏系统的应用也是推动光伏产业持续发展的重要方向之一。

智慧光伏系统可以提高光伏系统的效率和可靠性，智能化管理和优化光伏系统的运行，可以降低光伏电池的损坏率，提高光伏电池的寿命和效率。同时，智慧光伏系统可以实时监测光伏系统的运行状态，及时发现和解决故障，保证光伏系统的稳定性和可靠性。

智慧光伏系统可以降低光伏系统的建设和运营成本，通过智能化管理和自动化控制，可以减少人工干预和运维成本，提高光伏项目的投资回报率。同时，智慧光伏系统可以优化光伏电池的充电和放电过程，提高光伏电池的利用率和寿命，从而降低光伏系统的维护成本。

智慧光伏系统还可以实现能源的可持续发展，通过智能化管理和优化光伏系统的运行，可以最大程度地利用太阳能资源，减少对传统能源的依赖。

随着技术的不断发展，智慧光伏系统的普及将成为光伏新能源项目未来实践的重要趋势之一。未来，将智慧光伏系统与其他技术相结合，可以实现光伏系统的全面智能化管理和优化，为可再生能源的发展注入更强大的动力。

5. 多元化应用场景

光伏新能源项目的未来实践前景中，多元化应用场景是一个重要的发展趋势。随着光伏技术的不断进步和成本的降低，光伏发电在各个领域的应用越来越广泛，为光伏新能源项目的发展提供了更多的机遇。

在城市建筑领域，光伏新能源项目有着广阔的应用前景。将光伏电池板安装在建筑外墙、屋顶或阳台等部位，可以实现建筑的光电一体化，为城市提供清洁、可再生的能源。这不仅可以降低建筑的能耗，还可以减少对传统电网的依赖，提高城市的能源自给能力。

在交通领域，光伏新能源项目也有着巨大的潜力。在道路、桥梁、隧道等交通设施上安装光伏电池板，可以为交通设施提供电力供应，同时可以实现能源的可持续利用。此外，光伏新能源项目还可以应用于电动汽车充电站、智能交通系统等方面，推动交通领域的绿色化、智能化发展。

在工业园区、农田水利等领域，光伏新能源项目也有着广泛的应用前景。将光伏电池板安装在工业园区的厂房屋顶、农田水利设施的灌溉系统等部位，可以为这些领域提供清洁、可再生的能源供应，降低运行成本，提高经济效益。

光伏新能源项目还可以与储能技术、智能电网等技术相结合，实现能源的互补利用和优化配置。构建分布式光伏电网、新能源微电网等系统，可以实现光伏电力的就地消纳和余电上网，提高电力系统的稳定性和可靠性。

多元化应用场景是光伏新能源项目未来实践前景的重要发展趋势之一。随着技术的不断进步和应用领域的不断拓宽，光伏新能源项目将在各个领域发挥更大的作用，为全球能源转型和碳中和目标的实现做出重要贡献。

6. 跨界合作推动发展

光伏产业与其他产业的跨界合作将为光伏新能源项目的发展提供更多机遇。例如，光伏与互联网的结合将推动光伏电站的智能化和数字化管理；光伏与制造业的结合将推动光伏设备的制造和应用等。

跨界合作在光伏新能源项目的未来实践中将扮演重要角色。随着光伏行业的快速发展和产业链的完善，跨界合作将成为推动光伏新能源项目发展的重要力量。

跨界合作可以促进技术创新和资源共享。光伏行业与其他行业的合作，可以借助其他行业的先进技术和资源，推动光伏技术的创新和进步。例如，光伏行业与电子、通信、互联网等行业的合作，可以共同研发新型光伏产品和技术，提高光伏系统的效率和可靠性。

跨界合作可以拓展应用场景和市场空间。光伏新能源项目与其他行业的结合，可以开辟新的应用领域和市场空间，推动光伏产品的广泛应用和市场的扩大。例如，光伏行业与建筑、交通、农业等行业的合作，可以推动光伏建筑一体化、光伏交通设施、光伏农业等领域的快速发展。

跨界合作还可以实现优势互补和资源整合。不同行业之间的合作可以发挥各自的优势，实现资源共享和优势互补，提高项目的效率和效益。例如，光伏行业与储能、智能电网等行业的合作，可以共同研发新型能源存储和智能电网技术，提高能源的利用效率和可靠性。

跨界合作还可以促进人才培养和创新创业。不同行业之间的合作可以促进人才流动和培养，推动创新创业和科技成果转化。例如，光伏行业与教育、科研等机构的合作，可以共同培养光伏专业人才，推动科技成果的转化和应用。

跨界合作将成为推动光伏新能源项目未来实践的重要力量，可以实现技术创新、资源共享、优势互补、人才培养等多方面的合作共赢，促进光伏产业和社会的可持续发展。

7. 环保效益显著

随着全球对环境保护和气候变化的关注度不断提高，光伏新能源作为一种清洁、可再生的能源形式，其环保效益将得到更广泛的认可和支持。

光伏新能源项目可以减少对传统能源的依赖，降低化石能源的消耗和温室气体排放。相比传统的煤炭、石油等能源，光伏新能源不会产生大量的二氧化碳和其他温室气体，有助于减缓全球气候变暖的趋势。

光伏新能源项目在建设过程中也可以减少对环境的影响。传统的能源开发需要大量的土地、水资源和原材料，而光伏新能源项目则可以通过合理的设计和布局，利用闲置的土地和建筑等资源进行建设，减少对自然环境的破坏和污染。

光伏新能源项目还可以促进生态保护和可持续发展。将光伏电池板安装在林业、农业等领域的棚顶或田间地头，可以实现土地的复合利用，提高土地的产出效益和生态保护效果。同时，光伏新能源项目还可以为农村地区提供就业机会和经济发展机会，推动城乡协调发展。

随着人们对环境问题的关注度不断提高和环保意识的增强，光伏新能源项目的环保效益也将得到更广泛的认可和支持。未来，随着技术的不断进步和应用的不断扩大，光伏新能源项目的环保效益将越来越显著，成为全球能源发展的重要趋势之一。

光伏新能源项目的未来实践前景中，环保效益显著是一个重要的趋势。通过不断的技术创新和合理的设计布局，光伏新能源项目将为全球能源转型和环境保护做出更大的贡献。

光伏新能源项目的未来实践前景广阔，市场规模将持续扩大，技术创新和政策支持将为产业发展提供有力保障。同时，跨界合作和多元化应用场景将为光伏新能源项目的发展带来更多机遇和挑战。

展望未来，光伏新能源项目有着广阔的发展空间和无限的创新可能。无论是在技术创新、政策支持、应用领域拓宽还是在跨界合作等方面，光伏新能源项目的实践和发展都开启了新的篇章。同时，我们也需要积极应对光伏新能源发展过程中可能出现的挑战和问题，如电力储存技术、电网稳定性等，以确保光伏新能源项目的可持续发展和广泛应用。

参考文献

［1］中国光伏产业联盟秘书处．2010—2011 年中国光伏产业年度报告［R］．中国电子信息产业发展研究院，2011．

［2］江山．思路决胜：全国人大代表、全国劳模、晶龙集团董事长兼总经理靳保芳访谈录［M］．北京：红旗出版社，2007．

［3］中国光伏产业联盟秘书处．2013—2014 年中国光伏产业年度报告［R］．中国电子信息产业发展研究院，2014．

［4］中国光伏行业协会秘书处．2014—2015 年中国光伏产业年度报告［R］．中国电子信息产业发展研究院，2015．

［5］中国光伏行业协会秘书处．2017—2018 年中国光伏产业年度报告［R］．中国电子信息产业发展研究院，2018．

［6］中国光伏行业协会秘书处．2018—2019 年中国光伏产业年度报告［R］．赛迪智库集成电路研究所，2019．

［7］中国光伏行业协会秘书处．2019—2020 年中国光伏产业年度报告［R］．赛迪智库集成电路研究所，2020．

［8］中国光伏行业协会秘书处．2020—2021 年中国光伏产业年度报告［R］．赛迪智库集成电路研究所，2021．

［9］中国光伏行业协会秘书处．2021—2022 年中国光伏产业年度报告［R］．赛迪智库集成电路研究所，2022．

［10］沈辉，曾祖勤．太阳能光伏发电技术［M］．北京：化学工业出版社，2005．

［11］王长贵，王斯成．太阳能光伏发电实用技术［M］．2 版．北京：化学工业出版社，2009．

［12］艾芊，郑志宇．分布式发电与智能电网［M］．上海：上海交通大学出版社，2013．

［13］黄汉云．太阳能光伏发电应用原理［M］．2 版．北京：化学工业出版社，2013．

［14］李钟实．太阳能光伏发电系统设计施工与应用［M］．北京：人民邮电出版社，2012．

［15］杨金焕，于化丛，葛亮．太阳能光伏发电应用技术［M］．北京：电子工业出版社，2009．

［16］崔容强，赵春江，吴达成．并网型太阳能光伏发电系统［M］．北京：化学工业

出版社，2007.

［17］《江阴板块：纪念江阴首只股票上市 20 年》编委会．江阴板块：纪念江阴首只股票上市 20 年［M］．上海：上海人民出版社，2017.

［18］2021 年可再生能源发电成本报告［R］．国际可再生能源机构，2022.

［19］安永碳中和课题组．一本书读懂碳中和［M］．北京：机械工业出版社，2021.

［20］皮萨诺，史．制造繁荣：美国为什么需要制造业复兴［M］．机械工业信息研究院战略与规划研究所，译．北京：机械工业出版社，2014.

［21］徐顺成，王建章，华德清．实用电子技术与电子产品汇编［M］．北京：电子工业出版社，1993.

［22］白勇．创变者逻辑：刘汉元管理思想及通威模式嬗变［M］．北京：北京大学出版社，2017.

［23］阿瑟．技术的本质：技术是什么，它是如何进化的［M］．杭州：浙江人民出版社，2014.

［24］约翰逊．通产省与日本奇迹［M］．李雯雯，译．成都：四川人民出版社，2022.

［25］蔡建春，刘俏，张峥，等．中国 REITs 市场建设［M］．北京：中信出版社，2020.

［26］曹开虎，粟灵．碳中和革命：未来 40 年中国经济社会大变局［M］．北京：电子工业出版社，2021.

［27］任冲昊，王巍，周小路，等．大目标：我们与这个世界的政治协商［M］．北京：光明日报出版社，2012.

［28］JANKOWSKA K, SCHEIRHORN P P, ACKERMANN T. 德国和欧洲电力系统充裕度评估及对中国的经验和借鉴意义［R］．德国能源署，2022.

［29］高硕，周勤，李婷，等．电力市场与电价改革——通向零碳电力增长和新型电力系统的必由之路［R］．落基山研究所，2022.

［30］古清生，黄传会．走进特高压［M］．北京：中国电力出版社，2009.

［31］段同刚．晶龙丰碑［M］．石家庄：河北人民出版社，2010.

［32］辛华．逐日英雄施正荣［M］．北京：中信出版社，2008.

［33］范伟军．创业家：城市拯救者［M］上海：上海科学普及出版社，2010.

［34］耿合江．基于 SEM 的光伏企业技术创新动力机制研究［M］．北京：科学技术文献出版社，2018.

［35］吴昱．我国可再生能源补贴措施及激励政策研究［M］．北京：对外经济贸易大学出版社，2017.

［36］杨晨．绝不妥协：中国企业国际经贸摩擦案件纪实［M］．北京：中信出版社，2021.

［37］国际能源变革论坛组委会．国际能源变革进行时：2015 国际能源变革论坛成果汇编［M］．北京：机械工业出版社，2016.

［38］600W＋超高功率组件分布式应用白皮书［R］．天合光能，2022.

［39］西瓦拉姆．驯服太阳：太阳能领域正在爆发的新能源革命［M］．孟杨，译．北

京：机械工业出版社，2020.

[40] 普尔. 再思考：一部令人惊奇的创新进化史 [M]. 盛杨燕，译. 北京：化学工业出版社，2022.

[41] 构建"新型电力系统"与容量充足性——基于需求高峰时刻可得发电资源的实证分析 [R]. 卓尔德环境研究中心，能源与清洁空气研究中心，2022.

[42] 国家电力调度控制中心. 电力现货市场 101 问 [M]. 北京：中国电力出版社，2021.

[43] 韩树俊. 卓尔不同：瞿晓铧和他的阿特斯太阳能光伏 [M]. 苏州：古吴轩出版社，2019.

[44] 秦朔，戚德志. 万物生生：TCL 敢为 40 年 [M]. 北京：中信出版社，2021.

[45] 施利特，佩勒，恩格尔哈特. 财务诡计：如何识别财务报告中的会计诡计和舞弊 [M]. 续芹，陈柄翰，石美华，等译. 4 版. 北京：机械工业出版社，2019.

[46] 时璟丽，都志杰，任东明，等. 中国无电地区可再生能源电力建设 [M]. 北京：化学工业出版社，2009.

[47] 斯米尔. 能量与文明 [M]. 吴玲玲，李竹，译. 北京：九州出版社，2021.

[48] 姜克隽，向翩翩，贺晨旻，等. 零碳电力对中国工业部门布局影响分析 [J]. 全球能源互联网，2021，4（1）：5 – 11.

[49] 里夫金. 第三次工业革命：新经济模式如何改变世界 [M]. 张体伟，孙豫宁，译. 北京：中信出版社，2012.

[50] 里夫金. 零碳社会：生态文明的崛起和全球绿色新政 [M]. 赛迪研究院专家组，译. 北京：中信出版社，2020.

[51] 格特纳. 贝尔实验室与美国革新大时代 [M]. 王勇，译. 北京：中信出版社，2015.

[52] 全球能源互联网发展合作组织. 中国碳中和之路 [M]. 北京：中国电力出版社，2021.

[53] 巴赫尔. 相变：组织如何推动改变世界的奇思狂想 [M]. 王铮，等译. 北京：中信出版社，2020.

[54] 施展. 溢出：中国制造未来史 [M]. 北京：中信出版社，2020.

[55] 赫克，罗杰斯，卡罗尔. 资源革命：如何抓住一百年来最大的商机 [M]. 粟志敏，译. 杭州：浙江人民出版社，2015.

[56] 田雷. 继往以为序章：中国宪法的制度展开 [M]. 桂林：广西师范大学出版社，2021.

[57] 通威传媒，考拉看看. 未来：碳中和与人类能源第一主角 [M]. 北京：中国人民大学出版社，2022.

[58] 王戈，王作人. 江隆基的最后十四年 [M]. 北京：作家出版社，2015.

[59] 汪军. 碳中和时代：未来 40 年财富大转移 [M]. 北京：电子工业出版社，2021.

[60] 王康鹏. 天合纪：中国光伏的进化哲学与领先之道 [M]. 北京：电子工业出版社，2023.

[61] 王世江. 当代多晶硅产业发展概论 [M]. 北京：人民邮电出版社，2017.

[62] 王通，孔祥娜. 金色阳光：施正荣演绎中国神话 [M]. 南京：南京大学出版社，2007.

[63] 李晓刚. 中国光伏产业发展战略研究 [D]. 长春：吉林大学，2007.

[64] 王茵. 我国光伏产业的财政政策效应研究 [D]. 杭州：浙江大学，2016.

[65] 徐志成. 光伏发电容量可信度评估 [D]. 合肥：合肥工业大学，2017.

[66] 王斯成. 光伏发电系统综合量化评价体系探讨 [J]. 太阳能，2018（3）：12-22.

[67] 刘丁璞. 太阳能光伏组件户外计量方法研究 [D]. 北京：中国计量科学研究院，2013.

[68] 褚文博，隆涛. 美国光伏产业路线图 [J]. 新材料产业杂志，2006（1）：48-51.

[69] 韩民青. 日本新工业化的发展趋势 [J]. 当代亚太，2004（8）：38-44.

[70] 李维安，秦岚. 迈向"零碳"的日本氢能源社会发展研究 [J]. 现代日本经济，2021（2）：65-79.

[71] 赖智慧. 施正荣梦断光伏 [J]. 新财经，2013（5）：89-91.

[72] 孙郁婷，郝凤苓，萧白，等. 赛维迷途 [J]. 21世纪商业评论，2012（15）：36-44.

[73] 蔡钱英. 中国光伏产业：在阴霾中迎来春天 [J]. 经济，2012（4）：90-91.

[74] 武魏楠. 组件：技术革新驱动行业变革 [J]. 能源，2022（12）：25-27.

[75] 周夫荣，戴喆民，邓攀. 双雄早衰 [J]. 中国企业家，2012（20）：14，42-51.

[76] 周夫荣. 晶科能源：自找麻烦的克己者 [J]. 中国企业家，2017（8）：6，82-87.

[77] 何伊凡. 首富，政府造：自主创新的"尚德模式" [J]. 中国企业家，2006（6）：4，36-49.

[78] 高纪凡. 不忘初心 持之以恒 永做改革创新"排头兵" [J]. 钟山风雨，2021（1）：27-30.

[79] 于璇. 向光而行，家电与光伏的不解之缘 [J]. 电器，2022（7）：29-31.

[80] 姚利磊. 李振国：隆基重视软实力 [J]. 英才，2020（2）：49.

[81] 刘美萍. 碳中和路径下低碳社会构建问题研究 [J]. 资源再生，2021（11）：32-35.

[82] 冯玉军. 国际能源大变局下的中国能源安全 [J]. 国际经济评论，2023（1）：4-5，38-52.

[83] 金秋实，王晓，倪依琳，等. "双碳"背景下光伏行业发展研究与展望 [J]. 环境保护，2022，50（C1）：44-50.

［84］秦海岩. 发行债券彻底解决可再生能源补贴支付滞后问题［J］. 风能，2020（6）：1.

［85］郑达敏，赵增超，刘舟，等. 高效太阳电池技术及其核心装备国产化进展［J］. 有色设备，2021，35（5）：78－82，88.

［86］周夫荣，李英武. 彭小峰再战江湖：人生要像煮茶一样［J］. 中国企业家，2015（7）：124－128.

［87］高荣伟. 彭小峰："屡败屡战"的枭雄［J］. 金融博览（财富），2015（8）：88－90.

［88］石文辉，屈姬贤，罗魁，等. 高比例新能源并网与运行发展研究［J］. 中国工程科学，2022，24（6）：52－63.

［89］舒印彪，陈国平，贺静波，等. 构建以新能源为主体的新型电力系统框架研究［J］. 中国工程科学，2021，23（6）：61－69.

［90］李庆党，和学泰，李子良，等. 光伏建筑发展与经典案例［J］. 建筑技术开发，2022，49（4）：1－6.

［91］何继江. 沙漠中产生的6.5万亩草原——宁夏中卫腾格里沙漠光伏治沙考察侧记［J］. 电气时代，2022（5）：6－8，10.

［92］卢燕. 防治荒漠化的中国密码［J］. 绿色中国，2022（11）：12－23.

［93］梁芳. "双碳"目标下煤电灵活性改造误区及改进措施［J］. 中国电力企业管理（上），2021（9）：72－73.

［94］谢永胜. 推动能源转型发展助力实现"双碳"目标在构建新型电力系统中先行示范［J］. 中国电业，2021（8）：8－9.

［95］雷语恬. 2023第六届中国国际光伏产业大会隆重举行［J］. 中国有色金属，2023（24）：15.

［96］GÓMEZ M，徐国畅，李彦，等. 引领未来：中国光伏产业发展路线图的挑战［J］. Science bulletin，2023，68（21）：2491－2494.

［97］路小娟，白建聪，范多进，等. 风光热储互补发电系统容量配置技术研究［J］. 热力发电，2024，53（3）：51－58.

［98］苏怡. 陕西企业探索"光伏＋治沙"新模式［N］. 陕西日报，2024－03－13（1）.

［99］董强，徐君，方东平，等. 基于光伏出力特性的分布式光储系统优化调度策略［J］. 综合智慧能源，2024，46（4）：17－23.

［100］徐智华. 太阳能光伏发电并网逆变器控制技术的应用［J］. 科技创新与应用，2024，14（7）：185－188.

［101］赵一豪，朱伟，顾小兴，等. 风光储联合发电系统并网控制研究［J］. 重庆理工大学学报（自然科学），2024（2）：304－313.

［102］张英英，吴可仲. 中国光伏崛起启示：如何突破"围剿"领跑全球［N］. 中国经营报，2024－03－04（27）.

[103] 马才, 向宴德, 马元."双碳"背景下 BIPV 的应用与探索 [J]. 太阳能, 2024 (2): 5 – 10.

[104] 戚浩明. 农光互补光伏发电项目施工研究 [J]. 电气技术与经济, 2024 (2): 118 – 121.

[105] 刘江, 高淑萍, 孙向东, 等. 弱电网下光伏并网逆变器谐振抑制方法综述 [J]. 南方电网技术, 2024, 18 (3): 65 – 71.

[106] 潘泽铎, 钟炜. 风光互补发电制氢储能系统多目标优化研究 [J]. 天津理工大学学报, 2024, 40 (1): 37 – 43.

[107] 吴扬威. 太阳能电站光伏组件选型 [J]. 电气时代, 2024 (2): 41 – 45.

[108] 宋金龙. 太阳能光伏发电技术及其展望分析 [J]. 集成电路应用, 2024, 41 (2): 118 – 119.

[109] 管克江. 全球光伏产业加速发展 [N]. 人民日报, 2024 – 01 – 31 (15).

[110] 过东凯, 陈勇, 张佳, 等. 玉门油田集中式光伏发电项目建设与运行管理 [J]. 石油科技论坛, 2024, 43 (1): 109 – 114.

[111] 陈倩, 朱婵霞, 奚巍民, 等. 基于国际对标的风光新能源发电市场政策机制思考 [J]. 电力建设, 2024, 45 (6): 120 – 129.

[112] 石坤. 太阳能并网光伏发电系统设计研究 [J]. 光源与照明, 2024 (1): 125 – 127.

[113] 史建勋, 史瀚文, 孟婷, 等. 分布式光伏对中国能源市场的影响 [J]. 油气与新能源, 2024, 36 (1): 22 – 27.

[114] 朱吉庆, 宋雨昂. 太阳能光伏发电技术发展现状与前景 [J]. 对外经贸, 2024 (1): 31 – 34, 131.

[115] 应栋善. 基于太阳能的光伏发电系统研究 [J]. 电气技术与经济, 2023 (10): 192 – 195.

[116] 徐伟, 刘振领. 内蒙古光伏开发空间适宜性及减排效益研究 [J]. 干旱区地理, 2024, 47 (4): 684 – 694.

[117] 张马斌. 光伏建筑一体化技术应用研究 [J]. 中国建筑装饰装修, 2024 (1): 103 – 105.

[118] 邓文忠. 光伏电站工程在建筑项目工程中的应用研究 [J]. 中国住宅设施, 2023 (12): 1 – 3.

[119] 张鸽. 太阳能光伏发电技术现状及其发展方向研究 [J]. 光源与照明, 2023 (12): 132 – 134.

[120] 刘祥照, 王桦, 吴学涛, 等. 农村新能源转型下的"光伏 +"模式探讨 [J]. 光源与照明, 2023 (12): 86 – 88.

[121] 安源, 郑申印, 苏瑞, 等. 风光水储多能互补发电系统双层优化研究 [J]. 太阳能学报, 2023, 44 (12): 510 – 517.

[122] 冯泽权, 李润."双碳"目标下可再生能源在乡村的应用进展 [J]. 节能, 2023, 42 (12): 123 – 125.

［123］黄玮. 新能源光储充一体化电站建设关键技术研究分析［J］. 电气技术与经济，2023（10）：41 – 44.

［124］董梓童，李丽旻. 45 年，新能源"风光"无限［N］. 中国能源报，2023 – 12 – 18（3）.

［125］夏晖，张敏，刘志强，等. 新能源项目运营技术经济分析及其对发展的影响［J］. 电力科技与环保，2023，39（6）：543 – 552.